Stephen M. R. Covey
mit Rebecca R. Merrill

Schnelligkeit durch Vertrauen

*»Es gibt keinen besseren Weg,
fortlaufend den Geist zu erweitern,
als es sich zur Gewohnheit zu machen,
regelmäßig gute Literatur zu lesen.«*

STEPHEN R. COVEY

Weitere Bücher von Stephen R. Covey

Die 7 Wege zur Effektivität
978-3-86936-894-8

Die 7 Wege zur Effektivität – Workbook
978-3-86936-106-2

Die 7 Wege zur Effektivität für unterwegs
978-3-96739-068-1

Der 8. Weg
978-3-86936-895-5

Der 8. Weg – Workbook
978-3-86936-329-5

Die 3. Alternative
978-3-96739-099-5

Die 12 Gründe des Gelingens
978-3-86936-722-4

Stephen M. R. Covey
mit Rebecca R. Merrill

Schnelligkeit durch Vertrauen

**Aktionsplan:
In 13 Schritten zu mehr Vertrauen, besseren Beziehungen und höheren Gewinnen**

Vorwort von Stephen R. Covey
Autor von »Die 7 Wege zur Effektivität«

Aus dem Amerikanischen
von Ingrid Proß-Gill

GABAL FranklinCovey

Die amerikanische Originalausgabe »The Speed of Trust«
erschien 2008 bei Free Press, Simon & Schuster, USA.

Bibliografische Information der Deutschen Nationalbibliothek

Die Deutsche Nationalbibliothek verzeichnet diese Publikation in der Deutschen Nationalbibliografie; detaillierte bibliografische Daten sind im Internet über http://dnb.d-nb.de abrufbar.

ISBN 978-3-96739-111-4

8. vollständig überarbeitete Auflage des unter der ISBN 978-3-89749-908-9 erschienenen gleichnamigen Titels

Lektorat: Claudia Franz, Oberstaufen | info@text-it.org
Umschlaggestaltung: Martin Zech Design, Bremen | www.martinzech.de
Satz und Layout: Das Herstellungsbüro, Hamburg | www.buch-herstellungsbuero.de
Druck und Bindung: Salzland Druck GmbH, Staßfurt

Wir drucken in Deutschland.

www.gabal-verlag.de
www.gabal-magazin.de
www.franklincovey.de
www.franklincovey.com

PEFC zertifiziert
Dieses Produkt stammt aus nachhaltig bewirtschafteten Wäldern und kontrollierten Quellen.
www.pefc.de

Inhalt

2. WELLE: BEZIEHUNGSVERTRAUEN
Das Prinzip des Verhaltens

3., 4. UND 5. WELLE: VERTRAUEN BEI DEN INTERESSENGRUPPEN

VERTRAUEN SCHAFFEN

Anhang

Für meine Frau Jeri –
für ihre unermüdliche Unterstützung,
ihre unglaubliche Herzensgüte
und ihr grenzenloses Vertrauen.

Stephen R. Covey: Vertrauen – das wichtigste Thema im Leben!

Kann ein Vater, der seinen Sohn lobt, überhaupt glaubhaft sein? Ja, das kann er! Stephen hat wirklich Unglaubliches geleistet. Nachdem ich das Schicksal meines Unternehmens Covey Leadership Center in seine Hände gelegt und ihn zum CEO gemacht hatte, verdoppelte sich der Umsatz innerhalb von drei Jahren und der Gewinn stieg um den Faktor 12. Das Unternehmen expandierte in 40 Länder. Der Shareholder-Value kletterte von 2,4 auf 160 Millionen Dollar. Dann erfolgte der von Stephen vorangetriebene Zusammenschluss mit Franklin Quest, bei dem FranklinCovey entstand. Wie konnte all das unter Stephens Führung erreicht werden? Durch Vertrauen! Mit *Charakter* und *Kompetenz* gewann Stephen das Vertrauen der Gesellschafter, Führungskräfte und Mitarbeiter. Und: Er schenkte anderen sein Vertrauen. Dieses gegenseitige Vertrauen brachte uns auf ein Leistungsniveau, das wir bis dahin nicht gekannt hatten.

Warum ich Ihnen dieses Buch ans Herz legen möchte

Ich bin fest davon überzeugt, dass dieses Buch ein echter Klassiker ist. Weshalb? Das will ich Ihnen gerne ein bisschen genauer erklären:

- Dieses Buch dringt zu den *Wurzeln* vor. Wie wichtig das ist, können wir sehr gut in anderen Bereichen sehen: Es ist viel wirkungsvoller, sich für die Prävention von Krankheiten einzusetzen, anstatt sich nur um ihre Behandlung zu kümmern. Und es ist viel effektiver, sich auf die Verhinderung von Verbrechen zu konzentrieren anstatt auf die Durchsetzung der Gesetze. Deshalb geht es in diesem Buch nicht um irgendwelche Managementregeln. Es geht darum, wie Sie Integrität, Charakter und Kompetenz entwickeln und so nachhaltige Spitzenleistungen erzielen.

- Dieses Buch zeigt, dass »weiche« Faktoren in Wirklichkeit *»hart«* und *messbar* sind und Auswirkungen auf alle Beziehungen, Unternehmen, Märkte und die gesamte Gesellschaft haben. Wirtschaftlicher Erfolg beruht immer auf Erfolg im Markt und Erfolg im Markt beruht auf Erfolg im Unternehmen. Der Kern von allem ist Vertrauen.

- Dieses Buch geht weit über alles hinaus, was bisher zum Thema »Vertrauen« veröffentlicht wurde. Es ist *tiefgründig* und *praxisbezogen*. Das Vertrauensmodell, das Ihnen hier vorgestellt wird, führt Sie von innen nach außen durch die 5 Wellen des Vertrauens. Wie ein Stein, den man ins Wasser wirft, bewegt es sich vom Ich nach außen zu unseren Beziehungen zu anderen. Anschauliche Beispiele belegen, dass die Prinzipien des Vertrauens allgemeingültig sind. Diese Prinzipien bringen Sie persönlich voran. Zudem können die Prinzipien in Beziehungen, Familien, Unternehmen, Schulen, Krankenhäusern, Behörden oder Non-Profit-Organisationen eingesetzt werden.

- Dieses Buch macht *Hoffnung*. Je mehr Sie lesen, desto optimistischer werden Sie. Sie werden erkennen, dass Sie auch in schwierigen Situationen pro-aktiv dafür sorgen können, dass Vertrauen aufgebaut oder wiederhergestellt wird – und zwar in relativ kurzer Zeit! Stephens Berichte darüber, wie er selbst und andere schwierige, vergiftete oder festgefahrene Situationen zum Guten gewendet haben, werden Ihnen Mut machen. Sie zeigen Ihnen, dass auch Sie es schaffen können, Vertrauen aufzubauen, auszuweiten oder wiederherzustellen.

Der Erfolgsgarant in der globalen Wirtschaft

Wir bewegen uns mit hohem Tempo auf eine noch komplexere, noch mehr vernetzte globale Realität zu. Deshalb ist Vertrauen für die Karriere wichtiger denn je! Gespräche mit Unternehmern und Managern aus der ganzen Welt haben mir verdeutlicht, dass Schnelligkeit der Erfolgsgarant im Wettbewerb ist. Zu wenig Vertrauen führt zu Reibungsverlusten und ist der größte Kostenfaktor überhaupt – nicht nur in den Unternehmen, sondern in allen Organisationen und auch in der Familie. Fehlendes Vertrauen schafft versteckte Agenden, politische Winkelzüge, zwischenmenschliche Konflikte, Rivalität zwischen den Abteilungen, Gewinn-Verlust-Denken und eine auf Selbstverteidigung ausgerichtete Kommunikation. All das reduziert die Schnelligkeit:

Geringes Vertrauen verlangsamt einfach alles – jede Entscheidung, jede Kommunikation und jede Beziehung. Vertrauen dagegen schafft Schnelligkeit.

Der wichtigste Schlüssel zum Aufbau von Vertrauen sind *Ergebnisse*. Ergebnisse bauen Loyalität zu einer Marke auf und tragen zu einem ausgeprägten Gewinn-Gewinn-Denken bei. Wenn Sie die versprochenen Ergebnisse liefern, werden Ihre Kunden Ihnen treu bleiben und Sie zudem weiterempfehlen. Dann werden Ihre Kunden Ihre wichtigsten Verkäufer und Vermarkter. Außerdem sichern Ihnen Ergebnisse das Vertrauen von Managern und Mitarbeitern. Und mit Ergebnissen können Sie Ihre Zulieferer als strategische Partner gewinnen – das ist in unserer neuen globalen Wirtschaft ungemein wichtig. Vertrauen ist wie der Aquifer, der große unterirdische Strom, der die Quellen in der Tiefe der Erde mit Wasser versorgt. In der Wirtschaft und im Leben nennt man diese Quellen oft Innovation, Teamwork, Kooperation, Empowerment oder Markentreue. Diese Quellen speisen die Flüsse aller menschlichen Beziehungen – im Beruf wie im Privatleben.

Noch ein Wort ...

In diesem Buch wird ein in unserer neuen, global vernetzten Welt hochaktuelles Thema auf gut lesbare, verständliche Weise erläutert. Es beruht nicht nur auf persönlichen Erfahrungen, sondern auch auf empirischen Forschungen, die klar belegen, dass Vertrauen Schnelligkeit schafft. Und genau das macht die Inhalte dieses Buches ungemein »hart«, praktisch und überzeugend. Dass Stephen so weit über meine eigenen Gedanken hinausgeht und so bahnbrechende neue Erkenntnisse präsentiert, macht mich sehr stolz, aber auch bescheiden und dankbar. Meiner Meinung nach hat er beim wichtigsten Thema im Leben, dem Vertrauen, einen neuen Gipfel erklommen – als Vorbild, als Mann der Praxis und als kompetenter Vordenker. Ich hoffe, dass dieses Buch Ihnen Freude macht und Ihnen viel Gutes bringt. Bei mir war es definitiv so.

Herzlich,
Ihr *Stephen R. Covey*

Übrigens: Stephen war der siebenjährige Sohn in der Geschichte »Grün und sauber«, die Sie in meinem Buch *Die 7 Wege zur Effektivität* nachlesen können. Sicher sind Sie gespannt, wie er das Ganze sieht. Das wird er Ihnen in diesem Buch verraten. Ich bin überzeugt: Dass Stephen lernte, unseren Garten »grün« und »sauber« zu halten, ist die Grundlage für alle weiteren Leistungen und Erfolge in seinem Leben.

10 Gründe, warum Vertrauen heute wichtiger denn je ist

»Die Kraft, die alles verändert!« Das ist Vertrauen für mich – und genau davon ist in diesem Buch immer wieder die Rede. Vor der Veröffentlichung der ersten Ausgabe dieses Buches sagten mir viele, dass ich das so nicht schreiben könnte. Auch Menschen aus meinem engsten Umfeld waren skeptisch. Sie meinten, dass das viel zu pauschal und auch ziemlich übertrieben sei. Und doch wusste ich, dass es wahr war. Ich hatte es selbst erlebt – sowohl im Beruf als auch im Privatleben. Vertrauen war die Kraft, die alles verändert hatte. Deshalb hatte ich auch keine Bedenken, das offen auszusprechen.

Rückblickend muss ich sagen, dass ich die Wirkung von Vertrauen damals sogar unterschätzt habe. Schauen Sie nur, wo wir heute stehen. Ob Wirtschaft, Technologie, Gesellschaft oder Familie: Erfolg stellte sich überall dort ein, wo Vertrauen geschaffen wurde. Umgekehrt gilt: Dort, wo es kein Vertrauen gab, war dauerhafter Erfolg nicht möglich. Machen Sie doch einfach mal den Test: Werfen Sie einen Blick auf Ihr eigenes Leben. Kann es sein, dass die Höhen und Tiefen, die Sie im Beruf und im Privatleben erleben, direkt mit den Höhen und Tiefen des Vertrauensniveaus in Ihren Beziehungen zusammenhängen?

Seit über 30 Jahren arbeite ich mit Menschen und Organisationen auf der ganzen Welt. Ich bin überzeugt: Vertrauen ist heute noch wichtiger und noch aktueller als zu der Zeit, als die erste Auflage dieses Buches erschienen ist. Dafür gibt es viele Gründe. Hier kommen die wichtigsten zehn:

#1 Vertrauen steckt tief in der Krise

Unternehmensskandale, Politikversagen, Datenschutzverstöße, Krieg und Terrorismus oder »Lügenpresse« und »Fake News«: Wir leben in einer Welt, in der das Vertrauen mehr und mehr abnimmt. Gleichzeitig wächst das *Misstrauen.* Immer öfter fragen wir uns: »Wem können wir überhaupt noch vertrauen?« Das setzt einen wahren Teufelskreis in Gang: Je mehr das Vertrauen schwindet, desto größer wird das Misstrauen.

Mangelndes Vertrauen wirkt sich auf die Art und Weise aus, wie wir Probleme sehen. Das wiederum erschwert die *Problemlösung.* Was aber noch viel gravierender ist: Fehlendes Vertrauen hat einen großen Einfluss darauf, wie wir mit anderen Menschen umgehen. Die anderen spüren unser Misstrauen. Und was tun sie dann? Sie vertrauen uns auch nicht und verhalten sich entsprechend.

Glücklicherweise ist Vertrauen auch ansteckend! Es gibt Menschen und Organisationen, die das wissen. Sie setzen auf Vertrauen und motivieren andere dazu, das auch zu tun. In einem solchen Umfeld sind Führungskräfte, die Vertrauen aufbauen und stärken können, klar im Vorteil.

#2 Vertrauen ist der Motor der Sharing Economy

Die Sharing Economy gewinnt immer mehr an Bedeutung. Sie ergänzt traditionelle Geschäfts- und Handelsmodelle. Manche dieser Modelle hat sie sogar schon abgelöst. Die Sharing Economy beruht vor allem auf zwei Eckpfeilern – *neuen Technologien* und *digitalem Vertrauen.* Branchen, die bisher von hochqualifizierten

Spezialisten dominiert wurden, werden plötzlich von ganz gewöhnlichen Menschen komplett auf den Kopf gestellt. Denken Sie nur einmal an Carsharing, Mitfahrgelegenheiten, Couchsurfing, Crowdfunding, Open-Source-Technologien oder Foodcorps und Kleiderkreisel.

Immer mehr Produkte und Dienstleistungen werden auf *Plattformen* und *Online-Marktplätzen* angeboten. Sie erleichtern Transaktionen zwischen Fremden, die auf gegenseitigem Vertrauen basieren. Das Vertrauen in die Qualität der Angebote wird durch ein System transparenter Bewertungen und Rezensionen aufgebaut. Diese Bewertungen und Rezensionen stammen von ganz gewöhnlichen Kunden, von Menschen wie du und ich. Die Rechnung ist ganz einfach: *Kein Vertrauen – kein Deal!*

Selbst bei renommierten Milliarden-Dollar-Unternehmen wurde ein neuer Standard der Qualitätsprüfung und der Rechenschaftspflicht eingeführt: Hier kann ein Einzelner mit einem Smartphone die öffentliche Meinung maßgeblich beeinflussen. Unternehmen, die im Zeitalter der Sharing Economy erfolgreich sein wollen, müssen richtiges und wirtschaftliches Handeln in Einklang bringen. Richtiges Handeln schafft Vertrauen – und genau dieses Vertrauen ist entscheidend für den wirtschaftlichen Erfolg der Unternehmen.

#3 Wir leben im Zeitalter der Zusammenarbeit

Wir leben und arbeiten in einer immer stärker miteinander vernetzten Welt. Innovative Technologien, globale Lieferketten und moderne Wissensarbeit ermöglichen es Einzelpersonen und Organisationen, auf eine völlig neue und sehr spannende Weise zusammenzuarbeiten. Immer öfter kümmern sich Teammitglieder aus verschiedenen Abteilungen, Standorten und Ländern gemeinsam um Projekte. Deshalb haben heute fast alle Teams die Möglichkeit, auch *virtuell zusammenzuarbeiten.* Manche Teams arbeiten sogar ausschließlich remote. Die Teammitglieder beschäftigen sich mit demselben Projekt, treffen sich aber nie persönlich. Das Ziel ist es, unterschiedliche Perspektiven, Fähigkeiten und Ressourcen zusammenzubringen.

Natürlich haben wir die technischen Möglichkeiten, die für die virtuelle Zusammenarbeit von Teams gebraucht werden. Aber was ist mit dem nötigen Vertrauen? In Wahrheit kommt es nicht auf die Technik an, sondern auf das Vertrauen: *Vertrauen ist das ultimative Werkzeug für die Zusammenarbeit.* In Teams, in denen großes Vertrauen herrscht, werden räumliche Distanz und andere Hindernisse für erfolgreiche Zusammenarbeit nahezu bedeutungslos. Sie arbeiten Hand in Hand zusammen – und das mit unglaublicher Geschwindigkeit. Ganz anders sieht es bei Teams aus, in denen das gegenseitige Vertrauen fehlt. Hier ist Zusammenarbeit nur eine leere Worthülse. Diese Teams haben große Schwierigkeiten, über die bloße Koordination von Aufgaben hinauszukommen. Mit ihrer eigentlichen Arbeit kommen sie nur im Schneckentempo voran. Doch so können diese Teams keine nachhaltige Leistung erbringen.

Das alles gilt auch für die Beziehungen zu externen Dienstleistern, Anbietern und Lieferanten. Hier arbeiten separate Unternehmen zusammen, um Fachwissen, Daten, Netzwerke und andere Ressourcen auszutauschen. Wenn das Vertrauen gering ist, werden diese Beziehungen durch umfassende rechtliche Vereinbarungen geregelt. Diese Vereinbarungen werden auf der Grundlage des eigenen Vorteils und nicht auf der Basis des gegenseitigen Nutzens geschlossen. Es ist das Vertrauen, das einen Anbieter oder Lieferanten zu einem *Partner* macht. Genauso wie es Vertrauen ist, dass eine Gruppe von Menschen zu einem *Team* macht.

#4 Veränderung ist die neue Normalität in einer disruptiven Welt

Der *Wandel* vollzieht sich in einer beispiellosen Geschwindigkeit. Auch das Ausmaß und die Art des Wandels in unserer disruptiven Welt sprengen alle bislang bekannten Dimensionen. Leider ist Vertrauen das zerbrechlichste Gut in einem sich stark verändernden Umfeld. Paradoxerweise ist Vertrauen das einzige Mittel, um die erforderliche *Geschwindigkeit*, das nötige *Engagement* und die richtige *Inspiration* zu entwickeln, um erfolgreich auf einem sich schnell verändernden Terrain zu bestehen. Führungskräfte müssen auf den ständigen Wandel reagieren, ohne selbst an Geschwindigkeit zu verlieren. Mehr noch: Sie müssen selbst zu Disruptoren werden und Veränderungen in Gang setzen, um relevant und wettbewerbsfähig zu bleiben. Das kann niemand allein schaffen. Es geht nur gemeinsam mit anderen in einem vertrauensvollen Umfeld.

#5 Mehrgenerationen-Belegschaften erfordern neue Arbeitsweisen

Das Gleichgewicht der Generationen in den Belegschaften verschiebt sich – und das geschieht sehr schnell. In Sachen Motivation und Engagement unterscheiden sich Millennials und Gen Z stark von älteren Mitarbeitern. Die Vertreter der jüngeren Generationen wollen nicht gemanagt, sondern *geführt* werden. Sie wollen etwas bewegen und halten nicht sehr viel von traditionellen Karrierewegen, Unternehmenshierarchen, Arbeitsweisen und Managementmethoden.

Die jüngeren Mitarbeiter legen großen Wert darauf, dass man ihnen etwas zutraut und dass man ihnen vertraut. Natürlich wünschen sich das alle Generationen. Doch es gibt einen grundlegenden Unterschied: Ältere Mitarbeiter handeln unter der Prämisse, dass man sich Vertrauen erst *verdienen* muss. Jüngere Mitarbeiter gehen davon aus, dass man anderen Vertrauen *schenken* muss. Tatsache ist, dass beides wahr ist.

Die Überbrückung der Gegensätze der Generationen ist eine der größten Herausforderungen für Führungskräfte überhaupt. Dabei spielt Vertrauen eine größere Rolle als jemals zuvor.

#6 Vertrauen ist der entscheidende Faktor für strategische Initiativen

Eine Studie nach der anderen zeigt, dass Vertrauen quer durch alle Branchen von entscheidender Bedeutung für wichtige strategische Initiativen ist. Ob Engagement, Umsetzung, Innovation, Changemanagement, Mitarbeiterbindung, Rekrutierung, Partnerschaften, Teamwork, Produktivität, Verkauf oder Fusionen und Akquisitionen: Was ist, wenn Sie bei einem der genannten Punkte auf Vertrauen setzen? Dann wird das Vertrauen in den anderen Bereichen ebenfalls steigen – und das oft sogar in einem höchst erstaunlichen Ausmaß.

Die Realität zeigt, dass die meisten Unternehmensprobleme in Wahrheit Vertrauensprobleme sind. Vielen Kunden, mit denen ich arbeite, ist das zunächst nicht bewusst. Doch schon bald erkennen sie, dass Vertrauen die Flut ist, die alle Boote auf ein neues Level hebt. Wenn Sie Ihre Fähigkeit, Vertrauen aufzubauen, verbessern, zieht das weite Kreise. Dann werden Sie automatisch bei allem, was Sie tun, besser. Vertrauen ist ein echter Gamechanger.

#7 Vertrauen selbst ist zu einer wichtigen strategischen Initiative geworden

Teams und Organisationen auf der ganzen Welt rücken Vertrauen bewusst in den Fokus ihrer Arbeitsweise – sowohl intern als auch extern. Bei meinen Vorträgen über Vertrauen frage ich oft das Publikum: »Wie viele von Ihnen messen ganz bewusst Vertrauen?« Früher hoben dann nur ein paar Zuhörer die Hände. Heute ist das ganz anders: Inzwischen bejaht etwa die Hälfte der Leute diese Frage. Ich denke, dass in 15 Jahren fast alle Hände nach oben gehen werden. Denn: Wir messen das, worauf es ankommt!

Ich würde behaupten, dass jede Organisation das Vertrauen misst – zumindest auf Marktebene. Wie ich das meine? Ganz einfach: *Markterfolg ist monetarisiertes Vertrauen.* Was sagt es aus, wenn Sie Ihre Wettbewerber übertreffen? Es zeigt, dass der Markt größeres Vertrauen in Ihre Produkte und Ihre Dienstleistungen hat als in diejenigen Ihrer Mitbewerber. Langfristig ist ein solcher Markterfolg nur möglich, wenn er das Ergebnis dessen ist, was in Ihrem Unternehmen passiert. Unzählige Unternehmensskandale zeigen: Niemand kann das Vertrauen der Marktteilnehmer dauerhaft aufrechterhalten, wenn es nicht aus seinem Unternehmen und seinem Team fließt: *Vertrauen muss intern aufgebaut werden, bevor es auf lange Sicht extern wirken kann.* Deshalb konzentrieren sich immer mehr Unternehmen und Führungskräfte pro-aktiv darauf, Vertrauen *von innen nach außen* zu entwickeln und zu stärken. Meiner Erfahrung nach ist genau das der einzig gangbare Weg!

#8 »Kultur« ist wieder ein Muss für den Unternehmenserfolg

Organisationen und Führungskräfte richten ihren Fokus heute wieder verstärkt auf den Aufbau ihrer *Unternehmenskultur.* Dank ihrer Unternehmenskultur heben sie sich von ihren Wettbewerbern ab. Sie nutzen ihre Kultur, um ihren Konkurrenten Marktanteile abzunehmen. Ob Werte, Sicherheit, Innovation, Leistungsstärke oder Vielfalt: Das alles sind positive Elemente der kulturellen Identität, die als integraler Bestandteil des Unternehmenserfolgs anerkannt werden. Sie haben eine große Anziehungskraft auf fähige, talentierte Mitarbeiter, deren Werte, Ziele und Stärken mit denen der Organisation übereinstimmen. Doch die Anforderungen an die moderne Arbeitswelt sind hoch. Heute ist ein Arbeitsumfeld gefragt, das Kreativität, Begeisterung und Engagement fördert. Die Grundlage dafür ist die Unternehmenskultur. Sie ist der fruchtbare Boden, auf dem alle diese Dinge wachsen und gedeihen.

Immer mehr Organisationen, die eine erfolgreiche, nachhaltige Unternehmenskultur aufbauen wollen, erkennen: Alle Bemühungen laufen ins Leere, wenn sie nicht auf der Grundlage eines hohen Vertrauens beruhen: *Hohes Vertrauen ist der Ausgangspunkt für alle anderen nachhaltigen Veränderungen der Unternehmenskultur.* Unternehmen, die eine Kultur des hohen Vertrauens schaffen, gewinnen auf dem Markt. Und: Sie haben die Nase im Wettbewerb um die besten Mitarbeiter und Talente vorn. Denn das sind die Unternehmen, bei denen man heutzutage gerne arbeiten will.

#9 Der Führungsstil von gestern ist für die Anforderungen von heute nicht mehr geeignet

Command and Control, Kommando und Kontrolle: Dieser alte Führungsstil ist tief im Industriezeitalter verwurzelt. Ich bezeichne Command and Control als Führungsstil von gestern. Dabei ist er immer noch der bevorzugte Arbeitsstil vieler Führungskräfte und Unternehmen von heute. Doch der Versuch, in der heutigen Arbeitswelt mit einem Command-and-Control-Stil zu agieren, muss zwangsläufig scheitern. Es ist wie der Versuch, mit einem Golfschläger Tennis zu spielen. Das Tool ist völlig ungeeignet für die anstehenden Aufgaben. Viele Führungskräfte erkennen das auch bis zu einem gewissen Grad an. Dennoch bleibt Command and Control die vorherrschende Norm. Das gilt insbesondere dann, wenn großer Leistungsdruck besteht. Aber man kann die Leistung und den Beitrag eines Mitarbeitenden nicht einfach kommandieren und kontrollieren. Er muss sich selbst dafür entscheiden.

Welcher Führungsstil ist heute erfolgreich? *Vertrauen und Inspiration:* Vertrauen Sie den Menschen, mit denen Sie zusammenarbeiten, und inspirieren Sie sie, etwas zu bewegen. In Wirklichkeit ist Vertrauen die inspirierendste Form menschlicher Motivation. Vertrauen bringt das Beste im Menschen zum Vorschein – und heute brauchen wir das Beste vom Besten.

10 Vertrauen ist die neue Währung in der Welt von heute

Währung wird als etwas definiert, das als *Tauschmittel* im Umlauf ist. Die meisten denken beim Begriff »Währung« an Geld. Doch es gibt noch eine ganz andere Währung. Um in der heutigen globalen Wirtschaftswelt nachhaltigen Erfolg zu haben, ist diese Währung noch wesentlich wichtiger als Geld. Welche Währung das ist? Die Währung des Vertrauens! Wie wichtig Vertrauen ist, haben wir im Zuge der weltweiten Finanzkrise und bei jeder anderen bedeutenden gesellschaftlichen und wirtschaftlichen Transformation davor und danach gesehen.

Ob auf globaler Ebene oder beim Handschlag zwischen Freunden: *Ohne Vertrauen kann kein Geld der Welt einen sinnvollen oder einen anhaltenden Austausch gewährleisten.* Vertrauen steht über Geld und allen anderen Formen von Währungen. Wo Vertrauen herrscht, wird Geld zu einem Werkzeug. Der Wert des Geldes steigt oder fällt – abhängig vom Vertrauen in seine Quelle. Was passiert, wenn Menschen ein Land, eine Organisation oder eine Person als glaubwürdig oder vertrauenswürdig betrachten? Dann bieten die anfallenden Vertrauensdividenden Möglichkeiten, die man mit Geld allein niemals kaufen könnte.

An dem Tag, an dem der E-Commerce-Riese Alibaba den größten Börsengang der Geschichte aufs Parkett legte, sagte der Gründer Jack Ma: »Heute haben wir kein Geld bekommen. Was wir bekommen haben, ist das Vertrauen der Menschen ... Wenn du vertraust, ist alles einfach. Wenn du nicht vertraust, werden die Dinge kompliziert.«

Alle der zuvor erwähnten Gründe, weshalb Vertrauen noch wichtiger ist als beim Erscheinen der ersten Ausgabe dieses Buches, läuft genau auf diesen Punkt hinaus. Denn immer mehr Führungskräften ist bewusst, dass Vertrauen am Ende des Tages die ultimative Währung ist!

Die Kraft, die alles verändert!

Es gibt etwas, das alle Menschen, alle Beziehungen, Organisationen, Teams, Familien, Nationen, Volkswirtschaften und Gesellschaften auf der ganzen Welt gemeinsam haben:

- Wenn man es zerstört, wird das die mächtigste Regierung, das erfolgreichste Unternehmen, den stärksten Charakter, die größte Freundschaft und die tiefste Liebe zu Fall bringen.
- Wenn man es aber pflegt und klug einsetzt, kann es in allen Lebensbereichen bisher nie erreichte Erfolge bringen. Trotzdem wird es heute immer weniger verstanden und immer mehr unterschätzt.

Was ich meine? **Vertrauen!** Vertrauen wirkt immer – rund um die Uhr, an 365 Tagen im Jahr. Es ist die Grundlage für jede Kommunikation, alle Beziehungen, alle Projekte und alle Erfolge. Vertrauen verändert die Qualität jedes einzelnen Augenblicks. Und es bestimmt unsere Zukunft – sowohl im Beruf als auch im Privatleben:

> Obwohl viele es nicht glauben, ist Vertrauen ein klar nachweisbarer Wert, den man aufbauen und zur Grundlage seines Handelns machen kann – und zwar viel leichter und viel schneller, als Sie das für möglich halten!

Die Finanzkrise, Unternehmensskandale, Kriege, Terrorismus, politische Intrigen und zerbrochene Beziehungen haben das Vertrauen in fast allen gesellschaftlichen Bereichen zerstört. Dennoch bin ich überzeugt, dass die Fähigkeit, Vertrauen aufzubauen, auszuweiten oder wiederherzustellen, für unser persönliches Glück, unseren beruflichen Erfolg und unser wirtschaftliches Wohlergehen unerlässlich ist. Nichts wirkt schneller und effektiver als Vertrauen – in allen Situationen. Deshalb ist Vertrauen die **Schlüsselkompetenz** für alle Führungskräfte in unserer modernen global vernetzten Wirtschaftswelt. Im Gegensatz zu den meisten glaube ich fest daran, dass Vertrauen etwas ist, das wir uns **verdienen** können. Ja, wir können sogar richtig gut darin werden, Vertrauen systematisch aufzubauen!

Nichts ist schneller als Vertrauen

»Schnelligkeit ist die neue Währung!«
Marc Benioff

Vor einiger Zeit hatte ich ein Erlebnis, das ich nie vergessen werde. Damals arbeitete ich bei einer Investmentbank in New York. Wir hatten gerade eine sehr anstrengende Besprechung hinter uns. Hier war deutlich geworden, dass es in unserem Team große Probleme mit dem Vertrauen gab. Das blockierte sämtliche Pläne und Projekte. Der Leiter der Bank sagte unter vier Augen zu mir: »Diese Meetings sind reine Zeitverschwendung. Ich vertraue Mike einfach nicht. Ich vertraue auch Ellen nicht. Ganz ehrlich: Ich finde es schwer, überhaupt jemandem in der Bank zu vertrauen.«

Ich fragte: »Weshalb arbeiten Sie dann nicht daran, Vertrauen aufzubauen?«

Er sagte: »Vertrauen hat man oder man hat es nicht. Wir haben es nicht. Dagegen können wir nichts tun.«

Das sehe ich anders: Sowohl mein Privatleben als auch meine langjährige Berufserfahrung haben mich zu der Überzeugung gebracht, dass wir *sehr viel tun können.* Wir *können* systematisch Vertrauen aufbauen. Wenn wir es tun, wird sich das enorm positiv auf unsere Lebensqualität und unsere beruflichen Leistungen auswirken.

Wir alle leiden unter mangelndem Vertrauen

Ich habe schon auf der ganzen Welt Vorträge zum Thema »Schnelligkeit durch Vertrauen« gehalten. Dabei habe ich viele Menschen getroffen, die ihre Enttäuschung und ihre Resignation unverblümt zum Ausdruck brachten:

◈◈◈

Ich ertrage die taktischen Spielchen in der Firma nicht mehr. Meine Kollegen mobben mich. Ich habe das Gefühl, dass jeder nur an sich denkt und alles tun würde, um Karriere zu machen.

Ich habe schon große Enttäuschungen erlebt. Und dann sind da auch noch die ganzen Skandale, die Korruption und das asoziale Verhalten in unserer Gesellschaft. Wie soll ich anderen da noch vertrauen?

Mein Chef behandelt uns alle, als könnte man uns nicht vertrauen.

Ich arbeite in einer Firma, die in Bürokratie versinkt. Es dauert ewig, bis etwas vorangeht. Ich brauche sogar eine Genehmigung, wenn ich einen neuen Bleistift kaufen will!!!

◈◈◈

Was ist, wenn fehlendes Vertrauen alles blockiert oder zu Machtspielchen und übertriebenem Bürokratismus führt? Müssen Sie das stillschweigend akzeptieren? Nein! Sie *können* etwas tun! Wenn Sie lernen, wie Sie Vertrauen aufbauen, ausweiten oder wiederherstellen, wird das Ihr Leben grundlegend verändern.

Vertrauen – was ist das?

Was ist Vertrauen überhaupt? Ich möchte Ihnen hier keine komplizierte Definition geben. Stattdessen möchte ich mich den Worten von Jack Welch, dem früheren CEO von General Electric, anschließen:

»Vertrauen spürt man, sobald es da ist.«

Vereinfacht gesagt ist Vertrauen das Gegenteil von *Misstrauen* oder *Argwohn*. Wenn wir jemandem vertrauen, *glauben* wir an seine Verlässlichkeit und seine Fähigkeiten. Wenn wir einem Menschen misstrauen, bringen wir ihm Argwohn entgegen. Wir misstrauen seiner Integrität, seinen Zielen, Fähigkeiten und Leistungen. Vertrauen oder Misstrauen? Das macht einen gewaltigen Unterschied. Probieren Sie es doch gleich selbst aus:

ÜBUNG Vertrauen oder Misstrauen?

Denken Sie bitte an jemanden, zu dem Sie sehr viel Vertrauen haben – eine Vorgesetzte oder einen Kollegen, einen Elternteil, Ihre Frau oder Ihren Mann, eines Ihrer Kinder, einen Freund oder eine Freundin … Beschreiben Sie diese Beziehung. Wie ist sie? Wie gut ist die Kommunikation? Wie schnell können Sie Dinge gemeinsam auf den Weg bringen? Wie viel Freude macht Ihnen diese Beziehung?

Denken Sie nun an eine Person, zu der Sie wenig Vertrauen haben. Beschreiben Sie jetzt diese Beziehung. Wie fühlt sich diese Beziehung für Sie an? Funktioniert die Kommunikation schnell und reibungslos? Oder haben Sie den Eindruck, ständig missverstanden zu werden? Arbeiten Sie gut zusammen? Können Sie gemeinsame Aufgaben und Projekte schnell zum Erfolg führen? Oder kostet es viel Zeit und Mühe, sich auf eine Marschroute zu einigen und die Dinge in die Tat umzusetzen? Macht Ihnen diese Beziehung Freude oder finden Sie sie eher anstrengend?

Der Unterschied zwischen Beziehungen mit großem und mit wenig Vertrauen liegt auf der Hand! Nehmen wir beispielsweise die Kommunikation: In einer vertrauensvollen Beziehung versteht Sie der andere auch, wenn Sie sich einmal nicht ganz klar ausdrücken. In einer Beziehung mit wenig Vertrauen wird der andere Sie auch dann missverstehen, wenn Sie sich sehr genau ausdrücken. Allein das zeigt, was für ein enormer Gewinn es wäre, wenn Sie das Vertrauen in Ihren wichtigsten privaten und beruflichen Beziehungen erhöhen könnten!

Die Feuerprobe bestehen

Zu einer meiner wichtigsten persönlichen Erfahrungen mit dem Aufbau von Vertrauen kam es bei der Fusion von Franklin Quest und dem Covey Leadership Center. Dabei entstand die FranklinCovey Company. Jeder, der schon mal einen Firmenzusammenschluss oder eine Übernahme miterlebt hat, weiß: Das ist kein einfaches Unterfangen! Franklin Quest hatte viele Stärken und wir hatten motivierte Mitarbeiter, tolle Ideen und treue Kunden. Dennoch war die Fusion der beiden Unternehmen ungemein schwierig:

Vorwürfe statt Vertrauen

BEISPIEL *Als unser neuer CEO ein Meeting aller Führungskräfte und Berater angesetzt hatte, war auch ich als Leiter des Geschäftsbereichs Schulung und Weiterbildung nach*

Washington eingeladen worden. Eigentlich hätte ich mich auf das Treffen freuen müssen, doch es wurde eine echte Feuerprobe. Der CEO war sehr enttäuscht darüber, dass es beim Zusammenschluss so große Probleme gab. Daher hatte er einen Meetingablauf vorgeschlagen, bei dem wir Führungskräfte den Beratern nur zuhören, aber nichts erwidern durften. So wollte er dafür sorgen, dass die Berater alle Befürchtungen und Sorgen offen ansprechen konnten. Für das Meeting waren vier Stunden angesetzt. Doch es dauerte über zehn Stunden. Da niemand etwas richtigstellen oder fehlende Informationen nachliefern durfte, war nur ein kleiner Teil des Gesagten richtig. Vieles wurde falsch interpretiert oder verzerrt dargestellt. Manches war schlicht und einfach nicht wahr. Es gab Vermutungen, Verdächtigungen, Vorwürfe und Frustration. Es fand dann noch über ein Dutzend solcher Meetings statt. Das war eine schlimme Erfahrung!

Aufgrund meiner früheren Arbeit an der Wall Street wusste ich, dass Fusionen schwierig waren. Dennoch hatte ich fest daran geglaubt, dass unsere Fusion ein Erfolg werden würde. Wo also lag der Fehler? Das Problem war, dass ich mich nicht auf den Aufbau von Vertrauen bei den Leuten von Franklin Quest bemüht hatte. Ich war davon ausgegangen, dass alle bei Franklin Quest wussten, dass sie mir vertrauen konnten. Aber das stimmte nicht! Die Konsequenz? In der neuen Firma FranklinCovey vertraute mir nur etwa die Hälfte aller Beteiligten. Die Grenze verlief ziemlich genau zwischen den Covey- und den Franklin-Parteien:

- Die Covey-Leute, die schon mit mir zusammengearbeitet hatten, sahen meine Entscheidungen als ehrliches Bemühen, das Beste für das Unternehmen zu erreichen.
- Diejenigen, die mich nicht näher kannten und mir nicht vertrauten, interpretierten alles, was ich tat, als Versuch, eine »Covey-Agenda« durchzudrücken.

Beispielsweise kam die Frage auf, ob wir mit einem unserer Programme zur Führungskräfteentwicklung im Sundance Resort bleiben sollten. Es war schwierig, mit Sundance zu arbeiten. Daher wollten einige einen anderen Veranstaltungsort wählen. Aber unsere Kunden waren von Sundance begeistert. Also hielt der zuständige Manager hartnäckig daran fest. Zudem konnte er belegen, dass uns die Schulungen dort im Schnitt 40 Prozent mehr Umsatz brachten als anderswo. Ich sagte: »Wenn das so ist, sollten wir nach Möglichkeiten suchen, die Zusammenarbeit mit Sundance zu verbessern.« Für mich war das eine klar nachvollziehbare unternehmerische Entscheidung. Doch diejenigen, die mir nicht vertrauten, sahen das anders. Sie glaubten, ich wollte auf der »Covey-Schiene« fahren. Weil ich mich ehrenamtlich für das Kindertheater von Sundance engagierte, hatten manche sogar den Verdacht, ich hätte mich bestechen lassen. Da so wenig Vertrauen herrschte, vermuteten viele, dass ich meine wahren Gründe für die weitere Zusammenarbeit mit Sundance nicht offen aussprach.

Wir sahen uns immer mehr Bürokratismus, taktischen Winkelzügen und Desinteresse gegenüber. Dadurch wurden Unmengen an Zeit, Energie und Geld verschwendet. Irgendwann erkannte ich, dass ich die schwierigen Punkte direkt angehen musste. Sonst würde sich die Situation immer weiter verschlimmern. Man würde mir bei allen Entscheidungen irgendwelche Hintergedanken unterstellen. Um irgendetwas erledigt zu bekommen, würde ich jedes Mal erst durch einen Morast von Vorwürfen und Verdächtigungen waten müssen.

Ich hatte nichts mehr zu verlieren …

Da ich nichts mehr zu verlieren hatte, sagte ich bei einer weiteren Besprechung mit den Beratern: »Wir sind hier, um unsere Strategie zu besprechen. Das können wir gerne tun. Allerdings wäre es wahrscheinlich besser, wenn wir über unsere Probleme im Zusammenhang mit der Fusion sprechen. Es gibt viele Fragen zu klären: Wer bleibt? Wer geht? Wer trifft welche Entscheidungen? Wie werden diese Entscheidungen herbeigeführt? Was ist, wenn wir den Personen, die diese Entscheidungen treffen, nicht vertrauen? Und: Was passiert, wenn wir *Ihnen, Stephen Covey,* einige dieser Entscheidungen gar nicht zutrauen?«

Die Leute waren verblüfft. Sie konnten es nicht fassen, dass ich all diese Probleme offen ansprach. Viele fragten sich auch, was meine wahren Absichten dabei waren. Doch sie erkannten schnell, dass ich mich aufrichtig bemühte, das zu tun, was für das Unternehmen das Beste war.

Was ursprünglich als einstündige Strategiebesprechung geplant war, entwickelte sich zu einer ganztägigen Diskussion über unsere Sorgen und Befürchtungen: Welches Firmengebäude würden wir nutzen? Welche Gehälter und Prämien würden ausbezahlt? Welches Verkaufsmodell würden wir bevorzugen? Sind Sie, Stephen Covey, wirklich qualifiziert, um so wichtige Entscheidungen zu treffen? Was haben Sie bisher geleistet? Welche Erfolge haben Sie erzielt? Nach welchen Prinzipien handeln Sie? Worauf basieren Ihre Entscheidungen?

Ich antwortete ehrlich und offen. Zudem legte ich so viele Daten, Zahlen und Fakten wie möglich vor, um meine Entscheidungen zu erläutern. Wenn das nicht möglich war, erklärte ich die Gründe dafür. Ich hörte den anderen aufmerksam zu und versuchte, ihre Bedenken und Befürchtungen zu verstehen. Außerdem sagte ich ihnen zu, viele ihrer Verbesserungsvorschläge bald umzusetzen. Am Ende herrschten wieder Hoffnung und Zuversicht.

Ein Mitarbeiter sagte, ich hätte an diesem einen Tag mehr Vertrauen gewonnen als in all den Monaten zuvor. Mir wurde klar, dass ich nun die Basis für eine vertrauensvolle Zusammenarbeit gelegt hatte. Aber ich wusste auch, dass die wahre Feuerprobe erst noch kommen würde. Denn nun musste ich mich auch an das, was ich gesagt und versprochen hatte, halten.

Es sprach sich schnell herum, wie die Besprechung verlaufen war. Von nun an hielt ich mich gegenüber allen Beteiligten an denselben Kurs. So konnten wir in sehr kurzer Zeit im gesamten Unternehmen Vertrauen aufbauen. Was meinen Geschäftsbereich anging, veränderte das gestiegene Vertrauen alles grundlegend. Wir konnten in allen Bereichen unsere *Schnelligkeit steigern,* die *Kosten reduzieren* und die *Ergebnisse verbessern.* Mir persönlich hat diese Erfahrung geholfen, die große Bedeutung von Vertrauen noch viel besser zu verstehen. Ich habe erkannt, dass ich damals ziemlich naiv war. *Ja, ich habe Fehler gemacht!* Aber nicht die, die man mir vorwarf. Mein größter Fehler war, dass ich nicht von Beginn an daran gearbeitet habe, Vertrauen aufzubauen und zu vergrößern. So musste ich die harten persönlichen und wirtschaftlichen Konsequenzen von mangelndem Vertrauen am eigenen Leib erleben. Doch dadurch habe ich gelernt, dass *Vertrauen wirklich alles verändert.* Wenn man Vertrauen aufgebaut hat, wendet sich alles andere fast von selbst zum Guten.

Vertrauen auf dem Tiefpunkt!

Ob Staat, Medien, Unternehmen, Gesundheitswesen, Kirchen oder Parteien: In den letzten Jahren ist das Vertrauen der Bürger in fast alle gesellschaftlichen Institutionen gesunken. In manchen Bereichen hat es sogar einen historischen Tiefpunkt erreicht. Aber nicht nur das Vertrauen in die Institutionen schwindet. Auch das Vertrauen im Hinblick auf andere Menschen ist gering. Laut einer Forsa-Umfrage hat jeder zweite Deutsche kein Vertrauen in seine Mitmenschen.[1] Noch schlechter ist es um das Vertrauen der Mitarbeiter in ihr Unternehmen bestellt: Gerade mal 30 Prozent haben vollstes Vertrauen zu ihrem Arbeitgeber.[2]

Beim Vertrauen, das in unseren persönlichen Beziehungen herrscht, sieht es ebenfalls nicht viel besser aus. Natürlich ist das Vertrauen

Die große Vertrauenskrise

Es ist offensichtlich, dass wir in einer tiefen Vertrauenskrise stecken. Hier einige Schlagzeilen:

»Vertrauenskrise: Gefühlt lügt einen jeder an!«

»Top-Studie: Fake News weiten globale Vertrauenskrise aus!«

»Umfrage: Vertrauen in Corona-Politik dramatisch gesunken!«

»Viele Menschen vertrauen dem Staat nicht mehr!«

»Drei Viertel aller Deutschen haben Vertrauen in Unternehmen verloren!«

»Was tun gegen die Vertrauenskrise der Demokratie?«

»Katholische Kirche: Wie raus aus der Vertrauenskrise?«

»Das Vertrauen der Anleger ist dahin!«

»Die Deutschen verlieren immer mehr Vertrauen in die Wirtschaftswelt.«

»Fehlendes Vertrauen raubt uns den Fortschritt!«

Schlagzeilen wie diese bringen die traurige Wahrheit ans Licht: Überall fehlt Vertrauen. Das zieht sich durch unsere Gesellschaft, unser Wirtschaftsleben, unsere Unternehmen und unsere beruflichen wie privaten Beziehungen. Die Folge: Argwohn und Misstrauen greifen um sich und münden in einer Negativspirale, die uns immer weiter nach unten zieht.

in Beziehungen immer unterschiedlich. Doch für viele ist es ein großes Problem – und das oft bei ihren wichtigsten Beziehungen:

- Der Hauptgrund dafür, dass Mitarbeiter ihr Unternehmen verlassen, ist eine schlechte Beziehung zu ihrem Vorgesetzten.
- Jede dritte Ehe endet mit einer Scheidung.

Alle Beziehungen sind auf Vertrauen aufgebaut. Alle werden von Vertrauen getragen. Alle können durch mangelndes Vertrauen zerstört werden. Können Sie sich eine wichtige Beziehung ohne Vertrauen vorstellen? Fehlendes Vertrauen ist genau das, was schlechte Beziehungen charakterisiert.

Aber es gibt noch eine stärkere Dimension: unser *Selbstvertrauen*. Wir versprechen uns oft selbst etwas, das wir dann doch nicht halten. Denken Sie nur an die Ziele oder die guten Vorsätze, die wir schon nach wenigen Tagen wieder vergessen haben. Was passiert, wenn wir ein Versprechen, das wir uns selbst gegeben haben, nicht halten? Dann bekommen wir das Gefühl, dass wir nicht einmal uns selbst vertrauen können. Das macht es uns noch schwerer, anderen zu vertrauen.

Mein Vater betonte immer, dass wir uns selbst nach unseren *Absichten* beurteilen, andere aber nach ihrem *Verhalten*. Deshalb können wir Vertrauen besonders schnell wiederherstellen, wenn wir uns selbst und anderen Versprechen geben und diese dann auch halten. Dennoch erholen wir uns nach jedem Vertrauensbruch ein bisschen langsamer. Wir fragen uns, was da draußen wohl sonst noch alles passiert. Das führt dazu, dass wir anderen immer mehr Argwohn entgegenbringen. So übertragen wir das Verhalten einiger weniger auf viele andere – und müssen teuer dafür bezahlen!

Die Ökonomie des Vertrauens

Zyniker könnten jetzt fragen: »Na und? Ist Vertrauen wirklich mehr als eine schöne soziale Tugend? Können Sie beweisen, dass Vertrauen ein messbarer betriebswirtschaftlicher Erfolgsfaktor ist?« Diese beiden Fragen kann man mit einem klaren Ja beantworten. Denn es gibt eine einfache Formel, mit der wir Vertrauen als eindeutig messbaren Erfolgsfaktor identifizieren können. Diese Formel beruht auf einer überaus wichtigen Erkenntnis: *Vertrauen wirkt sich immer auf die Schnelligkeit und die Kosten aus.*

Wenn das Vertrauen abnimmt, sinkt auch die Schnelligkeit. Gleichzeitig steigen die Kosten:

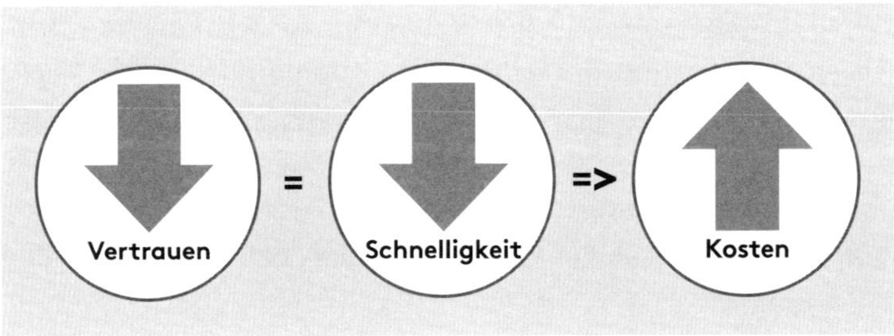

Wenn das Vertrauen größer wird, nimmt auch die Schnelligkeit zu. Gleichzeitig sinken die Kosten:

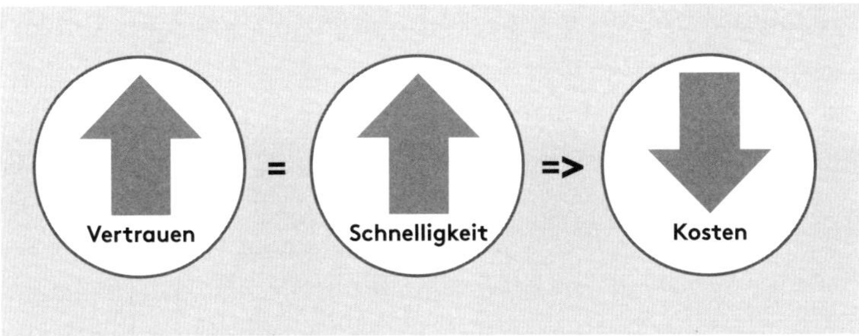

Es ist wirklich so einfach, so klar, so vorhersehbar! Hier sind einige Beispiele:

Die Vertrauenskrise nach dem 11. September

BEISPIEL *Unmittelbar nach den Terroranschlägen vom 11. September 2001 sank das Vertrauen ins Fliegen in den USA enorm. Die Amerikaner erkannten, dass die Vorkehrungen für die Sicherheit der Passagiere längst nicht ausreichten. Vor dem 11. September kam ich normalerweise 30 Minuten vor dem Abflug zum Flughafen und konnte die Sicherheitskontrollen schnell hinter mich bringen. Danach änderte sich das grundlegend. Um die Sicherheit und das Vertrauen ins Fliegen zu erhöhen, wurden die Kontrollen drastisch verschärft. Das hatte zwar den gewünschten Effekt. Allerdings dauern meine Flugreisen jetzt wesentlich länger und kosten deutlich mehr.*

Mit anderen Worten: Als das Vertrauen in die Flugsicherheit abnahm, sank die Schnelligkeit und die Kosten stiegen. Wenn dagegen großes Vertrauen herrscht, steigt die Schnelligkeit und die Kosten sinken. Diese Erfahrung hat auch Warren Buffett gemacht. Der CEO von Berkshire Hathaway ist einer der reichsten Männer der Erde und einer der Investoren, dem weltweit am meisten Vertrauen entgegengebracht wird. Vor einiger Zeit hat er eine große Übernahme erfolgreich abgeschlossen:

Die 23-Milliarden-Dollar-Fusion

BEISPIEL *Berkshire Hathaway kaufte von Wal-Mart ein Unternehmen namens McLane Distribution mit einem Wert von 23 Milliarden US-Dollar. Normalerweise würde eine*

Fusion in dieser Größenordnung Monate dauern und mehrere Millionen Dollar für Wirtschaftsprüfer, Steuerberater und Anwälte verschlingen. Da beide Seiten sich jedoch mit großem Vertrauen begegneten, genügte ein zweistündiges Meeting, um sich zu einigen. Dann besiegelte man das Geschäft mit einem Handschlag. Die komplette Übernahme wurde in knapp einem Monat abgewickelt.

In einem Begleitbrief zum Geschäftsbericht schrieb Warren Buffett: »Auf Due-Diligence-Prüfungen haben wir verzichtet. Wir wussten, dass alles genauso sein würde, wie Wal-Mart sagte. Und das erwies sich dann ja auch als richtig.« Und das Fazit? *Großes Vertrauen – hohe Schnelligkeit – niedrige Kosten.* Natürlich gibt es auch Beispiele von viel kleineren Unternehmen, die das untermauern:

Volles Vertrauen in die Kunden

BEISPIEL *Mein Bekannter Jim eröffnete in New York einen Imbissstand und verkaufte den Passanten Donuts und Kaffee. Doch viele gingen wieder und kauften ihre Snacks woanders. Jim wurde schnell klar, was der Grund dafür war, dass er nicht mehr Donuts und Kaffee verkaufen konnte: Der Kassiervorgang dauerte zu lange. Deshalb mussten die Leute zu lange warten und gingen einfach wieder. Also stellte Jim ein Körbchen mit Geldscheinen und Münzen auf seine Theke und vertraute die Bezahlung seinen Kunden an.*

Die meisten von Jims Kunden waren ehrlich. Viele gaben ihm sogar weit mehr Trinkgeld als üblich. Jetzt konnte Jim doppelt so viele Leute bedienen. Außerdem gefiel seinen Kunden, dass er ihnen vertraute. Deshalb kamen sie immer wieder zu ihm. Durch dieses Vertrauen konnte er seinen Umsatz ohne zusätzliche Kosten verdoppeln. Auch hier zeigt sich: *Wenn das Vertrauen groß ist, steigt die Schnelligkeit und die Kosten sinken.*

Wenn man die harte, messbare Ökonomie des Vertrauens versteht, ist das so, als würde man eine völlig neue Brille aufsetzen. Plötzlich sieht man die Auswirkungen überall: im Job, zu Hause, in allen Beziehungen – einfach bei allem, was man tut. Dann erkennt man, was für einen unglaublichen Unterschied vertrauensvolle Beziehungen in allen Lebensbereichen ausmachen können.

Die Vertrauenssteuer

Die *Vertrauensökonomie* bringt es ans Licht: Bei vielen Beziehungen müssen wir eine *Steuer für zu geringes Vertrauen* zahlen – ohne es zu wissen! Was passiert, wenn wir erst im Nachhinein erfahren, dass wir Steuern zahlen müssen, zeigt das folgende Beispiel:

Der erste Ferienjob

BEISPIEL *Als mein Sohn Stephen 16 wurde, bekam er seinen ersten Ferienjob in einer Eisdiele. Er war total aufgeregt, als er nach zwei Wochen seinen ersten Gehaltsscheck bekam. Er riss den Umschlag auf und warf einen erwartungsvollen Blick auf den Scheck. Doch dann verzog er ungläubig das Gesicht und rief: »Das gibt's doch nicht!« Er hielt mir den Scheck hin. »Guck mal, die haben sich total verrechnet!«*

Ich sah mir den Scheck an und fragte: »Was meinst du denn?«

»Schau mal hier! Ich soll acht Dollar pro Stunde bekommen und habe 40 Stunden gearbeitet. Das macht doch dann 320 Dollar, oder?«

Er hatte tatsächlich 40 Stunden gearbeitet – aber der Scheck lautete nur auf rund 260 Dollar.

Ich sagte: »Ja, das stimmt. Aber guck mal, was da oben steht: Einkommensteuer!«

»Was?«, rief er fassungslos. »Willst du etwa sagen, dass ich Steuern zahlen muss!?«

»Genau! Und das ist noch nicht alles. Hier steht auch noch Sozialversicherungsbeitrag, Beitrag für die Pflegeversicherung …«

»Mensch, Papa!« Er war völlig außer sich. »Ich brauche doch gar keine Pflege!«

»Nein, du nicht, aber dein Großvater! Willkommen in der Welt der Steuern und Abgaben!«

Sicher zahlt niemand gern Steuern und Abgaben. Wir tun es aber, weil sie der Allgemeinheit dienen und es gesetzlich vorgeschrieben ist. Was aber, wenn Sie gar nicht wissen, dass Sie Steuern zahlen? Wenn die Steuern versteckt sind und Ihnen abgezogen werden, ohne dass Sie es bemerken? Was wäre, wenn diese Steuern zudem eine totale Verschwendung wären? Wenn sie keinem etwas bringen?

Natürlich tauchen in Ihrer Einkommensteuererklärung keine »Kosten für mangelndes Vertrauen« auf. Dass sie versteckt sind, heißt allerdings nicht, dass es sie nicht gibt! Wenn man weiß, wonach man suchen muss, sieht man, dass die *Vertrauenssteuern* überall gezahlt werden. Sie fallen in allen Unternehmen und Beziehungen an – und oft sind sie sehr hoch. Bestimmt haben auch Sie bereits Erfahrungen mit Vertrauenssteuern gemacht:

- Sehr wahrscheinlich haben *Sie* schon einmal Vertrauenssteuern *gezahlt* – vielleicht in einem Gespräch, bei dem Ihr Chef oder Ihr Partner bei allem, was Sie gesagt haben, automatisch 20, 30 Prozent oder sogar noch mehr abgezogen hat. Wie belastend das ist, habe ich in den schwierigen Tagen der FranklinCovey-Fusion hautnah miterlebt.

- Sicher haben Sie *anderen* auch Vertrauenssteuern *auferlegt* – beispielsweise, wenn Sie anderen von vornherein etwas abgezogen haben, weil Sie ihnen nicht vertraut haben.

- Vielleicht mussten Sie manchmal auch eine *»Erbschaftssteuer«* zahlen, weil Sie eine Aufgabe oder eine Rolle von jemandem übernommen haben, dem keiner vertraut hat. Wenn Sie eine neue private oder berufliche Beziehung eingehen, kann es sein, dass Ihnen 30, 40, 50 oder noch mehr Prozent abgezogen werden – für etwas, das Sie gar nicht getan haben! Kürzlich habe ich eine Managerin beraten, deren Vorgänger das Vertrauen seiner Mitarbeiter so massiv zerstört hatte, dass alle bei ihr große Abzüge machten – obwohl sie ganz neu im Unternehmen war und wirklich nichts dafür konnte.

Der Bestsellerautor Francis Fukuyama sagt: »Weit verbreitetes Misstrauen in einer Gesellschaft … führt dazu, dass wirtschaftliche Aktivitäten aller Art mit einer Steuer belegt werden – einer Steuer, die Gesellschaften mit großem Vertrauen nicht zahlen müssen.«[3] Meiner Ansicht nach erstreckt sich diese Steuer nicht nur auf wirtschaftliche Aktivitäten. Vielmehr gilt die Vertrauenssteuer für alle unsere Aktivitäten in sämtlichen Lebensbereichen.

Die Vertrauensdividende

Die Steuern, die wir für mangelndes Vertrauen zahlen müssen, sind extrem hoch. Die gute Nachricht? Auch die *Dividenden,* die für großes Vertrauen anfallen, sind klar zu beziffern und sehr hoch. Denken Sie nur daran, wie schnell Warren Buffett die McLane-Übernahme abschloss oder wie mühelos der Donut-Verkäufer Jim seinen Umsatz verdoppeln konnte. Wenn das Vertrauen groß ist, wird alles im Beruf und im Privatleben viel einfacher und viel besser:

Vertrauen ist wie die Hefe im Brot, die alles enorm nach oben treibt.

In Unternehmen verbessert großes Vertrauen die Kommunikation, Zusammenarbeit, Umsetzung, Innovationskraft und Strategie, das Engagement und alle geschäftlichen Beziehungen ungemein. Im Privatleben führt großes Vertrauen zu einem deutlichen Anstieg Ihrer Energie, Ihrer Kreativität und Ihrer Lebensfreude. Zudem verbessert Vertrauen die Beziehungen zu Ihrer Familie, Ihren Freunden und Ihren Mitmenschen. Die Dividenden, die Vertrauen abwirft, bestehen also nicht nur aus höherer Geschwindigkeit und besserer Wirtschaftlichkeit, sondern auch aus mehr Glück und Lebensqualität!

Vertrauen: Der versteckte Erfolgsfaktor

Vertrauen ist die versteckte Variable in der Formel für Unternehmenserfolg. Was ich damit meine? Das will ich Ihnen gerne mit dem folgenden Beispiel veranschaulichen:

Die unsichtbaren Fische

BEISPIEL *In Montana habe ich einmal einen Guide für eine Angeltour engagiert. Als ich fasziniert über den Fluss schaute, sagte er: »Was sehen Sie?« Ich antwortete: »Einen wunderschönen Fluss, auf dem sich die Sonne spiegelt.« Da fragte er: »Sehen Sie Fische?« »Nein.« Nun drückte er mir eine Sonnenbrille mit polarisierenden Gläsern in die Hand. »Setzen Sie die doch mal auf!« Plötzlich sah alles total anders aus. Nun spiegelte sich die Sonne nicht mehr im Fluss und ich konnte durch das Wasser schauen. Jetzt sah ich Fische – jede Menge Fische! Das war unglaublich! Ich konnte Dinge sehen, die mir vorher verborgen geblieben waren. In Wirklichkeit waren die Fische natürlich schon die ganze Zeit da gewesen. Doch ohne die Brille waren sie für mich unsichtbar.*

Genauso wie es mir mit den Fischen erging, geht es vielen Menschen mit dem Vertrauen: Sie haben keine Vorstellung davon, welche enormen Auswirkungen Vertrauen in allen Bereichen ihres Lebens hat. Wenn sie aber eine *Vertrauensbrille* aufsetzen und sehen, was unter der Oberfläche wirklich vor sich geht, können sie ihre *Effektivität im Berufs- und Privatleben* enorm steigern.

Egal, ob das Vertrauen hoch oder niedrig ist: Es ist die »versteckte Variable« in der Formel für den Erfolg von Unternehmen. Nach der traditionellen Formel für Unternehmenserfolg ermittelt man die Ergebnisse, indem man die Strategie mit der Umsetzung multipliziert:

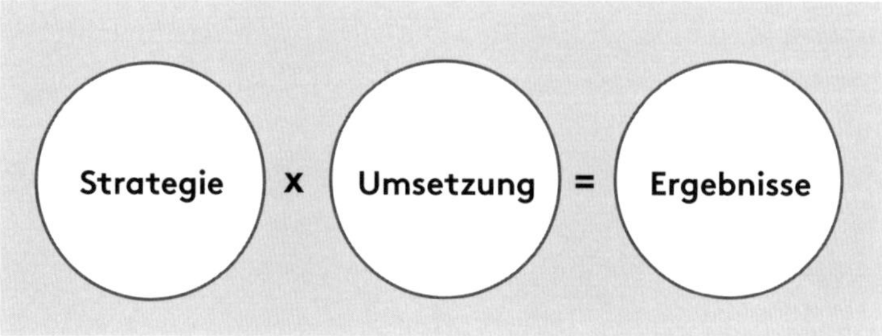

Bei dieser Formel wird jedoch eine wichtige Variable vergessen – das Vertrauen. Es hat maßgeblichen Einfluss auf den Unternehmenserfolg:

- Ist das Vertrauen niedrig, zahlen wir hohe Steuern, die das Ergebnis stark verringern.
- Ist das Vertrauen hoch, bekommen wir hohe Dividenden, die das Ergebnis signifikant verbessern.

Deshalb muss Vertrauen in die traditionelle Formel für den Unternehmenserfolg integriert werden. Die neue Formel sieht dann so aus:

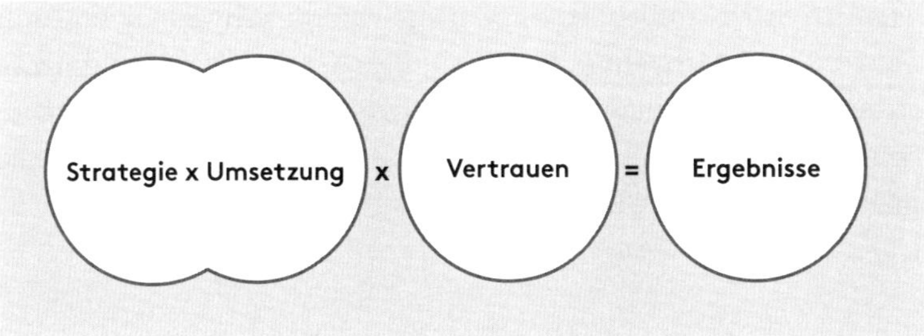

Selbst bei einer sehr guten Strategie und einer erstklassigen Umsetzung kann niedriges Vertrauen uns sehr schnell aus der Erfolgsspur werfen. Andererseits kann großes Vertrauen der Faktor sein, der dafür sorgt, dass das Ganze viel größer und besser wird als die Summe seiner Teile. In konkreten Zahlen sieht das folgendermaßen aus:

Die Auswirkungen von Vertrauen auf den Unternehmenserfolg

Strategie	x	Umsetzung	=	Ergebnis	Steuer oder Dividende	=	Endergebnis
10	x	10	=	100	– 40 Prozent Steuer	=	60
10	x	10	=	100	– 10 Prozent Steuer	=	90
10	x	10	=	100	+ 20 Prozent Dividende	=	120

Der Wirtschaftsexperte Robert Shaw sagt: »Für wirtschaftlichen Erfolg sind vor allem zwei Dinge nötig: eine ausgezeichnete Wettbewerbsstrategie und eine hervorragende Umsetzung im Unternehmen. Misstrauen steht beidem im Weg.«[4] Ich bin überzeugt:

Großes Vertrauen kann eine schlechte Strategie nicht unbedingt retten. Doch: Geringes Vertrauen kann auch die beste Strategie zum Scheitern bringen.

Natürlich wirkt sich Vertrauen nicht nur positiv auf den Unternehmenserfolg aus, sondern auch auf unsere Karrieren und unser Privatleben. Menschen, die hohes Vertrauen genießen, werden mit größerer Wahrscheinlichkeit befördert, verdienen mehr Geld und haben erfüllendere, glücklichere Beziehungen.

Die neue, »flache« Wirtschaftswelt

Die positiven Auswirkungen von Vertrauen auf den beruflichen Erfolg sind heute wichtiger als je zuvor. Wir leben in einer weltweit vernetzten Wirtschaftswelt. Hier werden auch geistige Dienstleistungen dort eingekauft, wo sie am billigsten zu haben sind. Längst können selbst große Datenmengen enorm schnell und sehr kostengünstig um die ganze Welt geschickt werden. Dies hat zur Folge, dass immer mehr Menschen in immer mehr Tätigkeitsbereichen auf dem globalen Arbeitsmarkt miteinander konkurrieren. Thomas Friedman, Kolumnist der New York Times, spricht in diesem Zusammenhang von einer neuen, »flachen« Wirtschaftswelt. Hier stehen Partnerschaften und Beziehungen im Zentrum. Diese gedeihen jedoch nur durch Vertrauen. Wenn kein Vertrauen herrscht, sterben diese Beziehungen und Partnerschaften ab. Friedman schreibt:

> *»Ohne Vertrauen kann es keine flache Welt geben, da Vertrauen das Element ist, das es uns ermöglicht, Mauern niederzureißen, Schranken abzubauen und Grenzen zu überwinden. In einer flachen Welt ist Vertrauen unerlässlich …«*

Deshalb möchte ich noch einmal ganz klar betonen:

> **Die Fähigkeit, bei Kunden, Geschäftspartnern, Investoren und Mitarbeitern Vertrauen aufzubauen, auszuweiten oder wiederherzustellen, ist die entscheidende Führungskompetenz in der neuen globalen Wirtschaft.**

Vertrauenssteuern und Vertrauensdividenden im Überblick

In den folgenden Tabellen habe ich die Wirkung der Vertrauenssteuern und Vertrauensdividenden auf Unternehmen und Beziehungen zusammengefasst. Sehen Sie sich die Tabellen bitte gut an und stellen Sie sich dabei die folgenden Fragen:

- Zahlt mein Unternehmen Steuern oder bekommt es Dividenden?
- Wie ist es mit mir? Bin ich eine wandelnde Vertrauenssteuer oder eine wandelnde Dividende?

Denken Sie auch über Ihre beruflichen und Ihre privaten Beziehungen nach. Fragen Sie sich:

- Wo würde ich diese Beziehungen in den Tabellen einordnen?
- Wo kann Vertrauen in meinem Leben einen großen positiven Unterschied bewirken?

<table>
<tr><th colspan="2">Vertrauenssteuer</th></tr>
<tr><th colspan="2">80 Prozent STEUER = kein Vertrauen</th></tr>
<tr><td>Im Unternehmen
– Gestörte Unternehmenskultur und vergiftete Beziehungen: Mobbing, Lästereien, offene Auseinandersetzungen, Beschwerden, Gerichtsprozesse, kriminelles Verhalten
– Verfeindete Interessengruppen
– Überzogenes, lähmendes Mikromanagement
– Autoritäre Strukturen
– Extrem strenge Hierarchien
– Harte Disziplinarmaßnahmen</td><td>In persönlichen Beziehungen
– Zerbrochene oder beschädigte Beziehungen
– Andauernde Streitigkeiten oder verbitterter Rückzug
– Hang zu Drohungen und juristischen Auseinandersetzungen
– Einteilung anderer Menschen in zwei Kategorien: Feinde oder Verbündete
– Verbale, emotionale oder sogar körperliche Misshandlungen</td></tr>
</table>

<table>
<tr><th colspan="2">60 Prozent STEUER = fast kein Vertrauen</th></tr>
<tr><td>Im Unternehmen
– Schlechtes Arbeitsklima
– Große Unzufriedenheit bei Mitarbeitern, Kunden, Dienstleistern und Lieferanten
– Zerstrittene Parteien und Lagerbildung
– Hohe Zeitverluste durch Konkurrenzdenken und Machtkämpfe
– Langwierige Entscheidungsprozesse
– Hemmendes Mikromanagement und sehr viel Bürokratie</td><td>In persönlichen Beziehungen
– Feindseliges, unfaires Verhalten, dem kurze Phasen der Reue folgen
– Gehemmter, von Misstrauen geprägter Kommunikationsfluss
– Verdrängen von Problemen
– Verdächtigungen und Vorhaltungen
– Vorwürfe wegen Fehlern</td></tr>
</table>

<table>
<tr><th colspan="2">40 Prozent STEUER = sehr wenig Vertrauen</th></tr>
<tr><td>Im Unternehmen
– Ausgeprägtes Defensivverhalten
– Versteckte Absichten
– Verfeindete Interessengruppen
– Politische Lager mit Feinden und Verbündeten
– Viele unzufriedene Mitarbeiter, Kunden, Dienstleister und Lieferanten
– Überzogene Bürokratie und komplexe Strukturen</td><td>In persönlichen Beziehungen
– Anstrengende, glücklose Beziehungen
– Sammeln von Beweisen für die Schwächen und Fehler der anderen
– Zweifel an der Zuverlässigkeit und dem Engagement der anderen Seite
– Versteckte Absichten
– Eingeschränkte, oft widerwillige Weitergabe von Informationen</td></tr>
</table>

<table>
<tr><th colspan="2">20 Prozent STEUER = wenig Vertrauen</th></tr>
<tr><td>Im Unternehmen
– Etwas zu viel Bürokratie
– Überflüssige Hierarchien
– Langsame Entscheidungsfindung
– Ungünstige Strukturen und Systeme
– Gewisse Unzufriedenheit bei Mitarbeitern, Kunden und Zulieferern</td><td>In persönlichen Beziehungen
– Diverse Missverständnisse
– Zweifel im Hinblick auf die Motive der anderen Partei
– Spannungen
– Von Angst, Unsicherheit und Zweifeln geprägte Kommunikation
– Die Aufrechterhaltung der Beziehungen kostet unnötig viel Energie – für die Verbesserung des Miteinanders bleibt weder Zeit noch Kraft</td></tr>
</table>

Keine Steuer und keine Dividende	
Keine STEUER und DIVIDENDE = grundlegendes Vertrauen	
Im Unternehmen • Gutes Arbeitsklima • Offene Kommunikation • Gut funktionierende Strukturen • Kaum taktische Winkelzüge	**In persönlichen Beziehungen** • Höfliche, herzliche, offene Kommunikation • Echtes Bemühen um reibungslose, effiziente Zusammenarbeit • Gegenseitige Toleranz und Akzeptanz • Keine Zweifel und Befürchtungen

Vertrauensdividende	
20 Prozent DIVIDENDE = spürbares Vertrauen	
Im Unternehmen + Volle Konzentration auf die Arbeit + Reibungslose, gute Zusammenarbeit + Kooperative Beziehungen + Hilfreiche Strukturen und Systeme + Hohe Kreativität und Innovationskraft	**In persönlichen Beziehungen** + Gute Energie und Stimmung + Partnerschaftliche, enge Beziehungen + Bemühen, die Stärken des Einzelnen zum Vorteil aller einzusetzen + Inspirierende, positive Kommunikation + Fehler gelten als Lernchancen

40 Prozent DIVIDENDE = großes Vertrauen	
Im Unternehmen	**In persönlichen Beziehungen**
+ Sehr gute Zusammenarbeit, partnerschaftliches Miteinander + Offene, reibungslose Kommunikation + Positive, faire Beziehungen zu Mitarbeitern und allen anderen Interessengruppen + Optimale Strukturen und Systeme + Hohe Kreativität und Innovationskraft + Außerordentliches Engagement + Sehr große Loyalität	+ Familienleben und Freundschaften sind von echter Fürsorge und Liebe geprägt + Vertrauensvolle, ehrliche Kommunikation + Enger Zusammenhalt und große Freude an gemeinsamen Projekten + Aufrichtige Beziehungen ohne versteckte Absichten + Gegenseitiges Verständnis + Hohe Motivation und große Kreativität

Haben Sie sich die Tabellen genau angesehen? Dann möchte ich Sie jetzt zu einem kleinen Test einladen:

TEST Wie wirken sich Steuern oder Dividenden aus?

Denken Sie an eine Aufgabe, die sehr wichtig für Sie ist. Überlegen Sie, welchen Einfluss die obigen Tabellen auf diese Aufgabe haben. Nehmen wir beispielsweise an, Sie müssen ein Team so zusammenstellen, dass ein größeres Projekt innerhalb von nur sechs Wochen abgeschlossen werden kann. Fragen Sie sich:

- Wie groß ist das Vertrauen im Team?
- Muss ich Steuern zahlen?
- Bekomme ich eine Dividende? Wenn ja: Wie viel Prozent beträgt meine Dividende? Wie wirkt sich das auf Schnelligkeit, Kosten, Effizienz und Umsetzung des Projekts aus?

Überlegen Sie jetzt, was passieren würde, wenn Sie die Höhe von Steuern und Dividenden verändern könnten. Was für einen Unterschied würde es machen, wenn Sie statt einer 20-prozentigen Steuer eine 20-prozentige Dividende verbuchen könnten?

Denken Sie auch über Ihre persönlichen Beziehungen und Ihre Familie nach. Fragen Sie sich:

- Wie groß ist das Vertrauen?
- Wie wirkt sich das auf mich, auf meine Lebensqualität und die Menschen, die mir wichtig sind, aus?
- Was für einen Unterschied würde es machen, wenn ich eine Dividende bekäme, statt Steuern zahlen zu müssen?

Mythen über Vertrauen

Es gibt viele Mythen über Vertrauen – der größte Mythos lautet: Vertrauen ist »weich«. Es gehört zu den Soft Skills. Vertrauen ist etwas, das zwar schön und gut ist, sich aber nicht klar definieren oder eindeutig messen lässt. Sie wissen jetzt, dass genau das Gegenteil der Fall ist:

Vertrauen ist »hart«. Es lässt sich definieren und messen. Warum? Vertrauen hat immer Einfluss auf Schnelligkeit und Kosten – und diese beiden Faktoren kann man ganz klar messen. Wenn man den Vertrauensgrad in einer Beziehung, einem Team oder einem Unternehmen verändert, wirkt sich das gravierend auf den erforderlichen Zeit- und Geldaufwand, aber auch auf die Qualität und die Leistung aus.

Ein anderer Mythos besagt, Vertrauen sei langsam. Natürlich kann es einige Zeit dauern, um Vertrauen wiederherzustellen. Doch:

> Man kann Vertrauen sehr schnell aufbauen und vergrößern. Und dann gilt: Nichts wirkt schneller und effektiver als Vertrauen!

Es gibt noch viel mehr Mythen, die verhindern, dass wir Vertrauensprobleme verstehen und effektiv lösen. Welche das sind? Das zeigt Ihnen die folgende Tabelle:

Mythos	Wahrheit
• Vertrauen ist weich.	• Vertrauen ist hart und messbar. Es hat klar nachweisbare Auswirkungen auf Schnelligkeit und Kosten, Qualität und Leistung.
• Vertrauen ist langsam.	• Nichts ist effektiver und schneller als Vertrauen.
• Vertrauen beruht allein auf Integrität.	• Vertrauen ist eine Frage von Charakter, der Integrität einschließt, und Kompetenz.
• Vertrauen hat man oder man hat es nicht.	• Vertrauen kann man gewinnen, aber auch zerstören.
• Verlorenes Vertrauen kann man nicht wiederherstellen.	• Meist kann man verlorenes Vertrauen wiederherstellen, auch wenn das nicht immer einfach ist.
• Vertrauen kann man weder lehren noch lernen.	• Man kann Vertrauen effektiv lehren und lernen – und das kann ein großer strategischer Vorteil für ein Unternehmen sein.

Mythos	Wahrheit
• Es ist zu riskant, anderen zu vertrauen.	• Anderen Menschen nicht zu vertrauen, ist wesentlich riskanter.
• Vertrauen kann man nur von Angesicht zu Angesicht aufbauen.	• Vertrauen kann man auch virtuell und digital aufbauen – beispielsweise in Remote-Teams.
• Vertrauen kann man immer nur zu einer Person aufbauen.	• Wenn man das Vertrauen einer Person gewinnt, baut man gleichzeitig Vertrauen bei vielen anderen auf.

Der heimtückischste Mythos überhaupt lautet: Vertrauen hat man oder man hat es nicht. Dagegen kann man rein gar nichts tun! Das stimmt nicht! *Man kann etwas machen!* Viele Jahre lang habe ich in der Wirtschaft gearbeitet. Ich habe Unternehmen aufgebaut und geführt. In meinem Verantwortungsbereich lag es, Teams zu leiten, Vorständen und Aufsichtsräten Bericht zu erstatten und die geforderten Ergebnisse zu erzielen. Zudem habe ich zahlreiche renommierte Unternehmen beraten. Viele hatten erstklassige Strategien und sehr gute Umsetzungsfähigkeiten. Dennoch erreichten sie nicht das, was sie wollten. Sie konnten sich gar nicht erklären, woran das lag. Darüber hinaus bin ich Ehemann, Vater und Mitglied einer großen Familie mit vielfältigen Beziehungen. Ich habe Menschen und Familien beraten, die sich mit komplexen Vertrauensproblemen herumquälten. In all den Jahren habe ich keine einzige Ausnahme von der grundlegenden Voraussetzung, auf der dieses Buch aufgebaut ist, erlebt: Wir können in Sachen Vertrauen etwas machen – und zwar viel mehr und viel schneller, als wir glauben!

Ich möchte es noch einmal betonen:

- Nichts ist schneller und effektiver als Vertrauen.
- Nichts ist erfüllender als eine vertrauensvolle Beziehung.
- Nichts ist motivierender als ein Vertrauensangebot.
- Nichts ist profitabler als die Ökonomie des Vertrauens.

Es war noch nie so wichtig, Vertrauen auf allen Ebenen aufzubauen, auszuweiten oder wiederherzustellen, wie in unserer weltweit vernetzten Wirtschaft und Gesellschaft. Ob Sie nun das Vertrauen in Ihrem Privat- oder im Berufsleben verbessern möchten – ich kann Ihnen versprechen, dass das in allen Lebensbereichen einen unglaublichen Unterschied machen wird! Denn:

Vertrauen ist der Faktor, der alles zum Positiven verändert!

Sie können etwas tun!

> *»Vertrauen muss der wichtigste Wert in Ihrem Unternehmen sein. Wenn es das nicht ist, müssen Sie mit dem Schlimmsten rechnen.«*
> Marc Benioff,
> Gründer & CEO von Salesforce

Falls Sie meinen Vater, Dr. Stephen R. Covey, und sein Buch *Die 7 Wege zur Effektivität* kennen, erinnern Sie sich vielleicht an eine kleine Geschichte, die er darin erzählt. Es geht darum, wie mein Vater versuchte, seinem Sohn beizubringen, sich um den Garten zu kümmern. Er gab dieser Geschichte den Titel »Grün und sauber« und nutzte sie als Beispiel, wie man schon den Kleinsten das Prinzip der Verantwortlichkeit beibringen kann.[5]

Warum ich Ihnen das erzähle? Der Sohn in der Geschichte bin ich! Deshalb möchte ich Ihnen nun unbedingt beschreiben, wie die Sache aus meiner Sicht aussah! Es stimmt, dass ich dadurch Verantwortungsbewusstsein gelernt habe. Aber ich habe noch etwas gelernt, das in meinen Augen viel wichtiger ist! Etwas, das Auswirkungen auf mein ganzes weiteres Leben hatte!

Grün und sauber!

BEISPIEL *Ich war sieben und mein Vater wollte, dass ich mich um den Garten kümmere. Er sagte: »Junge, hier ist der Garten – und das ist jetzt deine Aufgabe: Er soll* grün *und* sauber *sein. Ich erklär dir, was ich damit meine.«*

Er zeigte auf den Rasen unseres Nachbarn und sagte: »Das ist grün!*« (Unseren Garten konnte er nicht als Beispiel nehmen. Denn der war damals, als mein Vater selbst dafür verantwortlich war, ziemlich gelb.) Er meinte: »Wie du unseren Rasen grün bekommst, ist deine Sache. Das kannst du machen, wie du willst, bloß anstreichen darfst du ihn nicht. Du kannst den Rasensprenger einschalten oder in Eimern Wasser holen. Du kannst sogar auf den Rasen spucken, wenn du das möchtest. Das ist mir egal. Mir ist nur wichtig, dass der Rasen grün ist.«*

Dann sagte er: »Jetzt zeige ich dir, was ich mit sauber *meine.« Er holte zwei Papiertüten und wir sammelten alles ein, was in der einen Hälfte des Gartens lag: Papier, Stöcke und anderen Müll. So konnte ich den Unterschied zur anderen Hälfte sehr gut erkennen. Wieder erklärte er mir, dass es meine Sache war, wie ich dieses Ziel erreichte. Der entscheidende Punkt war, dass der Rasen* sauber *war.*

Dann sagte mein Vater etwas sehr Wichtiges: »Wenn du diese Aufgabe übernimmst, kümmere ich mich nicht mehr um den Garten. Das ist dann deine Sache. Ich übertrage dir die Verantwortung und verlasse mich darauf, dass du dich gut um den Garten kümmerst.«

Mein Vater richtete auch so etwas wie Verantwortlichkeits-Besprechungen ein: Er sagte, wir würden zweimal in der Woche durch den Garten gehen und ich solle ihm dann zeigen, wie ich vorankam. Er versprach mir, dass er mir helfen würde, wenn ich ihn darum bat. Aber er machte mir auch klar, dass der Garten nun ganz allein meine Aufgabe war: Ich würde mein eigener Boss sein und auch selbst beurteilen, wie gut ich meine Sache machte.

Nun war ich also für unseren Garten verantwortlich. Offenbar tat ich vier oder fünf Tage lang gar nichts. Es war mitten im Sommer und sehr heiß, sodass der Rasen immer gelber und gelber wurde. Und auch der Müll von einem Grillfest mit den Nachbarn lag schon seit Tagen überall im Garten herum. Der Garten war total unordentlich und ungepflegt. Mein Vater hätte am liebsten wieder selbst die Verantwortung übernommen oder mich ausgeschimpft. Doch er wollte nicht gegen unsere Vereinbarung verstoßen.

Als unsere erste Verantwortlichkeits-Besprechung anstand, sagte er: »Junge, wie geht es denn mit dem Garten voran?« Ich antwortete: »Gut!« Dann fragte er mich, ob er mir irgendwie helfen könne. Ich erwiderte: »Nein, es läuft alles prima.« Er sagte: »Dann lass uns jetzt wie vereinbart zusammen in den Garten gehen.«

Als wir durch den Garten gingen, wurde mir plötzlich klar, dass er weder grün *noch* sauber *war. Im Gegenteil: Der Garten war total gelb und unordentlich!*

Mein Vater sagt, dass mir die Tränen kamen und ich gewimmert hätte: »Es ist so schwer, Papa!«

Er sagte: »Was ist denn so schwer? Du hast doch überhaupt nichts gemacht!« Er schwieg einen Augenblick und fragte mich dann: »Soll ich dir irgendwie helfen?«

Ich erinnerte mich an sein Angebot, mich zu unterstützen, und sah einen Hoffnungsschimmer. Deshalb sagte ich schnell: »Ja, bitte!« Mein Vater fragte: »Was soll ich denn machen?« Ich sah mich um: »Würdest du mir bitte helfen, den ganzen Müll einzusammeln?« Er war sofort einverstanden. Also holte ich uns zwei Papiertüten und mein Vater machte genau das, worum ich ihn gebeten hatte: Er half mir, den Müll einzusammeln.

Von diesem Tag an übernahm ich wirklich die Verantwortung für unseren Garten – und ich achtete sehr sorgfältig darauf, dass er tatsächlich grün *und* sauber *war.*

Ich habe ja schon erwähnt, dass mein Vater diese Geschichte als Beispiel für die Delegation von Verantwortung und Gewinn-Gewinn-Vereinbarungen nutzte. Damals war ich allerdings erst sieben und konnte überhaupt nicht verstehen, was diese großen Worte bedeuteten. Ich erinnere mich vor allem an eins: *Ich hatte das Gefühl, dass mein Vater mir sein Vertrauen schenkte!* Dinge wie Geld oder Status waren damals kein Thema für mich. Mich motivierte nur eins: das Vertrauen meines Vaters. Auf keinen Fall wollte ich ihn enttäuschen. Ich wollte ihm zeigen, dass ich verantwortungsbewusst war und dieser Aufgabe gerecht werden konnte. Mein Vater hatte mir sein ganzes Vertrauen geschenkt. Das weckte ein Gefühl von Verantwortungsbewusstsein und Integrität in mir, das mich seitdem mein Leben lang begleitet.

Wie Vertrauen funktioniert

An diesem Tag in unserem Garten habe ich gelernt, dass Vertrauen eine der stärksten *Kraft- und Motivationsquellen* überhaupt ist:

- Wir wollen, dass man uns vertraut.
- Wir reagieren äußerst positiv auf Vertrauen.
- Wir blühen durch Vertrauen auf.

Deshalb sollten wir wahre Meister darin werden, Vertrauen zu gewinnen, auszuweiten oder wiederherzustellen. Allerdings dürfen wir Vertrauen nicht missbrauchen, um andere zu manipulieren. Es gilt, Vertrauen als effektivsten Weg zu nutzen, um Beziehungen zu anderen aufzubauen, mit ihnen zusammenzuarbeiten und gemeinsam gute Ergebnisse zu erzielen. Damit all das gelingen kann, müssen wir zunächst einmal verstehen, *wie Vertrauen funktioniert.*

ÜBUNG Wem vertrauen Sie?

Bei meinen Vorträgen bitte ich die Zuhörer oft, darüber nachzudenken, wem sie vertrauen. Genau darum möchte ich jetzt auch Sie bitten. Fragen Sie sich: Wem vertrauen Sie? Einem Freund oder einer Freundin? Einem Kollegen oder einer Kollegin? Ihrem Chef oder Ihrer Chefin? Ihrem Mann oder Ihrer Frau? Ihrem Vater oder Ihrer Mutter? Ihrem Sohn oder Ihrer Tochter? Fragen Sie sich bitte:

- Warum vertrauen Sie der betreffenden Person?
- Worauf beruht das Vertrauen in dieser Beziehung?

Denken Sie jetzt bitte auch noch über die folgenden Fragen nach: Wer vertraut Ihnen? Ihre Familie? Ihre Freunde? Ihre Kollegen? Jemand, den Sie gerade erst kennengelernt haben? Jemand, den Sie schon sehr lange kennen? Und: Was an Ihnen ruft bei anderen Vertrauen hervor?

Die meisten glauben, dass Vertrauen eine Frage des *Charakters* ist. Ihrer Meinung nach geht es darum, sich anständig zu verhalten und ein guter, aufrichtiger Mensch zu sein. Tatsächlich ist der Charakter ein grundlegender, unverzichtbarer Bestandteil, wenn es um Vertrauen geht. Dennoch ist die Annahme, dass Vertrauen *nur auf dem Charakter* beruht, ein Mythos. Denn:

Vertrauen hängt von zwei Faktoren ab: *Charakter und Kompetenz*. Der Charakter umfasst Ihre Integrität und Ihre Motive gegenüber anderen. Die Kompetenz beinhaltet Ihre Fähigkeiten, Fertigkeiten, Ergebnisse und Erfolge.

Charakter und Kompetenz – *beide Faktoren* sind extrem wichtig. Da unsere Gesellschaft sich allerdings immer stärker auf die Ethik konzentriert, wird die charakterliche Seite des Vertrauens schnell zur Eintrittskarte für die neue globale Wirtschaft. Obwohl die Kompetenz heutzutage oft vernachlässigt wird, ist sie jedoch mindestens ebenso wichtig wie der Charakter. Auch wenn Sie jemanden für aufrichtig halten, sogar für ehrlich, werden Sie ihm noch lange nicht uneingeschränkt vertrauen, wenn er keine entsprechenden Ergebnisse und Erfolge vorweisen kann. Was ich damit sagen will? Auch wenn ich dem Charakter einer Person so sehr vertraue, dass ich ihr die Betreuung meiner Kinder übertrage, würde ich ihr vielleicht in einer geschäftlichen Situation nicht vertrauen, weil es ihr an der nötigen Kompetenz fehlt.

Wir betrachten Vertrauen fast automatisch von der Charakterseite. Aber wir müssen lernen, auch die Kompetenzseite zu berücksichtigen. Schließlich vertrauen wir anderen wichtige Aufgaben und Projekte an. Wenn wir die Rolle der Kompetenz berücksichtigen, können wir grundlegende Vertrauensprobleme zur Sprache bringen, die wir sonst vielleicht gar nicht erkennen würden. Der Blick auf die Kompetenz rundet das Vertrauen also mit einem härteren, pragmatischeren Aspekt ab.

Nachdem ich bei einer Konferenz über »Schnelligkeit durch Vertrauen« gesprochen hatte, kam der Vertriebsleiter einer großen Pharmafirma zu mir. Er sagte: »Ich bin Ihnen sehr dankbar, dass Sie untermauert haben, was ich meinen Leuten immer wieder sage – nämlich *dass Ergebnisse für den Aufbau von Vertrauen ungemein wichtig sind.* Wenn wir unser Soll jeden Monat erfüllen, dann vertrauen uns alle viel mehr: unsere Manager, unsere Kollegen, unsere Geschäftspartner ... Wenn wir das aber nicht schaffen, verlieren wir nicht nur das Vertrauen, sondern auch die finanzielle Unterstützung. So einfach ist das!«

Ich sage es gerne noch einmal: Sowohl Charakter als auch Kompetenz sind unerlässlich. Charakter ist unter allen Umständen für Vertrauen erforderlich. Kompetenz dagegen ist situationsbedingt. Sie hängt immer davon ab, was die Umstände einem abverlangen. Hier ein einfaches Beispiel:

Die Operation

BEISPIEL *Vor einiger Zeit musste Jeri, meine Frau, sich einer Operation unterziehen. Wir haben eine wunderbare Beziehung: Sie vertraut mir und ich vertraue ihr. Doch als die Operation anstand, bat sie mich natürlich nicht, den Eingriff vorzunehmen. Ich bin ja kein Arzt. Deshalb habe ich nicht die nötige Kompetenz dafür. Obwohl Jeri mir vertraut, weiß sie, dass ich keine Operationen durchführen kann.*

Vertrauen kann es immer nur mit Charakter *und* Kompetenz geben. Das zeigt auch ein Blick auf die folgenden Aussagen von bekannten Unternehmern, Beratern und Führungspersönlichkeiten. Sie benutzen zwar unterschiedliche Begriffe und Formulierungen, um diese Idee auszudrücken. Aber im Grunde geht es immer um die Balance zwischen Charakter und Kompetenz:

Vertrauen braucht Charakter und Kompetenz

- Warren Buffett, CEO von Berkshire Hathaway, bezeichnet »Integrität« (= Charakter) und »Intelligenz« (= Kompetenz) als wichtigste Eigenschaften, die er bei anderen sucht.[6]
- Bestsellerautor und Managementberater Ram Charan betont, dass man ein »Führer der Menschen« (= Charakter) und ein »Führer des Unternehmens« (= Kompetenz) sein müsse.[7]
- Saj-Nicole Joni gilt als eine der führenden Expertinnen zum Thema »Vertrauen«. Sie sagt, dass immer »persönliches Vertrauen« (= Charakter) und »Vertrauen aufgrund von Fachwissen« (= Kompetenz) erforderlich sind.[8]

- Gino Wickman, Experte für Unternehmensführung und Bestsellerautor, betont, wie wichtig es ist, die »richtige Person« (= Charakter) am »richtigen Platz« (= Kompetenz) zu haben.[9]
- Die Führungstheorie befasst sich damit, was Führungspersönlichkeiten sind (= Charakter) und was sie tun (= Kompetenz).
- Die Ethiktheorie sagt: »Tu das Richtige (= Charakter) und sorg dafür, dass es auch richtig gemacht wird (= Kompetenz).«

Die Liste ließe sich noch lange fortsetzen: Überall wird betont, dass für dauerhaften Erfolg und nachhaltige Führung sowohl Charakter als auch Kompetenz unverzichtbar sind. Deshalb ist es wichtig, dass Sie auch im stressigen Arbeitsalltag immer daran denken, dass Vertrauen sowohl Charakter als auch Kompetenz braucht! Wie Sie das schaffen? Hier hilft Ihnen der folgende einfache Trick:

Die Eselsbrücke

TIPP Charakter und Kompetenz: Diese beiden wichtigen Faktoren in Sachen Vertrauen können Sie fest in Ihrem Gedächtnis verankern. Dabei hilft Ihnen eine kleine Eselsbrücke, die wir in unserer Familie oft nutzen. Uns sind zwei Werte besonders wichtig. Um meinen Kindern zu helfen, sich diese beiden Werte einzuprägen, sagte ich: »Denkt einfach an den Klang von zwei Bongo-Trommeln. *Bumm – bumm! Bumm – bumm!*« Jedes Mal, wenn ich auf die beiden imaginären Bongo-Trommeln schlug, wiederholte ich »unsere« beiden Werte. Einige Zeit später mussten wir uns mit einem schwierigen Problem befassen. Wir sprachen darüber, was wir tun könnten. Ich fragte die Kinder der Reihe nach: »Was sollten wir deiner Meinung nach machen?«

Plötzlich sah mein sechsjähriger Sohn mich an und begann, auf dem Wohnzimmertisch »Bongo-Trommeln« zu schlagen. Damit sagte er im Grunde: »Das ist das, was du uns beigebracht hast, Papa! Lass uns zu unseren Werten zurückkehren. Sie werden uns helfen, dieses Problem zu lösen.« Und das war dann auch tatsächlich so!

Seit ich mich mit dem Thema Vertrauen beschäftige, ist der Klang der Bongo-Trommeln für mich mit zwei neuen Wörtern verbunden: »Charakter – Kompetenz. Charakter – Kompetenz.« Die Idee mit den Bongo-Trommeln hilft mir, daran zu denken, dass Vertrauen nicht nur eine Charaktereigenschaft, sondern auch eine Frage der Kompetenz ist.

Ob in der Familie oder in der Vorstandsetage: Misserfolge im Hinblick auf die Führung gehen so gut wie immer auf einen Mangel an Charakter oder an Kompetenz zurück.

Die 5 Wellen des Vertrauens

Mein Vater hat oft gesagt: »Wenn man glaubt, das Problem ist immer nur das Problem der anderen, dann ist genau dieser Gedanke das Problem.« Diese Erkenntnis gilt für uns alle! Ob Ihr Chef, Ihr Abteilungsleiter, Ihr CEO, Ihr Mann oder Ihre Frau, Ihre Kinder oder Ihre Freunde: Sie alle könnten irgendein Problem mit dem Vertrauen haben. Doch das heißt nicht, dass Sie nichts machen können! Sie können etwas tun, wenn Sie den *Vertrauensgrad* in Ihren Beziehungen stärken. Dazu müssen Sie *von innen nach außen* vorgehen. Wie das genau funktioniert? Der Schlüssel dazu sind die »5 Wellen des Vertrauens«. Die »5 Wellen« leiten sich von der

Metapher des Steins ab, den man ins Wasser wirft und der dort viele kleine kreisförmige Wellen erzeugt. Dieses Bild verdeutlicht, dass Vertrauen von innen nach außen fließt. Es wird Ihnen helfen, Vertrauen zu verstehen und zur Grundlage Ihres Handelns zu machen:

Natürlich werden wir uns noch eingehend mit den einzelnen Wellen beschäftigen. Damit Sie später alles gut und einfach nachvollziehen können, gebe ich Ihnen hier schon mal einen ersten kurzen Überblick:

1. Welle: Selbstvertrauen

Bei der 1. Welle steht unser Vertrauen in uns selbst im Mittelpunkt. Es geht um unsere Fähigkeit, unsere Ziele zu erreichen, unsere Versprechen zu halten und unseren Worten auch Taten folgen zu lassen. Außerdem geht es darum, Vertrauen bei anderen zu wecken. Der entscheidende Punkt ist, dass wir für uns selbst und für andere jemand sind, der Vertrauen verdient. Das Schlüsselprinzip, auf dem diese Welle beruht, ist *Glaubwürdigkeit*. Deshalb werden wir uns im Zusammenhang mit der 1. Welle intensiv mit den

4 Grundlagen der Glaubwürdigkeit befassen. Schritt für Schritt werde ich Ihnen zeigen, wie Sie Ihre Glaubwürdigkeit steigern, sodass Sie sich selbst und auch andere Ihnen vertrauen.

2. Welle: Beziehungsvertrauen

Bei der 2. Welle geht es darum, bei anderen »Vertrauenskonten« einzurichten und dort möglichst viele Einzahlungen zu tätigen. Das Schlüsselprinzip hier ist *konsistentes,* also *stimmiges Verhalten.* Wir werden über die *13 Verhaltensweisen* sprechen. Diese Verhaltensweisen zeichnen Führungspersönlichkeiten, die großes Vertrauen genießen, aus. Sie können von jedem erfolgreich angewendet werden: auf allen Ebenen und in allen Organisationen – auch in der Familie! Wenn Sie die 13 Verhaltensweisen beherzigen, können Sie Vertrauen so aufbauen, dass Ihre Beziehungen intensiver werden und Sie in allen Lebensbereichen deutlich bessere Ergebnisse erzielen.

3. Welle: Organisationsvertrauen

Unternehmen, Non-Profit-Organisationen, Behörden, Bildungseinrichtungen, Teams oder auch Familien: Die 3. Welle hat damit zu tun, wie Führungskräfte in Organisationen Vertrauen schaffen können. Das Schlüsselprinzip, auf dem die 3. Welle beruht, ist die *Ausrichtung.* Sie hilft, *Systeme, Strukturen* und *Symbole* aufzubauen, die zur Verringerung von 7 hohen Vertrauenssteuern führen und zugleich 7 große Vertrauensdividenden einbringen.

4. Welle: Marktvertrauen

Die 4. Welle ist die Ebene, auf der die Auswirkungen des Vertrauens besonders deutlich werden. Das Prinzip, das dieser Welle zugrunde liegt, ist der *Ruf*, die *Reputation*. Es geht um die *Marke* Ihres Unternehmens und natürlich auch um Ihre persönliche Marke. Der Wert einer Marke spiegelt das Vertrauen, das Kunden, Investoren und andere Marktteilnehmer einem Unternehmen entgegenbringen. Jeder weiß, dass Marken enormen Einfluss auf das Kaufverhalten und die Loyalität der Kunden haben. Wenn die Kunden einer Marke großes Vertrauen entgegenbringen, kaufen sie mehr, geben mehr Weiterempfehlungen ab und bleiben ihr länger treu. Die 4.Welle wird Ihnen helfen, nicht nur Ihre eigene Marke und Ihren persönlichen Ruf zu verbessern, sondern auch die Marke Ihres Unternehmens und seine Reputation im Markt.

5. Welle: Gesellschaftsvertrauen

Bei der 5. Welle geht es um den Nutzen für andere. Das Schlüsselprinzip, auf dem diese Welle basiert, sind *sinnvolle Beiträge*. Wenn wir zum Wohl der anderen beitragen, tun wir etwas gegen die Steuern, die wir für Argwohn, Misstrauen und Zynismus zahlen müssen. Außerdem inspirieren wir andere, ebenfalls einen Nutzen zu schaffen und Beiträge für die Allgemeinheit zu leisten.

Je nach Position und Verantwortlichkeit haben wir mehr oder weniger Einfluss, wenn wir uns durch diese fünf Wellen von innen nach außen bewegen. Bei den beiden ersten Wellen können Sie jedoch sehr viel bewirken – deshalb sollten Sie genau dort anfangen.

Wenn Sie dieses Buch aufmerksam lesen, werden Sie bemerken, dass alle fünf Wellen ineinandergreifen. Sie werden sehen, dass sich auch das Vertrauen auf der gesellschaftlichen Ebene (5. Welle) auf Elemente der persönlichen Ebene (1. Welle) zurückführen lässt. Und Sie werden erkennen, dass individuelle Vertrauensprobleme sich vervielfachen, wenn wir uns durch die Wellen nach außen bewegen. Hier ein Beispiel:

Enron und der Sarbanes-Oxley Act

BEISPIEL *Die individuellen Vertrauensdefizite einiger Topmanager von Enron pflanzten sich durch alle ihre Beziehungen und das gesamte Unternehmen fort – letztlich bis in den Markt und die Gesellschaft. Der Welleneffekt wurde immer stärker, je weiter er nach außen gelangte. Schließlich wurde er sogar zu einem der Hauptauslöser für eine tiefgreifende Reform der Finanzberichterstattung für börsennotierte Unternehmen – für den Sarbanes-Oxley Act.*

Das Beispiel von Enron zeigt eindrucksvoll, wie wichtig es ist, immer bei der 1. Welle anzufangen: bei sich selbst!

Die Wiederherstellung von Vertrauen

Bevor wir uns mit den 5 Wellen von Vertrauen befassen, möchte ich noch einmal auf etwas sehr Wichtiges hinweisen: Man kann Vertrauen nicht nur aufbauen. Man kann es auch *wiederherstellen.* Natürlich gibt es Situationen, in denen das Vertrauen so sehr beschädigt wurde, dass man nichts mehr tun kann. Ich bin jedoch überzeugt:

Unsere Fähigkeit zur Wiederherstellung von Vertrauen ist viel, viel größer ist, als wir glauben!

Um das zu veranschaulichen, möchte ich Ihnen von Tom erzählen. Tom hat viele Jahre sehr erfolgreich für eine große Immobilienfirma gearbeitet. Er war sogar zum Partner aufgestiegen. Doch dann brach der Immobilienmarkt zusammen:

Die Immobilienkrise und ihre Folgen

BEISPIEL *Die Stimmung im Unternehmen wurde immer schlechter. Nach vielen heftigen Auseinandersetzungen entschied sich Tom, die Immobilienfirma zu verlassen. Als Partner hatte er Anspruch auf einen Anteil an mehreren Gebäuden. Aber die Firma wollte ihm seinen Anteil nicht auszahlen. Also reichte Tom eine Klage ein. So unglaublich es klingt – der anschließende Rechtsstreit zog sich über Jahre.*

Irgendwann kam Tom zu dem Schluss, dass es einen besseren Weg geben musste. Er rief Chris, den damaligen Geschäftsführer, an und sagte: »Lass uns miteinander sprechen – nur wir beide, ohne Anwälte!« Tom und Chris waren jahrelang Partner gewesen. Doch nach allem, was passiert war, gab es kein Vertrauen mehr zwischen den beiden. Dennoch war Chris bereit, sich mit Tom zu treffen.

Tom ging mit der festen Absicht in das Gespräch, den Standpunkt von Chris wirklich zu verstehen. Er hörte ihm aufmerksam zu und zeigte Chris, dass er seine Sicht der Dinge nachvollziehen konnte. Als Chris sich wirklich verstanden fühlte, war er bereit, nun auch Tom zuzuhören.

So lebte das Vertrauen, das früher zwischen den beiden Männern bestanden hatte, schnell wieder auf. Obwohl die Umstände sie auseinandergebracht hatten, spürten sie diese Verbindung noch immer. Schließlich fanden sie eine Lösung, die sie per Handschlag besiegelten und in kürzester Zeit umsetzten.

Wie konnten Chris und Tom das verlorene Vertrauen wiederherstellen? Sie hatten sich gegenseitig zugehört – und das mit der festen Absicht, den anderen wirklich zu verstehen.[10] Dadurch war es möglich, das Vertrauen zurückzugewinnen und gemeinsam eine Lösung für ihr Problem zu finden. So konnten sie den jahrelangen Rechtsstreit, den Schmerz und die Verbitterung endlich hinter sich lassen.

SEHEN – SPRECHEN – VERHALTEN

Dieses Buch möchte Ihnen helfen, so zu *sehen*, so zu *sprechen* und sich so zu *verhalten*, dass Vertrauen entsteht:

SEHEN: Erinnern Sie sich noch an die Geschichte von dem Guide aus Montana, der mir eine Brille gab, mit der ich die Fische unter der Wasseroberfläche sehen konnte? Dieses Buch ist eine Art *Vertrauensbrille*. Mit dieser Brille können Sie Vertrauen auf eine völlig neue, faszinierende Weise *sehen*. Sie öffnet Ihnen die Augen für Chancen und Möglichkeiten. Das versetzt Sie in die Lage, das Vertrauen in allen Lebensbereichen zu steigern.

SPRECHEN: Das Buch wird Ihnen helfen, offen und ehrlich über Vertrauen zu *sprechen*. Manchmal spüren wir, dass wir jemandem nicht vertrauen oder dass er uns nicht vertraut. Wir können uns aber nicht erklären, woran das liegt. Und wir wissen auch nicht, wie wir die Situation verbessern können. Ich zeige Ihnen, wie Sie fehlendes Vertrauen mit dem nötigen Fingerspitzengefühl ansprechen. Denn das ist Grundvoraussetzung, um Probleme im Hinblick auf das Vertrauen zu lösen.

VERHALTEN: In diesem Buch werde ich Ihnen *13 Verhaltensweisen* zeigen, durch die man Vertrauen aufbauen und fördern kann.

Wenn Sie diese 13 Verhaltensweisen entwickeln, können Sie sehr schnell dauerhaftes Vertrauen aufbauen. Zudem werde ich Ihnen einen *Aktionsplan* an die Hand geben, der Ihnen hilft, diese 13 Verhaltensweisen praktisch in Beziehungen, die einen niedrigen Vertrauensstand haben, anzuwenden.

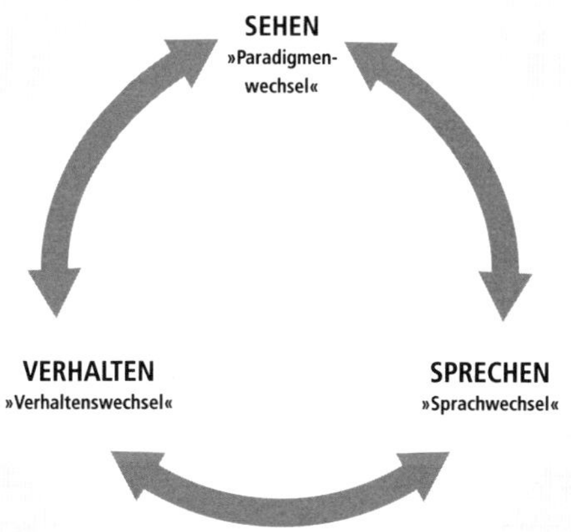

Über die Bedeutung von *Paradigmenwechseln* für Änderungen beim Verhalten ist schon viel gesagt und geschrieben worden: Wenn Sie Ihre Sicht der Dinge ändern, werden sich automatisch auch Ihr Verhalten und Ihre Ergebnisse verändern. Allerdings bin ich überzeugt, dass dies auch in umgekehrter Richtung funktioniert: Wenn Sie Ihr Verhalten ändern, dann werden sich auch Ihre Sicht der Dinge und Ihre Ergebnisse verändern. Weil unser Tun dann unsere Einschätzung der Welt verändert, nenne ich das *Verhaltenswechsel.* Doch das ist noch nicht alles! Denn auch ein *Sprachwechsel,* eine Veränderung unserer Sprache, hat enorme Auswirkungen auf unsere Weltsicht und unser Verhalten.

Paradigmenwechsel, Verhaltenswechsel und Sprachwechsel greifen ineinander. Wenn man bei einem dieser Punkte etwas verändert, bewirkt man zugleich auch bei den beiden anderen eine Veränderung. Deshalb werde ich mich in diesem Buch auf drei Dinge konzentrieren: SEHEN, SPRECHEN und VERHALTEN. So lernen Sie nicht nur die Paradigmen kennen, um Vertrauen aufzubauen und zu vergrößern. Sie erfahren auch, wie Sie Ihre Sprache und Ihr Verhalten so verändern, dass Sie Vertrauen fördern.

Wie man es macht

Jetzt wissen Sie, was ich mit »Schnelligkeit durch Vertrauen« meine. Nun können wir uns mit den konkreten Schritten befassen, die den Aufbau, die Ausweitung oder auch die Wiederherstellung von Vertrauen ermöglich. Denken Sie bitte immer daran, dass Sie im Beruf und zu Hause auf jeden Fall Einfluss haben. Sie sind eine *Führungspersönlichkeit* – auch wenn Sie »nur« sich selbst führen! Im Laufe der Zeit bin ich zu einer einfachen Definition von Führung gelangt:

> **Führung bedeutet, Ergebnisse so zu erzielen, dass dabei Vertrauen entsteht.**

Die Mittel sind mindestens genauso wichtig wie der Zweck. Die Art und Weise, wie Sie Ergebnisse erreichen, ist ebenso wichtig wie die Ergebnisse selbst. Wenn Sie Vertrauen aufbauen, vergrößern Sie Ihre Fähigkeit, beim nächsten Mal noch bessere Ergebnisse zu bekommen. Und es gibt immer ein nächstes Mal! Ergebnisse zu erzielen und dabei das Vertrauen zu zerstören, ist kurzsichtig und kontraproduktiv! Der berühmte Polarforscher Sir Ernest Shackleton hat das so formuliert:

»Für mich ist das Leben das größte Spiel überhaupt. Die Gefahr liegt darin, es als triviales Spiel zu betrachten, als Spiel, das man leichtnehmen kann und bei dem die Regeln keine große Bedeutung haben. Die Regeln sind sehr wichtig! Ein Spiel, bei dem nicht fair gespielt wird, ist überhaupt kein Spiel. Das Hauptziel ist nicht, zu gewinnen. Das Hauptziel ist, ehrenhaft und ruhmreich zu gewinnen.«[11]

Ich möchte Sie bitten, sich voll und ganz auf dieses Buch einzulassen. Stellen Sie sich auch den schwierigen Fragen. Gehen Sie die entscheidenden Punkte konsequent an. Im Laufe meiner Arbeit mit Tausenden von Menschen und Hunderten von Organisationen aus der ganzen Welt bin ich zu der Überzeugung gelangt, dass Vertrauen auf Prinzipien beruht, die offensichtlich und universell sind und positive Ergebnisse hervorbringen. Wenn auch Sie diese Prinzipien in Ihrem Leben beherzigen, wird sich das garantiert vorteilhaft auswirken! Sie werden stärkere, stabilere Beziehungen aufbauen und bessere Ergebnisse erzielen. Sie werden mehr Chancen, mehr Einfluss und mehr Lebensfreude gewinnen. Und Sie werden lernen, wie man die eine Kraft aufbauen, fördern und wiederherstellen kann, die unglaublich positive Auswirkungen auf alles in unserem Leben hat: Vertrauen!

Die 5 Wellen des Vertrauens

1. Welle: Selbstvertrauen

Das Prinzip der Glaubwürdigkeit

Das Modell der 5 Vertrauenswellen ist eine ausdrucksstarke Metapher dafür, wie Vertrauen in unserem Leben funktioniert: Es beginnt bei jedem von uns persönlich, setzt sich in allen unseren Beziehungen fort, dehnt sich dann auf unser Unternehmen und unsere Beziehungen im Markt aus und umfasst schließlich die gesamte Gesellschaft. Das veranschaulicht die Kraft des Vorgehens »von innen nach außen«: Wenn wir bei anderen Vertrauen aufbauen wollen, müssen wir zunächst bei uns selbst anfangen.

Bei der 1. Welle, dem Selbstvertrauen, geht es um das grundlegende Prinzip, das es uns ermöglicht, Vertrauen auf allen Ebenen zu schaffen: **das Prinzip der Glaubwürdigkeit**. Hier fragen wir uns: Bin ich glaubwürdig? Bin ich jemand, dem andere und auch ich selbst vertrauen können? Die gute Nachricht: Wir können unsere Glaubwürdigkeit vergrößern. Wenn wir die **4 Grundlagen der Glaubwürdigkeit** beachten, geht das sogar ziemlich schnell. Zwei der Grundlagen betreffen den **Charakter**, die beiden anderen die **Kompetenz**. Sobald wir erkennen, dass Kompetenz genauso wichtig ist wie Charakter, wird Vertrauen ein harter, klar nachweisbarer Faktor. Und das Beste: Es ist möglich, sowohl unseren Charakter als auch unsere Kompetenz deutlich zu verbessern!

Wenn wir alle 4 Grundlagen beständig weiterentwickeln, steigern wir unsere persönliche Glaubwürdigkeit. So bilden wir das Fundament, um Vertrauen in allen unseren Beziehungen aufzubauen und aufrechtzuerhalten.

Die 4 Grundlagen der Glaubwürdigkeit

> *»Glaubwürdigkeit ist die Währung jeder Führungskraft. Wer glaubwürdig ist, ist solvent. Wer nicht glaubwürdig ist, ist bankrott!«*
> John C. Maxwell, Bestsellerautor

Stellen Sie sich vor, dass Sie als Sachverständiger in einem Gerichtssaal sitzen. Nun will der Staatsanwalt die Geschworenen davon überzeugen, dass Sie *glaubwürdig* sind. Was wird er tun? Zunächst wird er versuchen, alle Anwesenden davon zu überzeugen, dass Sie:

- ein ehrlicher Mensch sind, der sich an die Wahrheit hält und nicht lügt.
- keine verborgenen Absichten und keine versteckte Agenda haben, die Ihre Aussage in irgendeiner Weise beeinflussen könnten.
- das nötige Fachwissen und alle erforderlichen Kompetenzen besitzen, um eine qualifizierte Aussage als Sachverständiger zu machen.
- erstklassige Ergebnisse als Sachverständiger vorweisen können und hervorragende Arbeit leisten werden.

Doch nun erhebt sich der Verteidiger. Er tut alles, um das Gericht zu überzeugen, dass Sie *nicht glaubwürdig* sind. Deshalb wird der Verteidiger:

- behaupten, dass es Ihnen an Integrität fehlt – dass Sie unehrlich sind oder früher gelogen haben.
- Ihnen unterstellen, dass Sie versteckte Absichten haben und Ihre Aussage ganz im Sinne des Staatsanwalts abfassen werden.
- Ihre Fähigkeiten und Ihre Kompetenz in Frage stellen und sagen, dass Sie nicht dafür qualifiziert sind, als Sachverständiger in diesem Prozess aufzutreten.
- Ihnen vorwerfen, dass Sie bislang keine überzeugenden Ergebnisse als Sachverständiger vorweisen können und deshalb keine gute Arbeit leisten werden.

Was ich Ihnen mit diesem Beispiel zeigen will? Egal ob im Privatleben oder im Beruf: Wenn es um unsere Glaubwürdigkeit geht, sind die folgenden vier Punkte entscheidend:

- Integrität
- Absichten
- Fähigkeiten
- Ergebnisse

Glaubwürdig sein – für sich und andere

Beim Selbstvertrauen, der 1.Welle des Vertrauens, dreht sich alles um unsere Glaubwürdigkeit. Letztlich läuft alles auf zwei Fragen hinaus:

1. Vertraue ich mir selbst?
2. Bin ich jemand, dem andere vertrauen können?

Selbstvertrauen beginnt oft bei ganz kleinen Dingen. Das zeigt auch das folgende Beispiel:

Die Sache mit dem Sport

BEISPIEL *Ich erinnere mich noch gut an eine Zeit, als ich extrem viel zu tun hatte und einige Wochen lang bis zwei oder drei Uhr nachts aufblieb, um an einem wichtigen Projekt zu arbeiten. Dennoch klingelte mein Wecker morgens immer sehr früh: Ich hatte mir vorgenommen, trotz der vielen Arbeit etwas Sport zu machen. Doch dann stellte ich den Wecker einfach ab und schlief weiter. Das rechtfertigte ich damit, dass ich den Schlaf dringender brauchte als die Bewegung. Irgendwann dachte ich: »Warum stelle ich den Wecker so früh? Ich weiß doch, dass ich nicht aufstehen und trainieren werde, wenn er klingelt!«*

Die Sache mit dem Wecker hatte mein Selbstvertrauen sehr geschwächt. Zudem war es zu einer sich selbst erfüllenden Prophezeiung *geworden: Ich stellte zwar den Wecker. Doch ich glaubte nicht daran, dass ich tatsächlich aufstehen würde. Es ging nur noch darum, vor mir selbst zu begründen, warum ich besser länger schlafen sollte. Den Wecker zu stellen war also sinnlos. Deshalb veränderte ich meine Vorgehensweise: Ich nahm mir vor, immer schon am Vorabend zu entscheiden, wann ich aufstehen würde. Wenn ich den Wecker auf eine frühe Zeit stellte, würde ich auch aufstehen und das Versprechen halten, das ich mir selbst gegeben hatte. Ich würde Sport machen – egal, wie wenig ich geschlafen hatte. Und wenn ich dringend Schlaf brauchte? Dann würde ich den Wecker erst später klingeln lassen. Welche Entscheidung ich abends auch traf: Ich wollte das, wozu ich mich innerlich verpflichtet hatte, am nächsten Morgen konsequent tun. Denn ich wollte mein Vertrauen in mich selbst nicht länger enttäuschen!*

Für mein Selbstvertrauen war die Sache mit dem Wecker unglaublich wichtig! Was passiert, wenn wir Versprechen, die wir uns selbst geben, nicht halten? Und was ist, wenn wir das immer wieder machen? Das untergräbt unser Selbstvertrauen. Früher oder später verlieren wir das Vertrauen in unsere Fähigkeit, Versprechen zu halten. Zudem strahlen wir nicht die persönliche Charakterstärke aus, die bei anderen Vertrauen weckt. Vielleicht versuchen wir dann, Stärke aus unserer Position oder unseren Beziehungen zu ziehen. Aber das funktioniert nicht. Es handelt sich dann nicht um *unsere ureigenste innerste Stärke* – und das merken die anderen ganz schnell.

Zahlreiche Studien bestätigen, was uns unbewusst längst klar ist:

Unser Selbstvertrauen beeinflusst unsere Leistung!

Sam Walton, der Gründer der Supermarktkette Walmart, war der festen Überzeugung, dass erstklassige Führungskräfte anderen helfen, Selbstvertrauen aufzubauen. Er sagte: »Es ist erstaunlich, was Menschen alles erreichen können, wenn sie fest an sich glauben.«

Fehlendes Selbstvertrauen wirkt sich nicht nur negativ auf unsere Leistungen aus, sondern auch auf unsere Fähigkeit, anderen zu vertrauen. Kardinal de Retz hat das so ausgedrückt: »Wer sich nicht selbst vertraut, kann auch keinem anderen wirklich vertrauen.«

Das Gute an all dem ist: Jedes Mal, wenn wir ein Versprechen halten oder ein wichtiges Ziel erreichen, werden wir ein bisschen glaubwürdiger. Je öfter wir das schaffen, desto mehr vertrauen wir uns selbst und desto größer ist das Vertrauen, das andere in uns haben. Bitte denken Sie immer daran, dass Sie eine Menge für Ihre Glaubwürdigkeit tun können. Sie haben es in der Hand, Ihr Selbstvertrauen so zu steigern, dass es sich auf alle Bereiche Ihres Lebens und auch auf das Leben der anderen positiv auswirkt.

Wie glaubwürdig sind Sie?

Bevor ich mit meinen Klienten arbeite, mache ich oft eine kleine Übung: Ich gebe ihnen Bilder von den Leuten, mit denen sie zusammenarbeiten. Dann bitte ich sie, diese Leute schnell einem von zwei Stapeln zuzuordnen:

- Stapel 1: »Ich tendiere dazu, dieser Person zu vertrauen!«
- Stapel 2: »Ich tendiere dazu, dieser Person nicht zu vertrauen.«

Falls jemand noch nicht lange in einem Unternehmen arbeitet, gibt es einen weiteren Stapel:

- Stapel 3: »Diese Person kenne ich noch nicht gut genug, um sagen zu können, ob ich ihr vertraue oder nicht.«

Es ist sehr interessant, wie schnell die Leute ihre Entscheidungen treffen. Die meisten haben bei den verschiedenen Bildern sofort ein Gefühl des Vertrauens oder Misstrauens. Zudem ist es sehr auffällig, dass die Mitarbeiter meist denselben Personen vertrauen oder aber misstrauen.

Und wie ist das bei Ihnen? Denken Sie jetzt bitte an die Menschen, die Sie kennen. Auf welchen Stapel würden Sie die jeweiligen Bilder ganz spontan legen? Warum würden Sie gerade diesen Stapel wählen? Und – ganz wichtig: Auf welchen Stapel würden diese Leute Ihr Bild legen? Weshalb ist das so?

Praxistool: Der Glaubwürdigkeitstest

Am Anfang dieses Kapitels habe ich die *4 Grundlagen der Glaubwürdigkeit* näher beschrieben. Wollen Sie herausfinden, wo Sie im Hinblick auf diese 4 Grundlagen stehen? Dann machen Sie gleich den folgenden Glaubwürdigkeitstest!

Bitte beantworten Sie alle Fragen ehrlich. Nur so können Sie Ihrer persönlichen Glaubwürdigkeit auf die Spur kommen. Zudem wird bereits die Tatsache, dass Sie alle Fragen wahrheitsgemäß beantworten, Ihr Selbstvertrauen steigern.

Lesen Sie die Aussagenpaare in den folgenden Tabellen aufmerksam durch. Ziehen Sie dann einen Kreis um die Zahl, die am ehesten auf Sie zutrifft:

- 1 bedeutet, dass Sie sich mit der Aussage ganz links am meisten identifizieren können.
- 5 heißt, dass die rechte Aussage Sie am besten beschreibt.

Teil 1						
Ich greife manchmal zu Notlügen oder verdrehe die Wahrheit in meinem Sinne.	1	2	3	4	5	Ich bin gegenüber anderen grundsätzlich ehrlich.
Ich sage nicht immer, was ich wirklich denke. Auch mein Handeln deckt sich manchmal nicht mit meinen Worten und mit meinen Werten.	1	2	3	4	5	Ich sage und tue, was ich wirklich denke und fühle. Mein Handeln stimmt mit meinen Worten und meinen Werten überein.
Ich bin mir über meine Werte nicht ganz im Klaren. Es fällt mir schwer, mich für etwas einzusetzen, wenn andere meine Meinung nicht teilen.	1	2	3	4	5	Ich bin mir über meine Werte im Klaren. Auch wenn andere diese Werte nicht teilen, trete ich entschlossen dafür ein.
Ich gebe ungern zu, dass ein anderer Recht haben könnte. Es fällt mir schwer, meine Sicht der Dinge kritisch zu hinterfragen.	1	2	3	4	5	Ich bin offen für die Meinungen anderer. Deshalb bin ich auch bereit, meinen eigenen Standpunkt zu überdenken.
Ich habe Schwierigkeiten, meine Versprechen zu erfüllen und meine Ziele zu verwirklichen.	1	2	3	4	5	Ich tue alles, um die Versprechen, die ich mir und anderen gebe, zu erfüllen.
Gesamtpunktzahl Teil 1:						

Teil 2						
Andere Menschen sind mir nicht besonders wichtig – abgesehen von denen, die mir sehr nahe stehen. Ich denke nicht viel über Dinge nach, die nicht direkt mit mir und meinem Leben zu tun haben.	1	2	3	4	5	Andere Menschen und ihr Wohlergehen liegen mir sehr am Herzen.
Ich überlege nicht groß, warum ich etwas mache. Ich habe bisher nicht wirklich versucht, meine Absichten und meine Motive zu hinterfragen oder zu verbessern.	1	2	3	4	5	Ich denke intensiv über meine Motive und Absichten nach. Es ist mir wichtig, das Richtige aus den richtigen Gründen zu tun.
Beim Umgang mit anderen konzentriere ich mich darauf, das zu bekommen, was ich will.	1	2	3	4	5	Ich suche nach Lösungen, die ein Gewinn für alle Beteiligten sind.
Mein Verhalten deutet nicht unbedingt darauf hin, dass ich um das Wohlergehen der anderen bemüht bin.	1	2	3	4	5	Mein Verhalten zeigt deutlich, dass ich mich ernsthaft um das Wohl der anderen bemühe.
Tief in meinem Inneren glaube ich: Wenn ein anderer etwas bekommt, bedeutet das zugleich, dass ich es nicht bekommen kann.	1	2	3	4	5	Ich bin ehrlich davon überzeugt, dass es immer mehr als genug für alle gibt.
Gesamtpunktzahl Teil 2:						

Teil 3		
Ich habe das Gefühl, dass ich meine Stärken und Talente in meinem derzeitigen Job nicht voll ausspielen kann.	1 2 3 4 5	Bei meiner Arbeit kann ich meine Stärken und Talente sehr gut einbringen. So kann ich schöne Erfolge erzielen.
Bisweilen fehlen mir das nötige Wissen und die erforderlichen Fähigkeiten, um meine Arbeit tatsächlich effektiv zu erledigen.	1 2 3 4 5	Ich habe mir das Wissen und die Fähigkeiten angeeignet, die ich brauche, um einen guten Job zu machen.
Ich nehme mir selten Zeit, um mein Wissen und meine Fähigkeiten gezielt zu verbessern.	1 2 3 4 5	Ich baue mein Wissen und meine Fähigkeiten in allen wichtigen Lebensbereichen konsequent aus.
Ich bin mir nicht sicher, wo meine Stärken liegen. Aber ich konzentriere mich darauf, meine Schwächen zu kompensieren.	1 2 3 4 5	Ich kenne meine Stärken sehr gut und konzentriere mich darauf, sie effektiv einzusetzen.
Ich weiß bisher noch nicht sehr viel darüber, wie man Vertrauen aufbaut.	1 2 3 4 5	Ich weiß einiges darüber, wie man Vertrauen aufbaut, ausweitet oder wiederherstellt. Und ich tue mein Möglichstes, dieses Wissen umzusetzen.
Gesamtpunktzahl Teil 3:		

Teil 4						
Ich kann bisher keine herausragenden Ergebnisse und Erfolge vorweisen. Mein Lebenslauf ist eher unspektakulär.	1	2	3	4	5	Ich kann bereits Erfolge vorweisen und anderen glaubhaft vermitteln, dass ich ihre Erwartungen erfüllen werde.
Ich bemühe mich, das zu tun, was man von mir erwartet.	1	2	3	4	5	Ich konzentriere mich darauf, gute Ergebnisse zu liefern und mich nicht mit unwichtigen Aktivitäten zu verzetteln.
Ich habe Probleme, meine Leistungen ins rechte Licht zu rücken. Entweder sage ich gar nichts oder viel zu viel, sodass ich die anderen damit vor den Kopf stoße.	1	2	3	4	5	Ich spreche offen und angemessen mit anderen über meine bisherigen Leistungen. So wecke ich Vertrauen in meine Fähigkeiten.
Oft bringe ich das, was ich angefangen habe, nicht zu Ende.	1	2	3	4	5	Bis auf wenige Ausnahmen bringe ich das zu Ende, was ich angefangen habe.
Wie ich meine Ergebnisse erziele, ist mir nicht so wichtig. Mir kommt es darauf an, dass ich etwas erreiche.	1	2	3	4	5	Ich erreiche meine Ergebnisse auf eine Art und Weise, die Vertrauen schafft.
Gesamtpunktzahl Teil 4:						

Bitte zählen Sie jetzt Ihre Punkte aus allen vier Teilen des Glaubwürdigkeitstests zusammen:

Gesamtpunktzahl aus allen 4 Teilen:

Haben Sie Ihre Gesamtpunktzahl ermittelt? Dann wird es jetzt Zeit für die Auswertung!

Ihr Testergebnis
100 bis 91 Punkte
Liegt Ihre Gesamtpunktzahl zwischen **100** und **91**? Wunderbar! Dann ist Ihre persönliche Glaubwürdigkeit wirklich groß. Sie zeigen sowohl Charakter als auch Kompetenz. Bestimmt wissen Sie auch, was Ihnen im Leben wichtig ist, und richten Ihr Handeln danach aus. Das Wohlergehen anderer liegt Ihnen am Herzen. Zudem sind Sie sich Ihrer Talente und Fähigkeiten bewusst. Sie arbeiten kontinuierlich daran, Ihre Stärken auszubauen. Zudem nutzen Sie Ihre Stärken effektiv, um gute Ergebnisse zu erzielen. Daher strahlen Sie viel Zuversicht aus und die anderen neigen dazu, Ihnen zu vertrauen.
90 bis 70 Punkte
Liegt Ihre Gesamtpunktzahl zwischen **90** und **70**? Dann könnten bei Ihnen kleinere Glaubwürdigkeitsmängel bestehen. Diese zeigen sich daran, dass es Ihnen etwas an Selbstvertrauen mangelt oder dass andere Ihnen nicht auf Anhieb ihr Vertrauen schenken.
Weniger als 70 Punkte
Haben Sie weniger als **70 Punkte** zusammenbekommen? Dann haben Sie noch viel Entwicklungspotenzial in Sachen Glaubwürdigkeit. Mein Tipp: Gehen Sie den Test noch einmal durch. Achten Sie darauf, in welchen Teilen des Tests Sie nicht allzu viele Punkte sammeln konnten. Konzentrieren Sie sich beim Durcharbeiten dieses Kapitels besonders auf diese Bereiche. Das hilft Ihnen, sich genau dort zu verbessern, wo Sie noch Nachholbedarf haben.

Was zeichnet die 4 Grundlagen der Glaubwürdigkeit aus?

Sicher haben Sie es längst bemerkt: Die vier Teile des Tests entsprechen den 4 Grundlagen der Glaubwürdigkeit. Das sind die entscheidenden Faktoren, die Sie glaubwürdig machen – für Sie selbst und für andere. Bei den beiden ersten Grundlagen geht es um den *Charakter*, bei den beiden anderen um die *Kompetenz*. Und alle vier sind für unser Selbstvertrauen unverzichtbar:

#1 Integrität

Integrität ist der Begriff, den die meisten von uns mit Vertrauen verbinden. Denn oftmals hängen massive Vertrauensbrüche mit Verletzungen der Integrität zusammen. Für viele bedeutet Integrität ganz einfach Ehrlichkeit. Integrität umfasst zwar auch Ehrlichkeit, ist aber weit mehr als das. Sie bedeutet, dass man *kongruent* ist – dass Übereinstimmung zwischen den Worten und dem Handeln besteht. Integer ist, wer den Mut hat, im Einklang mit seinen Werten und Überzeugungen zu handeln.

#2 Absichten

Hier geht es um unsere Motive, unsere Agenden und das daraus resultierende Verhalten. Vertrauen wächst, wenn unsere Absichten ehrlich sind und auf dem festen Willen beruhen, allen Beteiligten einen Vorteil zu verschaffen. Was passiert, wenn wir den Verdacht haben, dass jemand versteckte Absichten verfolgt und ihm unser Wohl nicht wichtig ist? Dann betrachten wir alles, was er sagt und tut, argwöhnisch.

#3 Fähigkeiten

Ob unsere Talente, unsere Einstellungen, unsere Fertigkeiten, unser Wissen oder unser persönlicher Stil: Die dritte Grundlage der Glaubwürdigkeit umfasst alle Fähigkeiten, die Vertrauen wecken. Das sind die Mittel, die wir nutzen, um Ergebnisse und Erfolge zu erzielen. Hierher gehört auch unsere Fähigkeit, Vertrauen aufzubauen, auszuweiten und wiederherzustellen. Wenn ein Hausarzt die besten Absichten und gute Motive hat, aber nicht über das nötige Know-how für eine Gehirnoperation verfügt, fehlt es ihm auf diesem Gebiet dennoch an Glaubwürdigkeit.

#4 Ergebnisse

Bei der vierten Grundlage der Glaubwürdigkeit dreht sich alles um das, was wir vorzuweisen haben. Wenn wir die Erwartungen der anderen nicht erfüllen, schadet das unserer Glaubwürdigkeit. Erzielen wir dagegen die Ergebnisse, die wir versprochen haben, dann wird uns unser guter Ruf bald vorauseilen. Das verschafft uns eine große Glaubwürdigkeit und bringt uns viel Vertrauen ein.

Ich habe ja schon erwähnt, dass alle 4 Grundlagen der Glaubwürdigkeit unverzichtbar sind – und das in allen Lebensbereichen. Was ist, wenn jemand ehrlich ist, gute Absichten hat und sogar hervorragende Ergebnisse auf bestimmten Gebieten vorweisen kann? Falls er nicht die erforderlichen Fähigkeiten für eine bestimmte Aufgabe hat, werden Sie ihm diese nicht anvertrauen. Und was passiert, wenn jemand aufrichtig ist und auch seine Fähigkeiten bereits durch ausgezeichnete Leistungen unter Beweis gestellt hat? Falls Sie das Gefühl haben, dass Sie und Ihr Wohlergehen ihm nicht wichtig sind, werden Sie ihm trotzdem nicht wirklich vertrauen.

Die Baum-Metapher

Viele wissen nicht, dass unsere Glaubwürdigkeit sich aus vier verschiedenen Bereichen zusammensetzt. Ihnen ist auch nicht klar, dass wir in manchen Bereichen sehr gut und gleichzeitig in anderen sehr schlecht sein können. Diese Menschen sehen nur das Ganze: In ihren Augen hat man Glaubwürdigkeit – oder man hat sie eben nicht. Deshalb möchte ich Ihnen in diesem Buch zeigen, wie wichtig es ist, dass Sie über alle 4 Grundlagen der Glaubwürdigkeit verfügen. Ein schönes Bild, um die 4 Grundlagen zu veranschaulichen, ist die **Baum-Metapher.** Die Baum-Metapher zeigt, dass die 4 Grundlagen der Glaubwürdigkeit in einer intensiven Wechselbeziehung stehen und alle von enormer Bedeutung sind:

- Die **Integrität** liegt vor allem unter der Oberfläche. Sie ist das Wurzelwerk, aus dem alles andere wächst.

- Von den **Absichten** sieht man schon etwas mehr. Sie bilden den Stamm, der unter der Oberfläche beginnt und sich daraus erhebt.

- Unsere **Fähigkeiten** sind die Äste.

- Die **Ergebnisse** sind die Blätter – die sichtbaren, messbaren Resultate, die andere am leichtesten erkennen und beurteilen können.

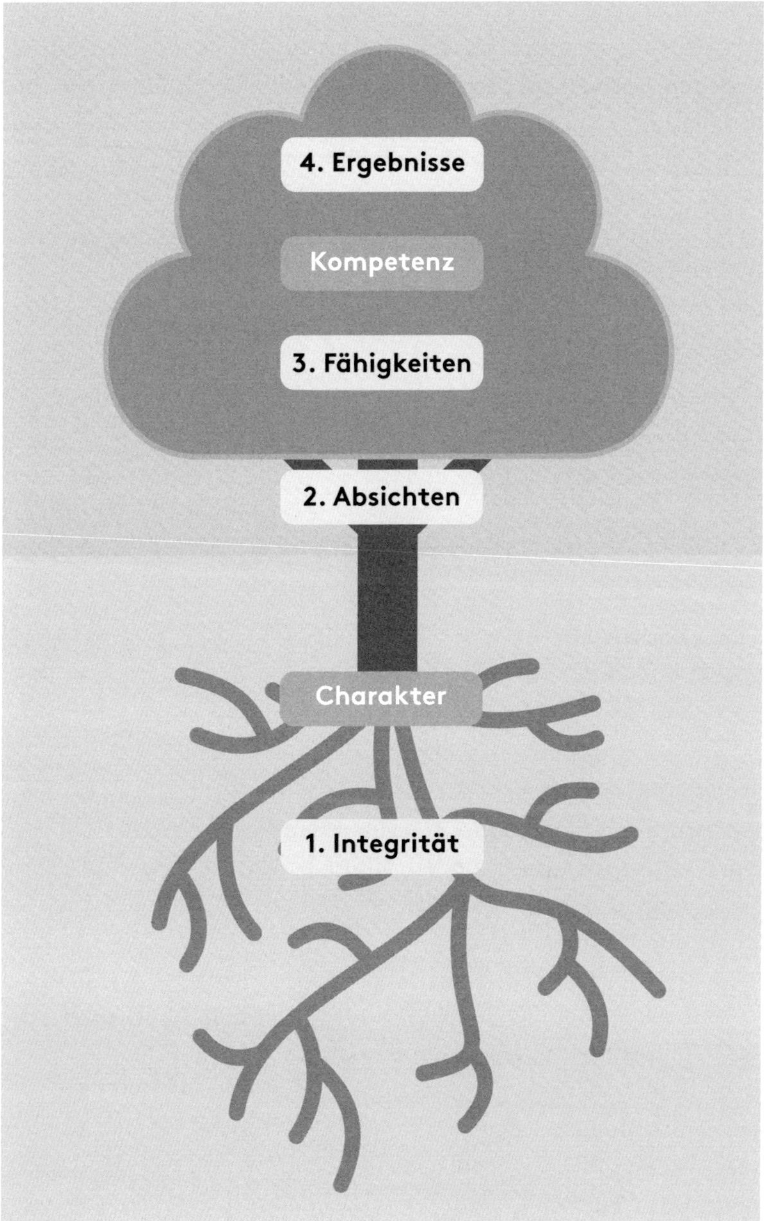
4. Ergebnisse
Kompetenz
3. Fähigkeiten
2. Absichten
Charakter
1. Integrität

Den Kurs abstecken

Jetzt sind Sie schon gut mit den 4 Grundlagen der Glaubwürdigkeit vertraut. Deshalb möchte ich Sie nun bitten, sich Ihre Ergebnisse aus dem Test auf den vorangegangenen Seiten noch einmal anzusehen und Ihre Punktzahlen in die folgende Tabelle einzutragen:

Teil	Grundlage	Punktzahl
1	Integrität	
2	Absichten	
3	Fähigkeiten	
4	Ergebnisse	
Gesamtpunktzahl:		

Was sind Ihre Stärken? Und wo können Sie sich noch verbessern? Egal wie es momentan um Ihre Glaubwürdigkeit bestellt ist: Dieses Buch wird Ihnen dabei helfen, Ihre Glaubwürdigkeit zu steigern. Bitte denken Sie beim Lesen der nächsten vier Kapitel auch an folgenden wichtigen Punkt:

> Die 4 Grundlagen der Glaubwürdigkeit gelten nicht nur für uns Menschen, sondern auch für Unternehmen!

Der Marketingleiter eines großen Unternehmens hat mir kürzlich erzählt, dass die 4 Grundlagen der Glaubwürdigkeit das Fundament für die gesamte Werbung seines Konzerns werden sollen. Er sagte: »Wir müssen als Unternehmen glaubwürdig sein. Wir müssen dafür sorgen, dass unsere Kunden sehen, wie groß unsere Integrität ist. Wir müssen ihnen klarmachen, dass wir die feste Absicht haben, sie optimal zu unterstützen. Wir müssen ihnen zeigen, dass wir die Fähigkeiten haben, ihnen einen klaren Nutzen zu bieten. Und wir müssen sie über unsere Ergebnisse informieren, sodass sie uns auch weiter treu bleiben. Dann werden wir glaubwürdig. Mit dieser Glaubwürdigkeit können wir von Vertrauen geprägte Kundenbeziehungen aufbauen und aufrechterhalten. Und die Erfahrung hat gezeigt, dass diese Beziehungen der Schlüssel zu profitablem Wachstum sind!«

In den nächsten vier Kapiteln werden wir uns eingehend mit den einzelnen Grundlagen der Glaubwürdigkeit befassen. Am Ende jedes Kapitels finden Sie die drei wichtigsten *Beschleunigungsfaktoren* für jede der 4 Grundlagen der Glaubwürdigkeit. Diese Beschleuniger werden Ihnen helfen, Ihre Glaubwürdigkeit enorm zu verbessern. Und noch ein Tipp: Lesen Sie die Kapitel zunächst einmal komplett durch. Kehren Sie dann wieder zum Anfang zurück. Vertiefen Sie anschließend gezielt die Themen, die Sie persönlich am besten voranbringen.

1. Grundlage: Integrität

Stimmen Ihre Werte, Ihre Überzeugungen und Ihr Verhalten überein?

> *»Wenn ich Leute einstelle, suche ich drei Dinge: Integrität, Intelligenz und Energie. Aber wenn jemand keine Integrität hat, werden seine Intelligenz und seine Energie ihn umbringen.«*
> WARREN BUFFETT, CEO, BERKSHIRE HATHAWAY

Kehren wir am Anfang dieses Kapitels wieder zu unserer *Baum-Metapher* zurück: Integrität ist die *Wurzel.* Obwohl sie unter der Oberfläche liegt und meist nicht zu sehen ist, ist sie für die Ernährung, Stärke, Stabilität und das Wachstum des Baums unentbehrlich. Sicher kennen Sie Menschen mit herausragenden Fähigkeiten, erstklassigen Ergebnissen und manchmal sogar mit guten Absichten, die dennoch unehrlich sind oder prinzipienlos vorgehen. Ihr Motto lautet: »Der Zweck heiligt die Mittel!« Doch diese Mentalität führt zu Täuschung, Betrug, Erpressung, Manipulationen, Korruption und Unternehmensskandalen – zu dem Verrat, der Ehen, Partnerschaften und alle anderen Beziehungen zerstört. Wenn wir noch einmal die Geschichte mit dem Sachverständigen vor Gericht aufgreifen, können wir sagen:

Es ist unmöglich, dass jemand als glaubhaft angesehen wird, wenn andere beweisen können, dass es ihm an Integrität fehlt.

Wenn jemand dagegen »nur« integer ist, aber die drei anderen Grundlagen der Glaubwürdigkeit nicht besitzt, mag er ein »netter Kerl« und grundehrlicher Mensch sein. Aber das reicht nicht aus! Man wird ihm nicht zutrauen, dass er Außergewöhnliches leisten kann. Er ist ehrlich – aber nicht effektiv! Deshalb kann ich es nicht oft genug wiederholen: *Für Glaubwürdigkeit und Vertrauen sind alle 4 Grundlagen unentbehrlich!*

Das Problem mit der »Ethik«

Die Flut der Skandale in Unternehmen, Politik und Gesellschaft könnte zumindest etwas Gutes haben: die Renaissance der Ethik. Die meisten Menschen haben inzwischen erkannt, dass die fehlende Ethik in unserer Welt Misstrauen fördert. Das Problem vieler Unternehmen ist jedoch, dass viele »ethische« Lösungen nur auf die Einhaltung irgendwelcher *Ethikrichtlinien* abzielen. Viele Unternehmen haben hochtrabende *Leitbilder.* Doch sie werden nicht aktiv, wenn Mitarbeiter unaufrichtig sind oder andere unfair behandeln. Solange diese Mitarbeiter Ergebnisse bringen und nicht dabei erwischt werden, wie sie ihre Spesenabrechnung frisieren oder gegen irgendeine andere Regel verstoßen, passiert nichts. Ein solches Verständnis von »Ethik« beruht nicht auf Integrität. Nur wenn Unternehmen darauf achten, dass Integrität wirklich gelebt wird, können Glaubwürdigkeit und Vertrauen entstehen. Schon Albert Camus sagte: »Integrität braucht keine Regeln!«

Was macht Integrität aus?

Die meisten setzen Integrität mit Ehrlichkeit gleich. Allerdings ist vielen nicht klar, dass Ehrlichkeit auch bedeutet, dass man *authentisch* ist. Die meisten Manager und Führungskräfte würden sich als ehrlich beschreiben. Doch zahlreiche Studien sprechen eine andere Sprache: Der Großteil der Beschäftigten glaubt nicht, dass das Management aufrichtig ist. Die englische Autorin Maria Louise Ramé schreibt: »Ich bin Tausenden von Gaunern begegnet, aber kein einziger sah sich selbst so.« Kapitän Jack Sparrow bringt das Ganze in *Fluch der Karibik* mit viel Humor auf den Punkt: »Ich bin unehrlich und bei unehrlichen Menschen kann man sich immer darauf verlassen, dass sie unehrlich sind … Ehrlich! Aber vor den Ehrlichen muss man sich hüten. Denn man kann nie vorhersagen, wann sie etwas unglaublich … Dummes tun werden.«

Zu Integrität gehört **Ehrlichkeit**. Aber Integrität umfasst noch drei weitere Eigenschaften, die genauso wichtig sind:

Kongruenz: Jemand ist integer, wenn er aufrichtig ist und sich moralisch einwandfrei verhält. Dann besteht zwischen seinen Absichten und seinem Verhalten keine Kluft. Im Inneren und nach außen ist alles stimmig! Das bezeichne ich als »Kongruenz«. Wenn jemand kongruent ist, steht sein Verhalten im Einklang mit seinen Werten und Überzeugungen. Kongruente Menschen werden nicht von den äußeren Umständen, der Meinung anderer oder den Erfordernissen des Augenblicks getrieben. Die Stimme, auf die sie hören und der sie folgen, ist die ihres Gewissens. Nicht die Einhaltung von Regeln, sondern Kongruenz ist letztlich der Faktor, der Glaubwürdigkeit und Vertrauen schafft.

Standing Ovations für Gandhi

BEISPIEL *Gandhi ist ein großartiges Beispiel für Kongruenz. Als er in England eine Rede vor dem House of Commons hielt, sprach er volle zwei Stunden – und das ohne Skript! Zunächst standen ihm die Zuhörer feindselig gegenüber. Doch am Ende seiner Rede brachten sie ihm begeisterte Standing Ovations entgegen. Nachdem Gandhi gesprochen hatte, wandten sich einige Reporter an seinen Sekretär Mahadev Desai. Sie konnten nicht fassen, dass Gandhi seine Zuhörer so lange in seinen Bann ziehen konnte, ohne Notizen zu benutzen. Desai sagte:*

> *»Was Gandhi denkt, was er fühlt, was er sagt und was er tut, ist alles eins. Er braucht keine Notizen … Sie und ich – wir denken etwas anderes, als wir fühlen, sagen noch etwas anderes und machen dann wieder etwas ganz anderes. Wir brauchen Notizen und Ordner, um das alles im Kopf zu behalten.«*[12]

Gandhi lebte im Einklang mit den Werten und Prinzipien, für die er stand. So konnte er in Indien und auf der ganzen Welt geradezu unglaubliche Dinge erreichen – obwohl er nie ein offizielles Amt oder eine formelle Führungsposition innehatte.

Das Beispiel von Gandhi zeigt: Kongruenz ist der Schlüssel zu Vertrauen. Wenn jemand im Einklang mit seinen Überzeugungen und Prinzipien handelt, spüren wir, dass wir ihm vertrauen können.

Bescheidenheit: Zu Integrität gehört auch Bescheidenheit. Bei den Recherchen für sein Buch *Der Weg zu den Besten* analysierte der renommierte Wirtschaftsexperte Jim Collins zahlreiche Take-Off-Unternehmen.[13] Diese Unternehmen hatten es geschafft, in die absolute Top-Liga aufzusteigen. Jim Collins wollte herausfinden, warum aus durchschnittlichen Firmen irgendwann Spitzenunternehmen wurden. Zwei Dinge, die er dabei entdeckte, waren eine echte Überraschung für ihn:

1. Führung spielt eine große Rolle

Obwohl das Forschungsteam von Jim Collins die Anweisung hatte, die Rolle des CEO eher gering zu veranschlagen, zeigten die Daten, dass die Führung von entscheidender Bedeutung für den Erfolg der Unternehmen war. Collins stellt fest:

> *»Unabhängig vom Zeitpunkt des Umschwungs und der Größe des Unternehmens hatten sämtliche Take-Off-Unternehmen in der Umschwungphase einen Level-5-Chef.«*

2. Bescheidenheit macht den Unterschied

Die zweite überraschende Erkenntnis war etwas, das Jim Collins als »Level-5-Führung« charakterisiert. Collins schreibt:

> *»Wir waren überrascht, ja beinahe schockiert, als wir entdeckten, welche Führungsqualitäten ein Take-Off-Unternehmen verlangt. Im Vergleich zu profilierten Managern mit starker Persönlichkeit, die Schlagzeilen machen und berühmt werden, scheinen die Take-Off-Manager vom Mars zu kommen. Sie sind still, leistungswillig bis zur Selbstaufgabe, zurückhaltend, ja fast schüchtern – eine paradoxe Mischung aus Bescheidenheit, was ihre Person angeht, und professioneller Willenskraft in allen Bereichen des Geschäftslebens. Sie erinnern eher an Lincoln und Sokrates als an General Patton oder Cäsar.«*

Wie zeigt sich Bescheidenheit in Führungspositionen und im Leben? Bescheidenen Menschen geht es nicht darum, recht zu haben. Ihnen geht es um das, was *richtig* ist. Sie wollen *gute Ideen umsetzen*. Dabei spielt es keine Rolle für sie, ob die Idee von ihnen stammt oder von jemand anderem. Bescheidene Menschen legen keinen Wert darauf, überholte Positionen zu verteidigen. Stattdessen wollen Sie *neue, positive Entwicklungen fördern.* Ihnen ist es viel wichtiger, ein erfolgreiches *Team aufzubauen,* als selbst im Rampenlicht zu stehen. Bescheidenen Menschen liegt es weit mehr am Herzen, die *Leistungen anderer anzuerkennen,* als für die eigenen Erfolge Anerkennung zu bekommen. Das alles hat allerdings nichts mit Schwäche zu tun. Denn:

Bescheidenheit bedeutet nicht, schwach und schweigsam zu sein oder sich im Hintergrund zu halten. Bescheidenheit heißt, klare Prinzipien zu haben und fest dafür einzustehen – auch bei Gegenwind.

Bescheidene Menschen können ihren Standpunkt in Verhandlungen mit Nachdruck vertreten. Sie können sich in schwierigen Situationen klar und deutlich ausdrücken. Doch sie verlieren sich nicht in Arroganz, Übermut, Manipulationen oder Machtspielchen. Sie wissen, dass es zeitlose *Prinzipien* gibt, die in Unternehmen und Beziehungen vorherrschen. Und sie bemühen sich, im Einklang mit diesen Prinzipien zu handeln. Zudem ist bescheidenen Menschen klar, dass wir manche Dinge einfach nicht allein schaffen können. Sie sind klug genug, um zu erkennen, dass wir die schwierigsten Herausforderungen im Leben nur gemeinsam meistern können.

Das Gegenteil von Bescheidenheit sind Arroganz und Stolz. Dann setzt man sein Ego an die erste Stelle – vor alle Prinzipien und vor alle anderen Menschen.

Mut: Integrität umfasst den Mut, das Richtige zu tun – auch wenn es schwer ist. Menschen, die das machen, inspirieren andere, selbst mutiger zu sein. Ein schönes Beispiel dafür ist die folgende Geschichte, die mir die Frau eines Arztes erzählt hat:

Viele kleine Spickzettel

BEISPIEL *Wer Medizin studieren will, hat es nicht leicht. Der Wunsch, gut abzuschneiden und Erfolg zu haben, macht gerade den Erstsemestern großen Druck. Mein Mann hatte hart für seine erste Klausur gearbeitet. An seiner Fakultät setzte man auf ehrliches Verhalten. Der Professor verteilte die Aufgabenblätter und ging hinaus. Kurz danach holten einige Studenten kleine Spickzettel hervor. Mein Mann war geschockt. Was sollte er tun? Wie konnte er gegen Leute bestehen, die pfuschen? Plötzlich stand ein großer, schlaksiger Student auf. Er sagte: »Ich habe meine Heimatstadt verlassen, meine Frau und unsere drei kleinen Kinder in eine winzige Wohnung gesteckt und sehr hart gearbeitet, um Medizin studieren zu können. Ich werde jeden von euch, der hier betrügt, melden. Das könnt ihr mir glauben!«*

Sie glaubten ihm. Viele sahen betreten zu Boden. Die Spickzettel verschwanden genauso schnell wieder, wie sie aufgetaucht waren. Der junge Mann hatte neue Maßstäbe für diesen Jahrgang gesetzt, aus dem schließlich die größte Zahl erfolgreicher Absolventen in der Geschichte der Fakultät hervorging.

Der Mann, der bei der Klausur aufgestanden war, wurde später ein angesehener Arzt. Was er damals machte, war mit Sicherheit nicht leicht und angenehm. Doch er bewies die Art von Mut, die Integrität erfordert. Den Mut, der zeitlose Prinzipien anerkennt und das Leben für uns alle besser macht!

Denken Sie jetzt bitte an die Menschen, die Ihrer Ansicht nach integer sind: Wie zeigt sich das? Diese Menschen sind sicher ehrlich. Aber sind sie auch kongruent, bescheiden und mutig? Sind diese Menschen in Ihren Augen glaubwürdig? Vertrauen Sie ihnen?

Integrität, Kongruenz, Bescheidenheit und Mut: Wahrscheinlich können wir uns alle in jedem dieser Bereiche noch verbessern. Doch das lohnt sich. So erhöhen wir unsere Glaubwürdigkeit und steigern die Schnelligkeit von allem, was wir tun. Und: Gleichzeitig reduzieren wir dadurch auch noch die Kosten.

Wie steigert man seine Integrität?

Wie können wir unsere Integrität verbessern? Zunächst sollten Sie darüber nachdenken, wie groß Ihre Integrität momentan ist. Dabei hilft Ihnen die folgende Übung:

ÜBUNG Wie hoch ist Ihre Integrität?

Nutzen Sie die folgenden Fragen, um herauszufinden, wo Sie in Sachen Integrität gerade stehen. Bitte denken Sie intensiv über die Fragen nach und antworten Sie ehrlich:

- Bemühe ich mich tatsächlich, anderen gegenüber ehrlich zu sein?
- Steht das, was ich tue, im Einklang mit meinen Werten und Überzeugungen?
- Kenne ich meine Werte? Fühle ich mich gut, wenn ich dafür eintrete?
- Bin ich offen für innovative Ideen, die mich dazu bringen, die Dinge noch mal zu überdenken oder meine Werte sogar neu zu definieren?
- Halte ich mich an die Versprechen, die ich mir und anderen gebe?

Oft neigen wir dazu, unsere Stärken zu über- oder unterschätzen. Deshalb sollten Sie etwas tun, das sich in unseren Workshops bewährt hat: Holen Sie sich von Ihrem Vorgesetzten, Ihren Kollegen, Ihren Kunden, Ihren Freunden oder Ihrer Familie *Feedback* dazu, wie diese Sie im Hinblick auf die obigen Fragen wahrnehmen.

3 Beschleuniger für Ihre Integrität

Jetzt möchte ich Ihnen drei sehr effektive *Beschleunigungsfaktoren* zeigen, mit denen Sie Ihre Integrität enorm steigern können:

#1 Geben Sie sich selbst Versprechen und halten Sie diese auch

Sie können Ihre Integrität unglaublich schnell steigern, wenn Sie sich selbst Versprechen geben und sie auch einhalten. Im Zusammenhang mit der 2. Welle, dem Beziehungsvertrauen, werden wir darüber sprechen, wie wirkungsvoll es ist, anderen gegenüber Verpflichtungen einzugehen und sie zu erfüllen. Doch dazu müssen Sie erst einmal lernen, die Versprechen zu halten, die Sie sich selbst gegeben haben. Hierzu ein Beispiel aus meiner Familie:

Das »Familienerbe« der Coveys

BEISPIEL *Zu meinem »Familienerbe« gehört die Geschichte, wie mein Urgroßvater Stephen Mack Covey die Hotelkette Little America gründete. Er arbeitete in den 1890er-Jahren als Schäfer und wurde in einer Winternacht in Wyoming von einem Blizzard überrascht. Der Wind pfiff ihm mit unfassbarer Geschwindigkeit um die Ohren. Die Temperatur lag weit unter dem Gefrierpunkt. Es war so schlimm, dass mein Großvater glaubte, sein letztes Stündlein habe geschlagen. Da gab er ich selbst und Gott ein Versprechen: Wenn er diese Nacht überlebte, würde er zum Zeichen seiner Dankbarkeit hier, mitten in der Einöde, eine Zufluchtsstätte für andere errichten.*

Mein Großvater überlebte. Obwohl es eine Weile dauerte, baute er da draußen, am Ende der Welt, schließlich jene »Zuflucht«. Bis heute gibt es dort nichts als eine Tankstelle und das Little-America-Motel. Doch Little America in Wyoming hat jetzt einen Platz auf der Landkarte und ist eine echte Touristenattraktion. Außerdem war das der Beginn des außergewöhnlichen Werdegangs meines Urgroßvaters als Unternehmer: Neben der Hotelkette gründete er noch mehrere sehr erfolgreiche Unternehmen – beispielsweise Wohnungsbau-, Erdöl- und Finanzdienstleistungsfirmen.

Natürlich hätte mein Urgroßvater einfach sagen können: »Es ist doch lächerlich, ausgerechnet hier, wo sich Fuchs und Hase gute Nacht sagen, ein Motel zu bauen!« Außer ihm selbst und Gott wusste schließlich niemand etwas von seinem Versprechen. Doch Stephen Mack Covey nahm das Versprechen, das er sich selbst gegeben hatte, sehr ernst. Obwohl es alles andere als einfach war, hielt er sein Versprechen. Das hatte große Auswirkungen auf alle seine Nachkommen – auch auf mich!

Je mehr Erfahrungen ich in meinem Privatleben und im Beruf mache, desto stärker wird meine Überzeugung, dass es ungemein wichtig ist, sich selbst Versprechen zu geben und sie zu halten. Natürlich müssen es nicht immer so große Versprechen sein wie bei meinem Urgroßvater. Auch kleine Versprechen können viel bewirken – zum Beispiel, aufzustehen, wenn der Wecker klingelt, nicht zu viel Essen in sich hineinzustopfen oder respektvoll mit anderen umzugehen, auch wenn sie uns provozieren. Jedes Mal, wenn wir uns ein Versprechen geben und es halten, wächst unser Selbstvertrauen. So steigern wir Schritt für Schritt unsere Fähigkeit, uns und anderen größere Versprechen zu geben und auch diese zu erfüllen.

So halten Sie Ihre Versprechen

Die folgenden Tipps helfen Ihnen, Ihre Versprechen tatsächlich zu erfüllen:

- Versprechen Sie nicht zu viel. Wenn Sie es mit den Versprechen übertreiben, stellen Sie die Weichen automatisch auf Misserfolg. Bevor Sie sich ein Versprechen geben, sollten Sie sich im Klaren darüber sein, dass Ihre Integrität auf dem Spiel steht, wenn Sie es nicht erfüllen.
- Nehmen Sie Versprechen, die Sie sich selbst geben, genauso ernst wie Versprechen, die Sie anderen geben.
- Machen Sie keine impulsiven Versprechen. Dass man das nicht tun sollte, habe ich am eigenen Leib erlebt. Kurz vor Neujahr diskutierten wir in unserer Familie über Gesundheit und Ernährung. Ich schlug vor, dass wir alle mehr Wasser und weniger Limonade trinken sollten. Von dieser Idee war ich so begeistert, dass ich ohne lange nachzudenken rief: »Ich sage euch, was ich tun werde. Ich gebe mir das Versprechen, das ganze nächste Jahr über nichts anderes zu trinken als Wasser! Keine Limo, keinen Saft! Nur Wasser!« Das war nicht wirklich klug – und ich musste teuer dafür bezahlen. Ich hielt mein Versprechen. Doch das war extrem schwer. Aus dieser Erfahrung habe ich gelernt, bei meinen Versprechen vorsichtiger und vor allem bescheidener zu sein!

Sobald es schwer wird, ein Versprechen zu halten, haben Sie zwei Möglichkeiten:

- Sie können Ihr Verhalten so ändern, dass Sie Ihr Versprechen erfüllen können.
- Sie können Abstriche bei Ihren Werten machen.

Im ersten Fall werden Sie Ihre Integrität stärken. Im zweiten werden Sie Ihre Integrität spürbar verringern und Ihr Zutrauen in Ihre Fähigkeit, Versprechen zu halten, verlieren. Zudem wird diese Richtungsänderung – auch wenn sie zunächst nicht allzu groß ist – allmählich Ihr Wertesystem untergraben. Deshalb ist es wichtig, dass Sie bei Ihren Versprechen achtsam, klug und umsichtig sind. Nur so können Sie Ihre Versprechen gegenüber sich selbst erfüllen und Ihr Selbstvertrauen kontinuierlich steigern.

2 Stehen Sie für etwas ein

Ken Chenault war von 2001 bis 2018 Vorstandsvorsitzender und CEO von American Express. Für die Mitarbeiter hat er ein Buch mit dem Titel *Next Chapter – A Guide to the New American Express* herausgegeben. Darin hat er umrissen, wohin das Unternehmen in Zukunft gehen soll und wie es dorthin gelangen kann. Eine der Schlüsselaussagen lautet:

> **Für etwas einstehen:** *Manche Werte kann man nicht in Zahlen fassen. Es geht nicht um Erfolg um jeden Preis, sondern darum, auf die richtige Weise zu gewinnen … Außerdem müssen wir durch unser Handeln zeigen, dass wir für die richtigen Dinge einstehen – für unsere Verpflichtung gegenüber den Kunden, für Qualität, Integrität, Teamarbeit, Achtung vor den Menschen, Engagement, persönliche Verantwortlichkeit und noch vieles mehr.*

Die Voraussetzung für Integrität ist, dass Sie Ihre Werte kennen. Aber natürlich genügt es nicht, nur zu wissen, wofür Sie stehen. Sie müssen auch dafür eintreten. Ein echtes Vorbild in Sachen Integrität ist Jon Huntsman, der Gründer von Huntsman Chemical:

Der Handschlag

BEISPIEL *In seinem Buch* Winners Never Cheat[14] *berichtet Jon Huntsmann von einem sehr außergewöhnlichen Unternehmensverkauf. Nach langwierigen Verhandlungen hatte er zugestimmt, 40 Prozent einer Sparte seines Unternehmens an Great Lakes Chemical abzutreten. Als Verkaufspreis für die Unternehmenssparte wurden 54 Millionen Dollar vereinbart. Der Deal wurde durch einen Handschlag mit Emerson Kampen, dem Vorstandsvorsitzenden und CEO von Great Lakes, besiegelt. Doch dann dauerte es mehrere Monate, bis Great Lakes die Vereinbarung endlich schriftlich fixiert hatte. Inzwischen waren die Rohstoffpreise extrem gesunken. Der Profit von Huntsman hatte sich verdreifacht. Die Gewinnspannen waren so hoch wie nie zuvor. Die 40 Prozent der Unternehmensparte waren jetzt nicht mehr 54, sondern 250 Millionen Dollar wert!*

Bevor der Vertrag unterzeichnet wurde, rief Emerson Kampen bei Jon Huntsman an. Er sagte, er wolle zwar nicht die ganze Wertdifferenz ausgleichen, halte es aber für gerecht, die Hälfte zu zahlen. Jon Huntsman lehnte das ab. Er sagte, sie hätten sich per Handschlag auf 54 Millionen geeinigt – und er würde bei diesem Preis bleiben. Emerson Kampen protestierte. Doch Jon Huntsmann stand felsenfest zu seinem Wort. Jon Huntsman wusste, was ihm wichtig war. Er war sich über seine Werte im Klaren und brauchte nicht mit sich zu kämpfen, als er sich einer großen Herausforderung gegenübersah.

Für welche Werte Sie stehen wollen, können nur Sie selbst herausfinden. Wie das geht? Meiner Meinung nach eignet sich dafür vor allem die Erstellung eines *Leitbilds.*[15] Ob im persönlichen, familiären oder beruflichen Bereich: Legen Sie schriftlich fest, wofür Sie stehen. Wenn Sie sich an dieses Leitbild halten, wird Ihnen das große Dividenden bringen. Denn es wird Ihnen helfen, glaub- und vertrauenswürdig zu werden.

#3 Seien Sie offen

Wahrscheinlich kennen auch Sie Menschen, die engstirnig oder arrogant sind. Leute, die Ihnen nicht zuhören, weil sie glauben, dass sie schon alles wissen. Vorgesetzte oder Kollegen, die nicht über neue Sichtweisen nachdenken, weil sie überzeugt sind, dass ihre Meinung die einzige richtige ist. Familienmitglieder, die die Wahrheit selbst dann missachten, wenn sie ihnen ins Gesicht starrt. Wie wirkt sich diese egozentrische Einstellung auf Ihre Beziehungen zu diesen Menschen aus? Halten Sie diese Leute für glaubwürdig? Vertrauen Sie ihnen?

Ohne *Offenheit* kann es keine Integrität geben. Zudem erfordert Integrität sowohl *Bescheidenheit* als auch *Mut:*

- Bescheidenheit, um sich einzugestehen, dass es Prinzipien gibt, die man vielleicht noch nicht erkannt hat.
- Mut, um sich an diese Prinzipien zu halten, sobald man sie entdeckt hat.

Wir können unsere Integrität steigern, indem wir daran arbeiten, offen zu sein. Offenheit führt zu Glaubwürdigkeit und Vertrauen. Engstirnigkeit fördert Argwohn und Misstrauen.

ÜBUNG Wie ist es um Ihre Offenheit bestellt?

Um das zu beurteilen, sollten Sie sich eine ruhige Minute gönnen, um über die folgenden Fragen nachzudenken:

- Glaube ich, dass meine Sichtweise auf jeden Fall richtig ist? Oder bin ich ehrlich bereit, über andere Standpunkte und neue Ideen nachzudenken?
- Befasse ich mich ernsthaft mit anderen Standpunkten – von

Vorgesetzten oder Mitarbeitern, meinem Lebenspartner, meinen Kindern? Lasse ich mich dadurch beeinflussen?
- Glaube ich, dass es Prinzipien gibt, die ich bislang noch nicht entdeckt habe? Was ist, wenn ich diese Prinzipien erkenne? Bin ich entschlossen, im Einklang mit ihnen zu leben, auch wenn ich mein Denken und meine Gewohnheiten ändern muss?
- Ist mir kontinuierliche persönliche Weiterentwicklung wichtig? Und was kann ich dafür tun?

Je offener Sie für neue Ideen, Möglichkeiten und Wachstum sind, desto größer ist Ihre *Vertrauensdividende*. Für Verschlossenheit müssen Sie dagegen eine hohe *Vertrauenssteuer* zahlen, die sich auf alle Ihre Ergebnisse und Erfolge auswirkt.

Integrität und die Auswirkungen auf Schnelligkeit und Kosten

Sich selbst Versprechen geben und sie halten, für etwas einstehen und offen sein: Diese drei *Beschleunigungsfaktoren* werden Ihnen helfen, Ihre Integrität maßgeblich zu steigern. Je größer Ihre Integrität, je ehrlicher, kongruenter, bescheidener und mutiger Sie sind, desto mehr Glaubwürdigkeit werden Sie ausstrahlen und desto mehr Vertrauen werden Sie wecken. Außerdem werden Sie die Schnelligkeit erhöhen, mit der Sie wichtige Ziele in Ihrem Leben erreichen. Gleichzeitig reduzieren sich die damit verbundenen Kosten – jedes Mal!

2. Grundlage: Absichten

Welche Agenda verfolgen Sie?

> *»Vor dem Gesetz ist jemand schuldig, wenn er die Rechte anderer Menschen verletzt. Aus ethischer Sicht macht er sich bereits durch den Gedanken daran schuldig.«*
> IMMANUEL KANT

Zu Beginn dieses Kapitels möchte ich Ihnen kurz alle Punkte auflisten, die im Hinblick auf unsere Absichten wichtig sind:

- Was zählt, sind unsere wahren Absichten.
- Unsere Absichten entstammen unserem Charakter.
- Während wir uns selbst vor allem nach unseren Absichten beurteilen, beurteilen wir andere meist nach ihrem Verhalten.
- Wir neigen dazu, die Absichten anderer auf der Grundlage unserer eigenen Vorstellungen und Erfahrungen zu bewerten.
- Wie wir die Absichten der anderen wahrnehmen, hat große Auswirkungen auf unser Vertrauen.
- Andere misstrauen uns oft, weil sie falsche Schlussfolgerungen aus unserem Handeln ziehen.
- Um Vertrauen zu gewinnen, sollten wir den anderen klar sagen, was unsere wahren Absichten sind.

Der Weltwirtschaftsgipfel führt jedes Jahr eine Studie durch, bei der das Vertrauen in die verschiedensten Institutionen verglichen wird. Wissen Sie, wer weltweit fast immer an der Spitze steht? Die NGOs – die privaten nationalen und internationalen »Non-Governmental Organizations«. Ihnen geht es nicht darum, Gewinne zu erzielen. Stattdessen befassen sich die NGOs mit gesellschaftlichen Aspekten – beispielsweise Gesundheit, Menschenrechte, Armut oder Umwelt. Und wissen Sie, welche Berufsgruppe rund um den Globus meist den letzten Platz belegt? Die Politiker!

Weshalb haben wir so wenig Vertrauen in Politiker?

Weshalb haben wir so viel Vertrauen in NGOs und so wenig in Politiker? Das hat etwas mit den *4 Grundlagen der Glaubwürdigkeit* zu tun. Die meisten NGOs und auch die meisten Politiker haben große Fähigkeiten und können gute Ergebnisse vorweisen. Integrität könnte für Politiker schon eher ein Problem sein. Denn gegnerische Parteien oder die Medien versuchen immer wieder, Politikern zu unterstellen, dass sie nicht integer sind. Meiner Meinung nach machen allerdings die *Absichten* den Hauptunterschied bei unserer Wahrnehmung von NGOs und Politikern. Wie sehen die Motive der Politiker aus? Ist ihnen wirklich das wichtig, was für alle Beteiligten das Beste ist? Oder sind sie vor allem an Macht, Parteipolitik, ihrem Ego oder ihrem eigenen Vorteil interessiert? Die Motive von NGOs sind gewöhnlich ehrenhaft und klar. Ihre Agenda sieht vor, der Allgemeinheit zu dienen. Bei den Politikern hingegen entsteht oft der Eindruck, dass sie vor allem das tun, was für sie selbst oder ihre Partei am besten ist.

Hier möchte ich unsere Geschichte vom Sachverständigen vor Gericht noch einmal aufgreifen: Die Gegenpartei wird sich nach Kräften bemühen, ihm unlautere Absichten zu unterstellen. Dadurch will man ihn unglaubwürdig erscheinen lassen: Weshalb macht er seine Aussage? Besteht ein Interessenkonflikt? Wird er vielleicht sogar von der anderen Seite bezahlt? Wenn es der Gegenpartei gelingt, dem Sachverständigen zweifelhafte Motive zu unterstellen, wird seine Aussage dadurch entwertet.

Beim Angeklagten ist der Blick auf die Absichten noch wichtiger. Welches Motiv hatte er, dieses Verbrechen zu begehen? Bei den meisten Gerichtsverfahren sind die Tatmotive der zentrale Aspekt.

In der *Baum-Metapher* werden die Absichten durch den Stamm dargestellt, der teilweise von der Erde verdeckt ist und teilweise über dem Boden liegt, wo er gut zu sehen ist. Unsere Absichten sind zwar tief in unserem Inneren verborgen, werden aber durch unser *Verhalten* und unsere *Worte* für andere sichtbar.

ÜBUNG So verbessern Sie Ihre Absichten

Wie alle anderen Grundlagen der Glaubwürdigkeit sind auch unsere Absichten für das Vertrauen ungemein wichtig. Deshalb sollten Sie sich folgende Fragen stellen. Diese Fragen zeigen Ihnen, wie wichtig unsere Absichten sind und wie wir sie verbessern können:

- Wie oft belege ich andere mit einer Vertrauenssteuer, weil ich ihren Absichten nicht traue?
- Welche Steuern zahlt mein Unternehmen, weil die Beschäftigten kein Vertrauen in die Absichten des Managements haben? Wie wirkt sich das auf die Schnelligkeit und die Kosten des Unternehmens aus?
- Wie hoch sind die Steuern, die wir als Team zahlen, weil wir den Absichten der anderen misstrauen?
- Wie hoch sind die Steuern, die ich zahle, weil die anderen meinen Absichten nicht trauen?
- Was kann ich tun, um meine Absichten zu verbessern und sie glaubwürdig zu kommunizieren?

»Absichten« – was ist das eigentlich?

Wörterbücher definieren »Absicht« als »Plan«, »Ziel« oder »Bestreben«. Meiner Meinung bestehen unsere Absichten aus drei Faktoren: Motiv, Agenda und Verhalten.

1. Motiv: Das Motiv ist der Grund dafür, dass wir etwas tun. Ein Motiv, das besonders viel Vertrauen hervorruft, ist *Fürsorge*. Es geht darum, dass einem die Menschen und die Gesellschaft als Ganzes am Herzen liegen. Dass einem der Zweck und die Qualität seines Tuns wichtig sind. Denken Sie einmal darüber nach: Können Sie jemandem vertrauen, dem Sie selbst, die Arbeit, die Prinzipien oder die Werte gleichgültig sind?

Unser Vertrauen zu Menschen und Unternehmen beruht zum Großteil auf unserem Glauben, dass wir ihnen wichtig sind. Hier ein ganz einfaches Beispiel:

Elternliebe

BEISPIEL *Wenn meine Eltern mich früher in die Schranken weisen mussten, taten sie das immer sehr liebevoll. Natürlich gefielen mir ihre Strafen nicht. Oft fand ich sie sogar richtig doof. Doch ich hatte nie Zweifel daran, dass meine Eltern all das machten, weil ich ihnen wichtig war. Ich konnte immer darauf vertrauen, dass sie mich wirklich liebten.*

Unternehmen auf der ganzen Welt ist klar, wie wichtig Fürsorge ist. Deshalb sieht man immer wieder Anzeigen, die verdeutlichen sollen, wie sehr einer Firma die Kunden, die Qualität oder die Umwelt am Herzen liegen. Die Unternehmen hoffen, dass wir ihren

Dienstleistungen und Produkten dadurch Vertrauen entgegenbringen und sie kaufen. Ich bin überzeugt:

Ehrliches Interesse und echte Fürsorge tragen stärker als alles andere zum Aufbau von Glaubwürdigkeit und Vertrauen bei.

Was aber, wenn Ihnen weder die Sache noch Ihre Mitmenschen wirklich wichtig sind? Wenn Ihr wahres Motiv ein möglichst großer Gewinn für Sie selbst ist? Wenn Ihnen Ihre Kunden und Mitarbeiter tatsächlich egal sind? Sollten Sie dann einfach so tun, als ob Ihnen etwas an diesen Menschen liegt? Natürlich können Sie das versuchen. Doch Ihnen sollte klar sein, dass Sie extrem hohe Steuern dafür zahlen müssen! Alles, was Sie tun, wird viel länger dauern und viel mehr kosten, weil Sie weder Glaubwürdigkeit noch Vertrauen gewinnen können.

Denken Sie jetzt, dass Sie bereits ziemlich gute Ergebnisse erzielen? Dann sollten Sie sich folgende Fragen stellen: Was lasse ich mir entgehen? Könnte ich nicht noch viel mehr erreichen? Zudem sollte Ihnen bewusst sein: Wenn Sie so tun, als seien Ihnen die Menschen oder die Sache wichtig, obwohl das nicht stimmt, werden Sie früher oder später Ihre »wohlverdiente Strafe« bekommen und noch höhere Steuern zahlen müssen. Denn:

Keine Vertrauenssteuer ist höher als die für Unaufrichtigkeit!

Wenn Ihnen die Menschen oder die Sache nicht wichtig sind und Sie auch nichts daran ändern wollen, ist es mit Abstand das Beste, wenn Sie das offen sagen und zeigen. Und: Sie müssen bereit sein, die Steuern dafür zu zahlen! Falls Sie aber den ehrlichen Wunsch haben, das zu ändern, können Sie einiges tun, um Ihre Absichten zu verbessern. Wie das geht, das erfahren Sie im letzten Teil dieses Kapitels.

2. Agenda: Die Agenda ergibt sich aus dem Motiv. Sie ist das, was Sie aufgrund Ihres Motivs tun wollen.

Wissen Sie, welche Agenda besonders viel Vertrauen hervorruft? Es ist das ehrliche Streben nach dem beiderseitigen Vorteil – nach dem, was für alle Beteiligten das Beste ist. In dem Fall sind die anderen Ihnen nicht nur wichtig, sondern Sie wollen wirklich, dass *alle gewinnen.* Mir gefällt, wie Wharton-Professor Adam Grant das ausdrückt:

> *»Ich würde gerne Erfolg neu definieren. Erfolg ist nicht nur das, was Sie selbst erreichen. Erfolg umfasst auch das, was andere durch Ihre Unterstützung erreichen!«*

Das Gegenteil von einer auf beiderseitige Vorteile ausgerichteten Agenda ist *Egoismus:* »Ich will gewinnen – Punkt!« Falls das Ihre Agenda ist, werden Sie wahrscheinlich auch irgendwelche Ergebnisse erzielen. Sie müssen sich aber fragen: »Sind das wirklich die bestmöglichen Ergebnisse, die ich erreichen kann?« Und: »Kann ich diese Ergebnisse auf Dauer aufrechterhalten?« Die Antwort auf beide Fragen lautet: Nein! Früher oder später werden Sie hohe *Steuern* zahlen müssen. Außerdem wird Ihr egoistisches Vorgehen sich auf lange Sicht nicht bewähren. Denn statt Brücken der Glaubwürdigkeit und des Vertrauens errichten Sie Hindernisse des Argwohns und des Misstrauens.

Wahrscheinlich hatten Sie schon bei vielen Meetings und Gesprächen das Gefühl, dass die Leute Ihnen gegenüber nicht ehrlich waren. Wie haben Sie sich gefühlt? Waren Sie zurückhaltend und misstrauisch? Wie hoch waren die Steuern, die dafür bezahlt werden mussten? Welche negativen Auswirkungen hatte das auf die Schnelligkeit und die Kosten? Haben Sie schon einmal überlegt, welche Dividenden für alle möglich gewesen wären, wenn es keine verschleierten Absichten gegeben hätte? Was wäre passiert, wenn die Hauptagenda darin bestanden hätte, das zu tun, was für alle das Beste gewesen wäre?

3. Verhalten: Unser Handeln bringt unsere Motive und Agenden zum Ausdruck. Am meisten Glaubwürdigkeit und Vertrauen schaffen wir, wenn wir bei unserem Tun immer auch das Wohl der anderen im Blick haben. Dadurch zeigen wir, dass uns die anderen wichtig sind und wir Vorteile für alle Beteiligten anstreben. Genau das ist der entscheidende Punkt. Es ist leicht, zu sagen: »Sie sind mir wichtig! Ich will, dass Sie gewinnen!« Doch der Prüfstein, ob uns das tatsächlich am Herzen liegt, ist unser Verhalten.

In vielen Unternehmen heißt es nicht: »Unsere Mitarbeiter und Kunden sind uns wichtig!« Es heißt: »Sie sind entbehrlich, ersetzbar. Uns ist nur der Profit wichtig.« Umfragen haben ergeben, dass:

- lediglich 40 Prozent der Mitarbeiter und 48 Prozent der Mitarbeiterinnen überzeugt sind, dass ihr Arbeitgeber entschlossen ist, sie beruflich zu fördern.[16]
- nur 11 Prozent der deutschen Arbeitnehmerinnen und Arbeitnehmer sich in ihrem Job ausreichend wertgeschätzt fühlen.[17]

Welche Auswirkungen hat das auf das Vertrauen in diesen Unternehmen? Auf die Schnelligkeit und die Kosten? Das Wohl der anderen im Blick zu haben, beruht auf der Fürsorge und einer auf den Vorteil aller Beteiligten ausgerichteten Agenda. Doch manchmal soll ein Verhalten uns nur eine bestimmte Botschaft vermitteln. In Wirklichkeit ist es ein Akt der Täuschung. Dann spielt jemand, dem die anderen völlig egal sind, ihnen nur etwas vor. Er will den Anschein erwecken, ein fürsorglicher Mensch zu sein. Doch das ist eine *bewusste Täuschung*. So etwas kommt früher oder später ans Licht. Irgendwann wird die Maske fallen. Und dann? Dann werden die Glaubwürdigkeit und das Vertrauen massiv beschädigt!

Schlechte Umsetzung guter Absichten

Nicht hinter jedem negativen Verhalten steckt eine böse Absicht. Manchmal haben wir gute Absichten, aber dann ist die Umsetzung schlecht. Das Problem dabei? Andere beurteilen uns auf der Grundlage unseres Verhaltens – und wir sie umgekehrt auch. Deshalb sollten Sie die beiden folgenden Punkte unbedingt beherzigen:

- Achten Sie genau darauf, dass Ihr Verhalten Ihre wahren Motive und Absichten spiegelt.
- Seien Sie vorsichtig, wenn Sie über andere urteilen.

Mir gefällt das Zitat des schottischen Autors J.M. Barrie: »Unterstellen Sie einem Gegner nie Motive, die schäbiger sind als Ihre eigenen!« Hier ein kleines Beispiel:

Das Vorurteil

BEISPIEL *Einer meiner Freunde unterstellt anderen Autofahrern grundsätzlich schlechte Absichten, wenn sie ihn überholen. Er bezeichnet sie dann als verantwortungslose Drängler. Seine Frau dagegen berücksichtigt immer auch andere Möglichkeiten: »Vielleicht muss er seine kleine Tochter abholen und ist spät dran!«*

Niemandem gefällt es, wenn ihm zu Unrecht schlechte Absichten unterstellt werden. Deshalb sollten wir immer die Möglichkeit in Betracht zu ziehen, dass die anderen gute Absichten haben. Das gilt auch, wenn ihr Verhalten auf den ersten Blick etwas anderes vermuten lässt.

3 Beschleuniger zur Verbesserung Ihrer Absichten

Wenn wir ehrlich sind, müssen wir zugeben, dass unsere Motive manchmal nicht ganz ehrenhaft sind. Hin und wieder verfolgen wir versteckte Agenden, die uns hindern, offen und ehrlich zu sein. Manchmal stellen wir unseren eigenen Vorteil in den Mittelpunkt. Doch dann müssen wir Steuern zahlen – persönlich und beruflich. Die Herausforderung besteht darin, unsere Absichten zu verbessern. Die folgenden drei *Beschleunigungsfaktoren* helfen Ihnen dabei:

#1 Gehen Sie Ihren wahren Motiven auf den Grund

Es ist menschlich, dass wir dazu neigen, unsere Absichten zu beschönigen oder zu rechtfertigen. Aber wie schaffen wir es, unsere Motive realistisch zu sehen? Wie finden wir heraus, weshalb wir das, was wir tun, in Wirklichkeit machen? Und wie können wir das ändern, was wir ändern müssen? Eine gute Methode ist, regelmäßig in sich zu gehen und sich die folgenden Fragen zu stellen:

- **In der Beziehung zu Ihrem Partner:** Höre ich meinem Partner wirklich zu? Bin ich für seine Meinung offen? Oder will ich meinen eigenen Standpunkt darlegen, recht haben und meinen Willen durchsetzen?
- **In der Beziehung zu Ihrem Kind:** Ist mein Handeln durch Fürsorge und Liebe getragen? Geht es mir um das Wohl des Kindes? Bin ich bereit, zuzugeben, wenn ich unrecht habe? Oder versuche ich, meinem Kind meinen Willen aufzuzwingen?
- **In Ihrem Team:** Schätze ich die Leistung der einzelnen Teammitglieder? Will ich, dass das ganze Team gewinnt? Oder bin ich vor allem auf meinen eigenen »Gewinn« aus? Will ich der alleinige »Held« sein und Anerkennung für meine Ideen und meine Leistungen bekommen?

- **Bei einem Geschäftsabschluss:** Will ich das, was für alle am besten ist? Ist mir wirklich klar, was für die andere Seite ein »Gewinn« ist? Weiß ich genau, was für mich ein »Gewinn« ist? Bin ich offen für Synergien und neue Alternativen? Oder will ich unbedingt »gewinnen« – egal, was mit der anderen Seite passiert?

Die 5 Warums

Wir können unsere Motive mit Hilfe der *5 Warums* ergründen. Diese einfache Problemlösungstechnik wurde in den 1970er-Jahren von *Toyota*-Gründer Sakichi Toyoda entwickelt. Dabei fängt man beim Endproblem an und arbeitet sich dann durch eine Reihe von »Warums« zurück, bis man zur wahren Ursache gelangt. Ich habe festgestellt, dass diese Methode auch sehr gut funktioniert, wenn man die wahren Motive entdecken will – bei sich und bei anderen.

Nehmen wir an, dass Sie enttäuscht sind, weil Ihre Vorgesetzte Ihre Leistung nicht anerkennt. Darüber wollen Sie mit ihr sprechen. Wenn Sie vorher die »5 Warums« durchgehen, kann das sehr positive Auswirkungen auf den Verlauf und das Ergebnis des Gesprächs haben:

1. **Warum** bin ich enttäuscht?
   Weil ich nicht glaube, dass die Leute erkennen, dass ich gute Arbeit leiste.
2. **Warum** erkennen die Leute nicht, dass ich einen tollen Job mache?
   Weil sie sich ganz auf die »Newcomer« konzentrieren – auf die Mitarbeiter, deren Stern gerade aufgeht.
3. **Warum** denke ich, dass sie sich auf die »Newcomer« konzentrieren?
   Weil Sarah letzte Woche befördert wurde – und nicht ich.

4. **Warum** wurde Sarah befördert, obwohl ich an der Reihe gewesen wäre?
   Das weiß ich nicht. Vielleicht ist das der eigentliche Punkt, über den ich mit meiner Vorgesetzten sprechen sollte.

5. **Warum** möchte ich mit meiner Vorgesetzten darüber sprechen?
   Ursprünglich wollte ich mich über Sarahs Beförderung beschweren. Ich wollte meinem Ärger darüber, dass ich nicht befördert worden bin, Luft machen. Aber eigentlich will ich wissen, was ich tun kann, damit man mich bei den nächsten Beförderungen nicht wieder übergeht.

Mit den *5 Warums* können Sie Ihren wahren Motiven auf den Grund gehen. Anschließend können Sie entscheiden, ob Sie mit diesen Motiven zufrieden sind oder sie ändern wollen. Wie auch immer Ihre Entscheidung ausfällt, eins sollte Ihnen klar sein: Wenn Ihre Motive auf Prinzipien – beispielsweise Fürsorge oder Win-Win-Denken – beruhen, werden sie Ihnen große Vertrauensdividenden einbringen. Und wenn nicht? In dem Fall werden Sie hohe Vertrauenssteuern zahlen müssen.

2 Legen Sie Ihre Absichten offen

Einer meiner Klienten hat mich gefragt: »Wie kann ich Interessenten über die Stärken und Leistungen meines Unternehmens informieren – ohne dabei arrogant und angeberisch zu wirken?« Meine Antwort: »Nennen Sie Ihre Absichten! Lassen Sie die Interessenten wissen, warum Sie über Ihre Stärken und Leistungen sprechen. Erklären Sie ihnen, dass Sie sich dadurch nicht profilieren wollen. Sagen Sie den Interessenten, worum es Ihnen wirklich geht: Den potenziellen Kunden zu zeigen, dass Sie die Kompetenz und die Fähigkeiten haben, ihnen gute Dienste zu leisten.«

Ihre Absichten und Ihre Agenda offenzulegen kann sehr effektiv sein. Das gilt vor allem, wenn Ihr Verhalten von anderen falsch interpretiert oder missverstanden wird. Außerdem ist Offenheit im Hinblick auf Ihre Absichten ein wertvolles Mittel, um Vertrauen in neuen Beziehungen aufzubauen. Allerdings sollten Sie zwei Punkte beachten, wenn Sie anderen Ihre Absichten nennen:

- Seien Sie unbedingt ehrlich. Wenn Sie nicht aufrichtig sind und man Ihnen auf die Schliche kommt, zerstören Sie Vertrauen.
- Achten Sie darauf, dass Ihre Absichten nicht nur Vorteile für Sie selbst umfassen.

Denken Sie intensiv darüber nach, wie Sie andere über Ihre Absichten informieren wollen. Ich bin sicher: Allein das wird Ihre Absichten schon verbessern.

3 Setzen Sie auf Überfluss

Überfluss bedeutet, dass genug für alle da ist. Das Gegenteil ist Knappheit oder Mangel. Typisch für das *Mangel-Denken* ist der Glaube, dass es von allem nur eine begrenzte Menge gibt. Das hat zur Folge, dass ich etwas nicht kriege, wenn andere es bekommen. Doch die meisten wichtigen Dinge im Leben sind im Überfluss vorhanden – beispielsweise Liebe, Erfolg und Vertrauen. Eine *Überfluss-Mentalität* hilft uns, unsere Absichten zu verbessern und so mehr Glaubwürdigkeit zu gewinnen. Wie das geht? Dabei hilft Ihnen die folgende Übung:

ÜBUNG So entwickeln Sie eine Überfluss-Mentalität

Wollen Sie eine Überfluss-Mentalität entwickeln? Die folgenden Fragen sind der Schlüssel dazu:

- Bin ich bei Verhandlungen ehrlich überzeugt, dass es eine Lösung gibt, die allen Vorteile bringt? Oder glaube ich tief in meinem Inneren, dass der andere nur auf meine Kosten einen Vorteil erlangen kann?
- Denke ich, dass es genügend Anerkennung für alle gibt? Oder glaube ich, dass immer nur einer Lob und Anerkennung bekommen kann? Will ich derjenige sein, der alles kriegt?
- Akzeptiere ich, dass andere die Dinge anders sehen als ich? Erkenne ich an, dass sie vielleicht sogar recht haben könnten?
- Glaube ich, dass ich in jeder wirtschaftlichen Lage mit anderen teilen und ihnen einen Nutzen bieten kann?

Es gibt noch einen Weg, um zu einer Überfluss-Mentalität zu gelangen: Suchen Sie sich *Vorbilder!* Vielen Menschen liegt das Überfluss-Denken im Blut. So widmete Mutter Teresa ihr ganzes Leben den Armen und Kranken. Bill Gates und Warren Buffett schufen die Kampagne *The Giving Pledge* – das Spendenversprechen. Dadurch wollten sie besonders wohlhabende Menschen dazu anregen, mindestens die Hälfte ihres Vermögens für wohltätige Zwecke abzugeben. Das Projekt ist ein großer Erfolg. Inzwischen haben sich rund 200 Milliardäre auf der ganzen Welt verpflichtet, einen Großteil ihres Vermögens zu spenden. Sicher gibt es auch in Ihrem Umfeld einige Menschen, die ihre Zeit und Energie ehrenamtlich Projekten widmen, von denen viele profitieren. All diese Beispiele zeigen, dass wir unsere Einstellung ändern und in unserem und im Leben anderer Überfluss schaffen können. Und wahrscheinlich ist das sogar schneller möglich, als Sie sich vorstellen können!

3. Grundlage: Fähigkeiten

Machen Sie das Beste aus Ihren Möglichkeiten?

> *»Wahres Glück umfasst den vollen Einsatz der eigenen Stärken und Talente!«*
>
> John W. Gardner,
> US-Amerikanischer Politiker und Autor

Im letzten Kapitel haben wir ausführlich über die Grundlagen der Glaubwürdigkeit gesprochen, die mit unserem Charakter zusammenhängen. Nun kommen wir zu den Grundlagen, die mit unserer *Kompetenz* zu tun haben. Zunächst geht es um unsere *Fähigkeiten* – unsere Talente, unsere Fertigkeiten und unser Wissen. All das ermöglicht es uns, hervorragende Leistungen zu erbringen.

Im Rahmen der *Baum-Metapher* sind die Fähigkeiten die Äste. Sie bringen die Früchte oder die Resultate hervor. Bei unserem Beispiel vom Sachverständigen vor Gericht sind Fähigkeiten unverzichtbar. Wer würde der Aussage eines »Experten«, der über keinerlei Fähigkeiten auf seinem angeblichen Fachgebiet verfügt, schon Gewicht beimessen? Wie wichtig unsere Fähigkeiten für unsere Glaubwürdigkeit sind, zeigt das folgende Beispiel:

Das 360-Grad-Feedback

BEISPIEL *Mein Vater hat mir von einem Erlebnis erzählt, das er vor einigen Jahren bei einer Präsentation vor Generälen der Luftwaffe eines kleinen Landes hatte. Er fragte einen der Generäle nach der Effektivität ihres 360-Grad-Feedback-Prozesses. Dabei beurteilten die Piloten ihre Leistungen gegenseitig. Deshalb wollte mein Vater wissen, ob die Piloten sich nicht einfach mit Lob überschütteten, sodass am Ende alle befördert wurden – nach dem Motto: »Eine Hand wäscht die andere!« Der General war über diese Frage sehr erstaunt. Er sagte: »Unser Land ist auf allen Seiten von Feinden umgeben. Unser Überleben hängt von unseren Fähigkeiten ab. Deshalb würde keiner von uns je daran denken, die Leistungen von irgendjemandem in unserer Luftwaffe falsch darzustellen.«*

Ob im Beruf oder im Privatleben: Unsere Fähigkeiten sind entscheidend für unsere Glaubwürdigkeit. Sie wecken Vertrauen bei anderen und geben uns das nötige Selbstvertrauen, um auch schwierige Herausforderungen zu meistern. In unserer Wissensgesellschaft genügt es nicht, eine hohe Integrität, die besten Absichten und richtig gute Ergebnisse vorzuweisen. Wenn Sie nicht die entsprechenden Fähigkeiten haben, wird es Ihnen an der nötigen Glaubwürdigkeit fehlen. Dann werden Sie keine Vertrauensdividende bekommen, sondern Sie müssen hohe Steuern zahlen. Hier ein kurzes Beispiel, um das zu veranschaulichen:

Das Peter-Prinzip

BEISPIEL *Integrität, Absichten und Ergebnisse: Was ist, wenn jemand diese drei Grundlagen der Glaubwürdigkeit besitzt, ihm aber die richtigen Fähigkeiten fehlen? Dann wäre er ehrlich und rücksichtsvoll. Ja, er könnte sogar die Ergebnisse* *erzielen, die für eine Beförderung nötig sind. Aber er hätte nicht die Kompetenz, um seine neuen verantwortungsvollen Aufgaben zu erfüllen. Das ist ein klassisches Beispiel für das Peter-Prinzip – die Beförderung der Leute bis zur Stufe ihrer Inkompetenz.*[18] *Wer befördert wird und sich dann einfach auf seine bisherigen Fähigkeiten verlässt, kann in seiner neuen Position keinen wirklichen Erfolg haben. Denn dazu ist es nötig, seine Fähigkeiten auszubauen. Nur so ist man den Anforderungen der neuen Aufgabe wirklich gewachsen.*

Andererseits genügt es auch nicht, herausragende Fähigkeiten zu haben, wenn es einem an Integrität, guten Absichten oder entsprechenden Ergebnissen mangelt. Denn das größte Potential nützt nichts, wenn man es nicht in Ergebnisse umsetzen kann. Das zeigt: *Alle 4 Grundlagen der Glaubwürdigkeit sind enorm wichtig!*

Wir müssen uns immer wieder neu erfinden

Heute, wo rasanter technologischer Fortschritt und Globalisierung unser Leben bestimmen, ist die Halbwertszeit unseres Wissens und unserer Fähigkeiten so kurz wie nie zuvor. Jemand, der gestern noch sehr kompetent war und erstklassige Ergebnisse erzielt hat, wird heute vielleicht nicht mehr mithalten können. Deshalb gilt für den Einzelnen wie für alle Unternehmen:

Um glaubwürdig zu bleiben, müssen wir unsere Fähigkeiten ständig verbessern.

Einer meiner Kollegen ist sogar der Meinung, dass wir uns alle drei Jahre *völlig neu erfinden* und unser Wissen auf den aktuellsten Stand bringen müssen, damit wir mit den wachsenden Anforderungen und den schnellen Veränderungen Schritt halten können. Diese *Neuerfindung im Drei-Jahres-Rhythmus* könnte auch für Unternehmen von großer Bedeutung sein. In dem bereits erwähnten Buch *Next Chapter* von American Express steht: »Sich immer wieder neu zu erfinden ist der Schlüssel zur Langlebigkeit.« Das dürfte noch nie so wichtig gewesen sein wie in unserer international vernetzten Wirtschaftswelt mit ihren schnellen Veränderungen. Denn hier tauchen neue Konkurrenten oft aus dem Nichts auf. Zudem führen technische Entwicklungen immer öfter dazu, dass eine bisher erfolgreiche Strategie quasi über Nacht völlig veraltet ist.

ÜBUNG Wie gut sind Ihre Fähigkeiten?

Wie sieht es mit Ihren Fähigkeiten aus? Die folgenden Fragen helfen Ihnen, es herauszufinden:

- Welche Fähigkeiten, die mich glaubwürdig machen und bei anderen Vertrauen und Zuversicht wecken, besitze ich?
- Welche Erfahrungen, die sich auf mein Selbstvertrauen auswirken, habe ich bei der Entwicklung meiner Fähigkeiten gemacht?
- Wie könnten sich Faktoren wie Technologie und Globalisierung auf die Qualität meiner momentanen Fähigkeiten auswirken?
- Bin ich bereit, meine Fähigkeiten weiter auszubauen und auf den neusten Stand zu bringen? Wie kann ich dabei am besten vorgehen?

Unsere Fähigkeiten setzen sich aus fünf verschiedenen Bestandteilen zusammen. Das kann man sehr gut mit dem Akronym TASKS beschreiben:

Tasks

Talents = Talente: Gaben und Stärken, die wir von Geburt an besitzen.

Attitudes = Einstellungen: Sie spiegeln unsere Paradigmen, unsere Sicht- und Seinsweisen.

Skills = Fertigkeiten: Die Dinge, die wir besonders gut können.

Knowledge = Wissen: Alles, was wir bisher gelernt haben.

Style = Stil: Das, was unsere einzigartige Persönlichkeit auszeichnet.

Die fünf TASKS sind die Basis für unsere *Leistungen* und *Erfolge.* Deshalb lohnt es sich, wenn wir uns das Ganze genauer ansehen:

Talents/Talente: Welche besonderen Stärken oder Talente habe ich? Wie kann ich sie am besten einsetzen? Was kann ich tun, um meine Talente systematisch zu verbessern? Welche Talente, die ich bisher nicht entwickelt habe, könnten noch in mir schlummern?

Unsere »Talente« sind die Fähigkeiten, die wir von Natur aus haben. Einer meiner Kollegen hat zum Beispiel das Talent, Reden zu halten. Für die meisten ist das purer Stress. Doch er findet es total spannend. Er besitzt die natürliche Fähigkeit, auf andere zuzugehen. Es liegt ihm, dafür zu sorgen, dass Lernen viel Spaß macht. Und es fällt ihm sehr leicht, Verbindungen zwischen Menschen und Ideen herzustellen. Natürlich helfen ihm seine Fertigkeiten und sein Wissen dabei, doch der wichtigste Punkt ist sein Talent.

Wahrscheinlich schlummern in Ihnen Talente, von denen Sie gar nichts wissen. Vielleicht haben Sie noch nicht intensiv genug über Ihre Stärken nachgedacht? Gehen Sie in sich und versuchen Sie, Ihren Talenten auf die Spur zu kommen. Das könnte Ihnen überraschende und sehr spannende neue Wege aufzeigen!

Attitudes/Einstellungen: Wie sehen meine Einstellungen hinsichtlich meiner Arbeit, dem Leben und dem Lernen aus? Welche Einstellung habe ich gegenüber mir selbst, meinen Fähigkeiten und Möglichkeiten? Gibt es Einstellungen, die mir helfen könnten, bessere Ergebnisse zu erzielen?

Denken Sie jetzt bitte darüber nach, wie negativ oder positiv sich die folgenden Einstellungen auf Ihre Lebensfreude und Ihre Leistungsstärke auswirken könnten:

Das bremst!	Das motiviert!
Ich muss zur Arbeit gehen.	Ich **freue mich darauf**, zur Arbeit zu gehen, weil ich dort meine Fähigkeiten einbringen und zum Unternehmenserfolg beitragen kann.
Ich arbeite wie verrückt und lebe nur für die Wochenenden. Ich freue mich schon darauf, endlich in Rente zu gehen und nur noch das zu tun, was ich wirklich will.	**Mein Leben ist in Balance.** Nicht nur die Arbeit, auch Gesundheit, Freizeit, Familie und Freunde kommen nicht zu kurz. Ich bin sicher, dass mein Leben auch in Zukunft im Gleichgewicht sein wird.
Mein Partner macht mich nicht glücklich.	**Was kann ich tun,** damit mein Partner und ich eine glückliche, erfüllte Beziehung führen?
Ich kann es **kaum abwarten,** bis meine Kinder erwachsen sind, ausziehen und ihr eigenes Leben führen.	**Ich genieße jeden Tag mit meinen Kindern,** denn ich weiß, dass wir eine tiefe Beziehung aufbauen, die unser ganzes Leben lang Bestand haben wird.

Linke Spalte oder rechte Spalte? Welche Einstellungen geben bei Ihnen den Ton an? Welche Auswirkung hat das? Und welchen Einfluss haben diese Einstellungen auf Ihre Kinder? Was würde passieren, wenn Ihre Kinder nur Bemerkungen wie die in der linken Spalte von Ihnen zu hören bekämen? Was wäre anders, wenn Ihre Kinder Aussagen wie die aus der rechten Seite hören würden?

Skillls/Fertigkeiten: Welche Fertigkeiten habe ich? Welche Fertigkeiten, die ich noch nicht besitze, werde ich in Zukunft brauchen? Achte ich gut genug darauf, meine Fertigkeiten ständig zu verbessern?

Im Zusammenhang mit unseren Fertigkeiten sollten wir uns besonders vor dem hüten, was Jim Collins »Fluch der Kompetenz« nennt. Was damit gemeint ist? Wir können auch in Bereichen gut werden, für die wir eigentlich kein Talent haben oder denen wir keine Leidenschaft entgegenbringen. Mein Vater hat oft gesagt: »Unsere aktuellen Fertigkeiten müssen nicht unbedingt mit unseren natürlichen Talenten übereinstimmen.« Doch meist können wir mit unseren Talenten weit mehr bewirken als mit unseren Fertigkeiten. Deshalb sollten wir darauf achten, dass die Fertigkeiten, die wir entwickeln, unsere Talente nicht einschränken.

Knowledge/Wissen: Wie groß ist mein Wissen auf meinem Fachgebiet derzeit? Was tue ich, um mich auf dem Laufenden zu halten? Mit welchen anderen Wissensbereichen befasse ich mich im Augenblick? Ich werde nie vergessen, was ein CEO über die Investition in eine Weiterbildungsinitiative für sein Unternehmen sagte. Jemand fragte ihn: »Was ist, wenn Sie alle schulen und dann alle das Unternehmen verlassen?« Und er erwiderte: »Was ist, wenn wir sie nicht schulen und sie alle bei uns bleiben?«

Im Webzeitalter erleben wir eine wahre Informations- und Wissensexplosion. Schätzungen gehen davon aus, dass sich das Wissen der Menschheit etwa alle 700 Tage verdoppelt. Zum Vergleich: In den 1990er-Jahren waren für eine Verdoppelung des Wissens noch volle 7 Jahre nötig. Da ist es unerlässlich, dass wir unser Wissen ständig erweitern. Deshalb sollten Unternehmen und Führungskräfte die Weiterbildung und den Wissenserwerb durch Mentoring, Coaching und andere Trainingsmethoden fördern. Peter Drucker sagt ganz richtig: »Wissens- und Servicearbeiter lernen am meisten, wenn sie andere unterrichten.« Es lohnt sich also, wenn Führungskräfte dafür sorgen, dass die Mitarbeiter das Gelernte an ihre Kolleginnen und Kollegen weitergeben. So nimmt das Know-how im Unternehmen enorm zu.

Style/Stil: Wie effektiv ist meine Art, Probleme zu lösen, Chancen zu ergreifen und mit anderen zu kommunizieren? Hilft mir mein persönlicher Stil, meine Aufgaben erfolgreich zu meistern? Oder steht mir mein Stil dabei im Weg? Was kann ich tun, um manche Dinge in Zukunft besser anzugehen?

Natürlich gibt es viele effektive Stile. Die Herausforderung besteht darin, den Stil an die Erfordernisse der jeweiligen Aufgabe anzupassen. Was sicher nicht funktioniert, ist ein »Stil«, der auf kurzfristige Erfolge aus ist und Vertrauen zerstört.

So passen Sie Ihre Fähigkeiten an Ihre Aufgaben an

Der Schlüssel zum Erfolg ist, dass wir unsere Fähigkeiten so weiterentwickeln, dass sie optimal zu unseren Aufgaben passen. Zahlreiche Umfragen haben ergeben, dass viele Mitarbeiter unzufrieden mit ihrem Job sind, weil sie ihre Stärken nicht oder nur unzureichend einbringen können. Wie man das ändern kann? Jim Collins hat das sehr gut auf den Punkt gebracht: Unternehmen müssen die *richtigen Leute* an Bord holen und sie auf die *richtigen Positionen* setzen.[19] Führungskräfte müssen also nicht nur dafür sorgen, dass sie fähige Mitarbeiter in ihrem Unternehmen haben. Sie müssen auch darauf achten, dass die Mitarbeiter die nötigen Fähigkeiten haben, um ihre Aufgaben effektiv und erfolgreich zu meistern.

Immer mehr Unternehmen erkennen, wie sich das Peter-Prinzip auswirkt. Daher setzen vorausschauende Firmen auf Kompetenzentwicklung, Mitarbeiterschulungen, Mentoring und Coaching. So stellen sie sicher, dass diejenigen, die befördert werden, ihren neuen Aufgaben auch gerecht werden können.

Das Problem ist, dass viele Menschen nicht bereit sind, sich kontinuierlich zu verbessern. Sie arbeiten vielleicht schon seit 15 Jahren in einem Unternehmen. Doch sie können nicht auf 15 Jahre Erfahrung zurückblicken, sondern nur auf die 15-mal wiederholte Erfahrung eines Jahres! Sie passen sich nicht an die Veränderungen an, die unsere neue globale Wirtschaft erfordert. Diese Leute bleiben einfach stehen – und ihr Unternehmen, der Markt und der Wettbewerb wachsen ihnen über den Kopf. Das passiert auch Unternehmen, die sich nur auf das verlassen, was sich in der Vergangenheit bewährt hat. Sie versuchen mit alten Erfolgsrezepten auf die neuen Anforderungen der globalen Wirtschaft zu reagieren. Doch:

Wenn sich Unternehmen nicht permanent und manchmal sogar radikal verbessern, setzen sie ihre Zukunft aufs Spiel.

Der große Historiker Arnold Toynbee hatte recht: »Nichts führt mehr zum Scheitern als der Erfolg.« Anders ausgedrückt: Viele Unternehmen machen weiterhin das, was ihnen im Markt von gestern Erfolg brachte. Aber heute führen genau diese Dinge direkt zum Misserfolg! Das kann Unternehmen, die auf kontinuierliches Lernen setzen und sich immer wieder neu aufstellen, nicht passieren. Warum? Die Bereitschaft, sich ständig zu verbessern, zeichnet Unternehmen, die langfristig Erfolg, haben aus. Das unterscheidet sie von den Unternehmen, die in der schnelllebigen, disruptiven Wirtschaftswelt von heute ins Hintertreffen geraten und untergehen.

3 Beschleuniger zur Verbesserung Ihrer Fähigkeiten

Wie können Sie Ihre Fähigkeiten verbessern und so Ihre Glaubwürdigkeit erhöhen? Dazu gibt es viele gute Möglichkeiten. Die folgenden drei *Beschleunigungsfaktoren* sind besonders effektiv:

#1 Konzentrieren Sie sich auf Ihre Stärken

Hier geht es darum, seine Stärken zu ermitteln und sich dann darauf zu konzentrieren, sie weiterzuentwickeln und optimal einzusetzen. Peter Drucker rät Führungskräften, »den Chancen Nahrung zu geben und die Probleme verhungern zu lassen«. Ich möchte das aufgreifen und sagen, dass wir »unseren Stärken möglichst viel Nahrung geben und unsere Schwächen konsequent verhungern lassen« sollten. Wir dürfen unsere Schwächen nicht ignorieren. Aber wir können dafür sorgen, dass sie nicht groß ins Gewicht fallen. Wie das geht? Indem wir effektiv mit anderen zusammenarbeiten und darauf achten, dass jeder im Team das tut, was er am besten kann. So werden die Schwächen der einen durch die Stärken der anderen mehr als ausgeglichen. Was passiert, wenn jemand einen Job macht, der nicht den eigenen Stärken entspricht, zeigt das folgende Beispiel:

Ein mahnendes Beispiel

BEISPIEL *Vor einiger Zeit hatte ich einen Mitarbeiter im Vertrieb, der wirklich Weltklasse war. Unsere Kunden waren restlos begeistert von ihm und seine Umsätze waren herausragend. Aber er wollte kein Verkäufer sein, sondern ein Manager. Als Manager war er schon bei zwei anderen Unternehmen gescheitert. Doch er wollte es unbedingt noch einmal probieren. Schließlich gab ich ihm die Chance. Leider zeigte sich, dass er als Manager höchstens Mittelmaß war. Nach etlichen Misserfolgen bot ich ihm an, wieder in den Vertrieb zurückzukommen. Das lehnte er jedoch ab. Am Ende blieb mir nur, ihn zu bitten, sich einen neuen Job bei einem anderen Unternehmen zu suchen.*

Letztlich hat der Versuch, seine Stärken einfach zu ignorieren, diesem Mitarbeiter die Karriere gekostet. Auch unserem Unternehmen hat es große Verluste eingebracht. Das zeigt: Wer etwas tut, das ihm nicht wirklich liegt, macht sich das Leben unnötig schwer. Und: Er verursacht hohe Kosten – für sich persönlich und für sein Unternehmen.

#2 Bleiben Sie immer auf dem Laufenden

Eine gute Ausbildung ist wichtiger denn je. Doch: Wer heute Erfolg haben will, muss im Grunde *sein ganzes Leben lang lernen.* Deshalb sollte der Hauptzweck einer Ausbildung oder eines Studiums darin bestehen, einen auf lebenslanges Lernen vorzubereiten. Warum das so wichtig ist? Hier ein kleines Beispiel:

Das umgekehrte Peter-Prinzip

BEISPIEL *Einer meiner Bekannten stand viele Jahre lang sehr früh auf. Er nahm sich jeden Morgen zwei Stunden Zeit, um sich weiterzubilden. Sein Ziel war es, so viel wie möglich über die Funktionsweise und die Entwicklung von Unternehmen, menschliches Verhalten, Management und Führung zu lernen. Das machte er mit großer Zielstrebigkeit und Konsequenz. Ich erlebte mit, wie er eine Stufe nach der anderen auf der Karriereleiter erklomm. Bei jeder Beförderung achtete er genau darauf, dass er die nötige Kompe-*

tenz für seine neue Position hatte. Er war geradezu ein Musterbeispiel für das »umgekehrte Peter-Prinzip«.

#3 Machen Sie sich klar, was Sie erreichen wollen

Ich habe den bekannten Strategen und Marketingexperten Jack Trout bei einem Gespräch gefragt, was in seinen Augen der Schlüssel zur erfolgreichen Führung von Mitarbeitern ist. Seine Antwort werde ich nie vergessen:

> *»Letztlich folgen die Leute denen, die wissen, wohin sie gehen.«*

Wie wichtig es ist, eine klare Vision für sein Leben zu haben, konnte ich bei meinem Vater hautnah miterleben:

Du bist verrückt!

BEISPIEL *Als mein Vater beschloss, seinen Lehrauftrag an einer Universität aufzugeben und eine eigene Schulungs- und Beratungsfirma zu gründen, hielten ihn viele für verrückt. Er war damals schon 50. Deshalb rieten ihm einige seiner Freunde und Kollegen dringend ab. Sie meinten, er hätte als Professor an der Universität doch so ein gutes Leben. Außerdem könnte er ja jederzeit nebenher als Berater tätig sein. Doch mein Vater hatte eine klare Vision davon, was er in seinem Leben erreichen wollte. Eine Vision, die er seiner Überzeugung nach nur verwirklichen konnte, wenn er eine eigene Firma hatte. Deshalb wagte er den Sprung in die Selbstständigkeit und andere folgten ihm. Gemeinsam bauten sie das Covey Leadership Center und später FranklinCovey auf. Hand in Hand schufen sie eins der erfolgreichsten und einflussreichsten Unternehmen für Führungskräfteentwicklung auf der ganzen Welt.*

Natürlich genügt es nicht, nur zu wissen, was man erreichen will. Man muss auch die nötigen *Fähigkeiten* haben, um dorthin zu gelangen. Diese *Kompetenz* zeichnet glaubwürdige Führungskräfte aus. Wenn Sie zudem noch die nötige *Charakterstärke* besitzen, werden andere Ihnen folgen – nicht, weil sie es müssen, sondern weil sie es von sich aus wollen!

Die Vertrauensfähigkeiten

Es gibt einige Kompetenzen, die immer und überall gefragt sind. Besonders wichtig sind die *Vertrauensfähigkeiten*. Deshalb steht in diesem Buch die Fähigkeit, Vertrauen aufzubauen, auszuweiten oder wiederherzustellen, im Mittelpunkt. Denn: In unserer neuen weltweit vernetzten Wirtschaft sind Vertrauensfähigkeiten die *entscheidende Führungskompetenz!*

ÜBUNG So verbessern Sie Ihre Vertrauensfähigkeiten

Wollen Sie Ihre Vertrauensfähigkeiten möglichst effektiv verbessern? Dann werfen Sie noch einmal einen Blick auf die **TASKS** – Talente, Einstellungen, Fertigkeiten, Wissen und Stil. Überlegen Sie:

- Wo habe ich im Bereich der Vertrauensfähigkeiten ein gewisses **Talent**? Fällt es mir beispielsweise leicht, gute Absichten zu verfolgen oder den Vorteil aller Beteiligten anzustreben?
- Wie sehen meine **Einstellungen** in Sachen Vertrauen aus? Ist mir bewusst, wie wichtig Vertrauen ist? Handle ich so, dass Vertrauen entsteht?
- Besitze ich nötigen **Fertigkeiten**, um Vertrauen aufzubauen? Gehe ich so mit anderen um, dass Vertrauen entsteht?

- Habe ich das erforderliche **Wissen**, um Vertrauen aufzubauen, zu vergrößern oder wiederherzustellen?
- Weckt mein persönlicher **Stil** Vertrauen bei anderen?

Den effektivsten *Beschleunigungsfaktor* für die Verbesserung Ihrer Vertrauensfähigkeiten halten Sie mit diesem Buch bereits in Ihren Händen. Allerdings genügt es nicht, das Buch nur zu lesen. Sie müssen das Gelesene auch umsetzen. Fangen Sie am besten gleich an. Lernen Sie, wie Sie Vertrauen aufbauen, ausweiten und wiederherstellen. Das wird Ihnen sehr viel Glaubwürdigkeit und Selbstvertrauen einbringen. Dann werden Sie in allen Lebensbereichen große Erfolge erzielen.

4. Grundlage: Ergebnisse

Was können Sie vorweisen?

> *»Eine von großem Vertrauen geprägte Unternehmenskultur kann man nur aufbauen, wenn alle gute Leistungen bringen.«*
>
> Craig Weatherup,
> ehemaliger CEO, Pepsico

Ergebnisse sind wichtig – für unsere Glaubwürdigkeit und für unsere Fähigkeit, bei anderen Vertrauen aufzubauen und aufrechtzuerhalten. Bei unserer *Baum-Metapher* sind die Ergebnisse die Früchte. Sie sind das greifbare, messbare Produkt der Wurzeln, des Stamms und der Zweige. Was ist, wenn Sie die drei anderen Grundlagen der Glaubwürdigkeit besitzen, aber keine Ergebnisse vorweisen können? Dann sind Sie wie ein dürrer Baum. Ohne Ergebnisse kann man keine Glaubwürdigkeit schaffen – ganz egal, wie stark die drei anderen Grundlagen sind. Und man kann kein Vertrauen wecken, da der Baum nicht das hervorbringt, was er soll. Kurz gesagt:

Ohne Ergebnisse sind wir nicht glaubwürdig. Die Leute vertrauen uns nicht, weil wir nichts geregelt bekommen. Und man kann sich auch nicht verstecken: Entweder man bringt Ergebnisse – oder nicht. Natürlich kann man Ausreden suchen. Vielleicht gibt es sogar gute Gründe für das Ausbleiben von Ergebnissen. Letztlich aber gilt: Wenn Ergebnisse fehlen, fehlen auch Glaubwürdigkeit und Vertrauen. So einfach ist das – und so hart!

Natürlich kann man auch Ergebnisse erzielen, ohne die anderen drei Grundlagen der Glaubwürdigkeit zu besitzen. Doch diese Erfolge sind nicht nachhaltig. Denn so kann man keine dauerhafte Glaubwürdigkeit schaffen und auch kein bleibendes Vertrauen.

Was ist, wenn Sie Ihre Umsatzvorgaben auf eine Art und Weise erreichen, bei der andere »verlieren«? Hier liegt ein großes Problem für Unternehmen: Was soll man mit jemandem tun, der die gewünschten Ergebnisse erzielt, dabei aber die Werte des Unternehmens verletzt? Um diese Frage zu beantworten, wollen wir uns die *Performance-Values Matrix* näher ansehen:

Die Performance-Values Matrix

Die Performance-Values Matrix stammt ursprünglich von General Electric. Sie stellt eine Relation zwischen der Leistung und der Werteorientierung von Mitarbeitern her. Dabei werden die Mitarbeiter in vier verschiedene Kategorien unterteilt:

1. Mitarbeiter, die die gewünschten Ergebnisse erzielen und sich zugleich an die Unternehmenswerte halten:
   Was man mit diesen Mitarbeitern tun sollte, liegt auf der Hand: Man sollte sie halten und fördern.
2. Mitarbeiter, die weder Ergebnisse liefern noch Werte akzeptieren:
   Diese Mitarbeiter sollte man schnellstmöglich entlassen.

3. Mitarbeiter, die zwar die gewünschten Ergebnisse erzielen, dabei aber massiv gegen die Werte des Unternehmens verstoßen:
Der Umgang mit solchen Mitarbeitern ist eine echte Herausforderung. Laut General Electric müssen diese Leute lernen, ihr Handeln an den Unternehmenswerten auszurichten. Wenn sie nicht bereit dazu sind, muss man sie gehen lassen. Sie dennoch zu behalten, würde dem Unternehmen auf Dauer sehr schaden. Denn es würde die Glaubwürdigkeit und das Vertrauen zerstören.
4. Mitarbeiter, die schlechte Ergebnisse bringen, sich aber an die Werte halten:
Solche Mitarbeiter sollte man schulen, coachen oder mit anderen Aufgaben betrauen. Falls sie sich trotzdem nicht verbessern, muss man sich eventuell doch von ihnen trennen.

Was können Sie als Führungskraft tun, damit Ihre Mitarbeiter die geforderte Leistung bringen und sich dabei auch an die Werte Ihres Unternehmens halten? Peter Aceto bringt es auf den Punkt. Der ehemalige CEO der kanadischen Direktbank Tangerine meint:

> *»Hire slow and fire fast: Grundsätzlich stimme ich dieser Managementweisheit zu. Auch ich habe Leute zu schnell eingestellt und zu langsam entlassen. Oft habe ich gedacht, dass die Mitarbeiter erstklassige Leistungen bringen wollen und sich verbessern werden, wenn sie die Chance dazu bekommen. Dabei gibt es einen viel einfacheren Weg, um Mitarbeiter richtig einzuschätzen. Man muss nur die beiden folgenden Punkte betrachten: Ist jemand gut in seinem Job und fügt er sich gut in die Unternehmenskultur ein. Mitarbeiter, die in beiden Bereichen gute Leistungen bringen, werden erfolgreich sein.«*

Es gibt keinen Zweifel, dass Ergebnisse eine Vielzahl an Mängeln übertünchen. Wenn Sie beispielsweise hervorragende Umsätze erzielen, wird das Management wahrscheinlich nachsichtiger sein, wenn Sie Ihre Spesenabrechnungen nicht rechtzeitig einreichen. Doch auch Spitzenergebnisse können auf Dauer keinen Mangel an Integrität ausgleichen. Andererseits kann eine überdurchschnittliche Integrität das Ausbleiben von Ergebnissen nicht kompensieren.

ÜBUNG Wie sehen Ihre Ergebnisse aus?

Können Sie gute Ergebnisse vorweisen? Und steht Ihr Handeln im Einklang mit den Unternehmenswerten? Die folgenden Fragen helfen Ihnen, es herauszufinden:

- Weiß ich wirklich, welche Ergebnisse tatsächlich von mir erwartet werden?
- Welche Ergebnisse bringe ich momentan?
- Wecken diese Ergebnisse wirklich Vertrauen?
- Steigern meine Ergebnisse meine persönliche Glaubwürdigkeit oder schaden sie ihr?
- Wie sehr beeinflussen die Leistungen eines Bewerbers meine Entscheidung, ihn einzustellen?
- Wie gut sind die Resultate, die ich selbst vorweisen kann? Wie groß ist die Wahrscheinlichkeit, dass mich jemand deswegen einstellen würde?

Ergebnisse: Gestern, heute und morgen!

Meiner Erfahrung nach gibt es *drei Schlüsselfaktoren*, die andere nutzen, um unsere Ergebnisse zu beurteilen:

1. Ihre bisherigen Leistungen, Ihr Ruf in Ihrer Branche: Das, was Sie bereits gemacht haben, und die Ergebnisse, die Sie dabei erzielt haben.
2. Ihre derzeitigen Leistungen.
3. Die Leistungen, die Sie in Zukunft voraussichtlich erbringen werden.

Wie bereits erwähnt, habe ich vor einigen Jahren an der Wall Street als Manager bei einer Aktiengesellschaft gearbeitet. Hier habe ich gelernt, dass die drei eben genannten Faktoren auch dazu dienen, Unternehmen extern zu bewerten. *Vergangenheit, Gegenwart* und *Zukunft:* Wenn man den Wert eines Unternehmens betrachtet, sind alle drei Faktoren von Bedeutung. Genau das gilt auch für unsere Glaubwürdigkeit. Sie beruht auf unseren früheren und unseren heutigen Ergebnissen. Zudem basiert unsere Glaubwürdigkeit auch auf dem Zutrauen der anderen, dass wir in Zukunft gute Resultate erzielen werden. Hier ein praktisches Beispiel:

Wir verkaufen Sorgenfreiheit

BEISPIEL *Früher war die Zuverlässigkeit bei der Zustellung von Übernacht-Lieferungen zwar gut, erreichte aber längst keine 100 Prozent. Dann kam FedEx. FedEx versprach den Kunden, Lieferungen über Nacht zuzustellen – zuverlässig und pünktlich! Und FedEx hielt Wort! FedEx-Gründer Frederick W. Smith sagt: »Wir dachten, wir würden den Transport von Gütern verkaufen. In Wirklichkeit verkauften wir aber Sorgenfreiheit.«[20] Aufgrund seiner Performance gewann FedEx Glaubwürdigkeit, Vertrauen und Aufträ-*

ge. Heute gehen die Leute davon aus, dass FedEx pünktlich liefern wird – weil FedEx schon immer pünktlich geliefert hat.

Durch gute Leistungen kann man Vertrauen nicht nur aufbauen, sondern auch wiedergewinnen. Das geht oft sogar viel schneller als gedacht. Ein eindrucksvolles Beispiel dafür ist Apple:

Die Rückkehr von Steve Jobs

BEISPIEL *Mitte der 1990er-Jahre stand Apple kurz vor dem Bankrott. Das Betriebssystem von Apple galt als veraltet. Gleichzeitig gewann Microsoft mit Windows 95 immer mehr Marktanteile. Doch dann kehrte Steve Jobs als CEO zu Apple zurück. Das Unternehmen besann sich wieder auf seine ursprüngliche Vision, revolutionäre Produkte herzustellen, die die Welt verändern. Genau das tat man auch. Apple baute Produkte, die erstklassiges Design und einfache Bedienbarkeit in sich vereinten. Indem Apple herausragende Ergebnisse lieferte, wurden die Kunden zu Fans. Die Umsätze stiegen und Apple wurde zum wertvollsten Unternehmen der Welt.*

Das Fazit lautet: Ob es nun darum geht, Vertrauen wiederherzustellen oder es erst aufzubauen – der Schlüssel dazu sind Ergebnisse!

Was und wie?!

Im Hinblick auf die Ergebnisse muss man sich immer zwei entscheidende Fragen stellen:

- Was will ich erreichen?
- Wie erreiche ich es?

Die meisten von uns befassen sich allerdings nur mit der ersten Frage. Sie wissen nicht, dass die Antwort auf die zweite Frage mindestens ebenso wichtig ist! Warum das so ist?

- Nehmen wir an, Sie schaffen es, dass Ihr Team sein Soll erfüllt. Doch dabei entfachen Sie einen erbitterten Konkurrenzkampf, der allen im Team schwer zu schaffen macht. Aber das ist noch nicht alles. Sie beanspruchen auch noch die ganze Anerkennung für die Leistung Ihres Teams allein für sich. Wie werden die Teammitglieder reagieren? Was passiert, wenn Sie Ihr Team erneut dazu bringen wollen, sein Soll zu erfüllen? Wird es dann leichter oder schwerer, die gewünschten Ergebnisse zu erreichen?

- Nehmen wir jetzt an, dass Ihr Team sein Soll erfüllt, weil alle gut und gerne zusammenarbeiten. Der Teamgeist ist hervorragend und am Ende bekommen alle große Anerkennung für ihre Leistung. Wie wird Ihr Team neue Aufgaben und Herausforderungen angehen? Wird Ihr Team wieder gute Ergebnisse erzielen – und das sogar noch wesentlich leichter und schneller?

Das zeigt: Es ist unglaublich wichtig, sich zu fragen, *wie* man Ergebnisse erzielt! Das *Wie* kann ein großes *Erfolgshindernis* oder ein großer *Erfolgsfaktor* sein. Es ist viel einfacher, etwas zu erreichen, wenn Ihr Team Ihnen vertraut und sich alle für Sie ins Zeug legen. Deshalb sind die Vertrauensfähigkeiten, über die ich im letzten Kapitel gesprochen habe, unerlässlich. Die folgende Definition von Führung sagt einfach alles:

> Führung bedeutet, Ergebnisse so zu erzielen, dass dabei Vertrauen entsteht! Hier zählt nicht nur das *Was*, sondern auch das *Wie!* Das kann man überall beobachten – beim Einzelnen, bei Beziehungen, Teams, Unternehmen und der Gesellschaft an sich.

Immer mehr Unternehmen müssen ihr Geschäftsmodell ändern, Kosten senken und Mitarbeiter entlassen, um nachhaltige Ergebnisse zu erzielen. Dadurch verlieren manche Unternehmen sehr viel Vertrauen. Das gilt nicht nur für das Vertrauen der Kunden, der Lieferanten und der Mitarbeiter, die entlassen werden. Es betrifft auch die Mitarbeiter, die bleiben und sehen, was mit den anderen passiert.

Aber es geht auch anders: Immer wieder berate ich Unternehmen, denen es gelingt, auch in schwierigen Situationen Vertrauen aufzubauen. Einige sind zu radikalen, sehr schmerzlichen Umstrukturierungen gezwungen, um zu überleben. Viele reduzieren zunächst massiv die Kosten. Doch häufig genügt das nicht. Dann kommen sie an den Punkt, an dem sie Personal abbauen müssen, um wieder rentabel arbeiten zu können. Wie kann man da Vertrauen aufbauen? Wichtig ist, dass die Unternehmen offen und ehrlich gegenüber den Beschäftigten sind. Zudem ist es hilfreich, einen Sozialplan aufzustellen und die entlassenen Mitarbeiter bei der Suche nach neuen Arbeitsplätzen zu unterstützen. Wer sich so fürsorglich und rücksichtsvoll verhält, sichert sich das Vertrauen der verbliebenen Mitarbeiter. Dann erkennen alle, dass sich das Unternehmen der Realität stellen muss, dabei aber seine Werte, seine Prinzipien und das Wohl der Mitarbeiter nicht aus dem Blick verliert. Bitte denken Sie daran:

Man kann »Ergebnisse« nicht immer in Form von Geld messen. Wer die Vertrauenssteuer oder die Vertrauensdividende außer Acht lässt, verzerrt alles. Das wertvollste Ergebnis sind oft Glaubwürdigkeit und Vertrauen. Sie ebnen den Weg zu noch besseren Ergebnissen!

»Ergebnisse« klar definieren

An der Wall Street habe ich hautnah miterlebt, wie sehr es auf »Ergebnisse« ankommt. Wer nicht die geforderten Ergebnisse bringt, wird brutal abgestraft. Wenn ein Unternehmen seine Ziele auch nur in einem Quartal knapp verfehlt, zählen die bisherigen Leistungen nicht mehr. Im Gegenteil! Das Unternehmen wird als unberechenbar eingestuft. Doch außerhalb der Wall Street habe ich etwas völlig anderes gelernt:

Ergebnisse sind immer auch eine Sache der Definition.

Selbst wenn Sie alle 4 Grundlagen der Glaubwürdigkeit besitzen, könnte Ihr Unternehmen Schiffbruch erleiden, Ihr Partner Sie verlassen oder eine Naturkatastrophe Ihr gesamtes Hab und Gut zerstören. Es gibt Dinge, auf die wir kaum Einfluss haben. Dann müssen wir den Begriff »Ergebnisse« anders definieren, als wir je gedacht hätten:

Ja, mein Unternehmen macht gerade eine schwere Zeit durch. Aber was gewinne ich dabei? Welche Stärken und Fähigkeiten kann ich dadurch entwickeln, die mir in Zukunft eine große Hilfe sein werden?

Auch wenn die Ergebnisse auf den ersten Blick negativ wirken – vielleicht sind sie langfristig ein echter Gewinn! Wie Sie »Ergebnisse« völlig neu definieren können, möchte ich Ihnen mit dem folgenden Beispiel zeigen:

Gewinnen ist nicht alles!

BEISPIEL *Ich war neun Jahre lang Football-Trainer in der Little League. Dabei habe ich erlebt, wie es sich auf Kinder auswirkt, wenn für Eltern und Trainer einzig und allein Siege zählen. In meinen Augen gibt es andere Ergebnisse, die für Kids und Teens wesentlich wichtiger sind. Deshalb legte ich gemeinsam mit meinen Mannschaften die folgenden Ziele fest:*

- *Auf dem Platz sein Bestes geben*
- *Möglichst viel Spaß haben*
- *Ein fairer Sportsmann sein*
- *Ein guter Teamspieler sein*
- *Etwas lernen*
- *Gewinnen*

Sicher haben Sie bemerkt, dass »Gewinnen« an letzter Stelle steht. Selbst wenn die andere Mannschaft als Sieger vom Platz ging, gab es viele gute Ergebnisse, die wir für uns verbuchen konnten. Und diese Ergebnisse feierten wir auch gebührend. Denn das waren Dinge, von denen die Kinder ihr ganzes Leben lang profitieren würden.

Wir sollten bei der Definition und der Bewertung von Ergebnissen auf keinen Fall zu oberflächlich sein! Stattdessen sollten wir achtsam sein, wenn wir von früheren Leistungen auf die künftigen Ergebnisse schließen. In den Standardprospekten für Investmentangebote steht ganz richtig: »Die bisherige Performance ist keine Garantie für zukünftige Ergebnisse.« Das gilt natürlich auch für Leistungen, die nicht besonders erfreulich waren. Nur weil wir einmal einen *Fehler* gemacht haben, heißt das noch lange nicht, dass wir keine guten Ergebnisse bringen können. Deshalb sollten wir anderen die Möglichkeit geben, Fehler zu machen und daraus zu lernen. Es gilt, eine Kultur zu schaffen, in der Fehler als Lernchancen gesehen werden. Hier geht es nicht um messbare Ergebnisse, sondern um *Weiterentwicklung* und *Wachstum* – beides kann es ohne Fehler nicht geben!

Und noch etwas ist wichtig: Wir müssen uns klarmachen, dass *Teamwork* der Schlüssel zum Erreichen von Ergebnissen ist. Ergebnisse beruhen nie allein auf der Arbeit eines Einzelnen oder eines Unternehmens – sie repräsentieren immer die Anstrengungen von vielen. Nur wenn wir das verstehen, können wir unsere eigene Leistung und die der anderen angemessen würdigen.

Ergebnisse sichtbar machen

Wenn wir bei anderen Glaubwürdigkeit gewinnen wollen, genügt es nicht, dass wir gute Ergebnisse erzielen. Wir müssen auch dafür sorgen, dass unsere Leistungen wahrgenommen werden. Das geht allerdings nur, wenn wir andere über unsere Ergebnisse informieren. Was passiert, wenn wir das nicht tun, zeigt die folgende Geschichte:

BEISPIEL *Als Teenager habe ich bei einer Firma gejobbt, in der man einen Test bestehen musste, um für eine Beförderung in Frage zu kommen. Da ich ehrgeizig war, bereitete ich mich gut vor und bestand den Test schon an meinem ersten Arbeitstag. Dieser Tag war auch der erste Tag für meinen neuen Chef. In dem ganzen Trubel erfuhr er nicht, dass ich den Test bestanden hatte. Das wusste ich allerdings nicht. Ich arbeitete hart. Aber in den nächsten acht Monaten passierte nichts. Andere wurden befördert. Nur ich nicht. Obwohl ich das sehr ungerecht fand, sagte ich nie etwas. Ich versuchte einfach, noch härter zu arbeiten. Schließlich meinte mein Chef: »Ich verstehe das ich nicht. Du arbeitest wirklich hart. Ich kann einfach nicht begreifen, dass du den Test noch immer nicht gemacht hast. Ich würde dich total gerne befördern. Aber ohne Test geht das* *leider nicht!« Ich rief entsetzt: »Aber ich habe den Test doch schon gemacht! Gleich an meinem ersten Tag hier habe ich ihn bestanden!« Wir waren beide fassungslos!*

Ich hatte den Test bestanden. Aber mein Chef wusste nichts davon! Das beeinflusste seine Wahrnehmung von mir. In seinen Augen war ich nicht wirklich glaubwürdig. Deshalb war er nicht bereit, sein Vertrauen in mich auszuweiten. Doch nachdem er wusste, dass ich den Test bereits am ersten Arbeitstag bestanden hatte, sah er mich mit anderen Augen. Ab dem Zeitpunkt wurde meine Leistung auch angemessen honoriert!

3 Beschleuniger zur Verbesserung Ihrer Ergebnisse

Ohne entsprechende Ergebnisse können wir weder Glaubwürdigkeit noch Vertrauen gewinnen. Aber wie können wir unsere Ergebnisse verbessern? Meiner Ansicht nach gibt es hier 3 besonders effektive »Beschleunigungsfaktoren«:

#1 Übernehmen Sie Verantwortung

Erinnern Sie sich noch an die Geschichte mit meinem Vater und unserem Garten? Mein Vater meinte, ich sei dafür verantwortlich, dass unser Garten »grün« und »sauber« ist. Aber er sagte nicht, dass ich den Rasen zweimal pro Woche wässern, jeden Freitag mähen oder immer samstags den Müll einsammeln soll. Er erklärte mir, dass es allein meine Sache sei, wie ich den Garten »grün« und »sauber« bekomme. Der entscheidende Punkt war, dass ich für die *Ergebnisse* verantwortlich war. Was mein Vater mir damals beigebracht hat, erwies sich als große Erkenntnis in meinem Leben:

Man muss die Verantwortung für Ergebnisse übernehmen – nicht für Aktivitäten.

Diese Erkenntnis setzt unsere Kreativität frei. Sie zeigt uns, was wir tun können, wenn wir die gewünschten Ergebnisse nicht erreichen. In dem Fall hat es keinen Sinn, sich einfach hinzusetzen und zu jammern: »Ich habe doch gemacht, was Sie mir gesagt haben!« Nein, wir müssen es dann eben auf andere Weise versuchen! Es macht einen gewaltigen Unterschied, ob Sie die Verantwortung für die Aktivitäten oder für die Ergebnisse übernehmen. Wie groß dieser Unterschied ist, zeigt Ihnen die folgende Tabelle:

Verantwortung für Aktivitäten	Verantwortung für Ergebnisse
Ich habe den Kunden angerufen.	Ich habe den Auftrag an Land gezogen.
Ich habe die Recherchen gemacht und den Bericht geschrieben.	Ich habe die Fördermittel bekommen.
Ich habe den Kurs belegt.	Ich habe gelernt, wie man eine überzeugende Präsentation hält.
Ich habe meine Diät durchgehalten.	Ich habe 5 Kilo abgenommen.
Ich habe es versucht.	*»Tu es oder lass es! Versuchen kann man es nicht!«* Meister Yoda – Star Wars

Die Konzentration auf die Ergebnisse ist eine ganz andere Sache als die Konzentration auf die Aktivitäten. Hier ein Beispiel von Tesla- und SpaceX-Gründer Elon Musk:

Der Traum vom Mars

BEISPIEL *Anfang 2018 ließ Elon Musk einen roten Tesla Roadster an Bord einer Falcon-Heavy-Rakete ins All schießen. Während der rote Tesla sich auf den Weg zum Mars machte, kehrte die wiederverwendbare Trägerrakete sicher zur Erde zurück. War das »nur« ein genialer PR-Coup? Nein, es war noch viel mehr. Mit dieser werbewirksamen Aktion wollte Elon Musk das Ergebnis der jahrelangen Forschungsarbeit von SpaceX im Zusammenhang mit wiederverwendbaren Trägerraketen und der Besiedlung des Mars demonstrieren. Denn seine große Vision ist es, die Raumfahrt zu revolutionieren und eine Kolonie auf dem Mars für Hundertausende von Menschen aufzubauen. Das ist das Ergebnis, auf das er seit vielen Jahren voller Engagement und Leidenschaft hinarbeitet.*

Um Ergebnisse geht es auch in der Geschichte, die Tom Peters in seinem Buch *Kreatives Chaos* erzählt. Tom Peters berichtet, wie Lee Iacocca, der ehemalige Vorstandsvorsitzende und CEO von Chrysler, ein neues Cabrio bauen wollte:

> *Gemäß dem herkömmlichen Ablauf bat Iacocca seinen Cheftechniker, ein Cabrio zu entwerfen. Der Mann sagte: »Wir können einen Prototypen in neun Monaten entwickeln.« Iacoccas wütende Antwort wird von mehreren Zeugen bestätigt: »Sie verstehen nicht! Nehmen Sie sich irgendein Auto und sägen Sie das Dach ab!«*[21]

Lee Iacocca bekam den Prototyp schon nach kurzer Zeit – und das Cabrio wurde ein echter Verkaufsschlager. Visionäre wie Lee Iacocca und Elon Musk zeigen: Wer seinen Fokus nicht auf Aktivitäten, sondern auf Ergebnisse richtet, hält den Schlüssel zum Erfolg in der Hand.

Die Übernahme der Verantwortung für Ergebnisse hat noch eine andere gute Seite. Ich habe in diesem Kapitel immer wieder betont, dass man Glaubwürdigkeit schafft und Vertrauen aufbaut, wenn man Ergebnisse liefert. Die gute Nachricht? Oft genügt es schon, dass Sie die *Verantwortung für die Ergebnisse* übernehmen, um Glaubwürdigkeit und Vertrauen zu gewinnen.

Wenn Sie die Verantwortung für Ergebnisse übernehmen, hat das nicht nur im Beruf, sondern auch im *Privatleben* positive Auswirkungen. Falls Probleme auftauchen, werden sich die Partner keine Vorwürfe machen. Stattdessen wird einer sagen: »Mein Anteil an dem Ganzen tut mir leid. Ich möchte mich dafür entschuldigen. Was kann ich tun, um es besser zu machen?« Der andere wird antworten: »Vielleicht habe ich mich bei dieser Sache nicht klar genug ausgedrückt. Ich will versuchen, dir alles besser zu erklären.« Wenn wir sagen: »Ich übernehme die Verantwortung für meinen Teil an dieser Sache. Und ich übernehme auch die Verantwortung, dabei zu helfen, eine Lösung zu finden!«, bauen wir Glaubwürdigkeit und Vertrauen auf. So erreichen wir überall viel bessere Ergebnisse.

#2 Denken Sie positiv

Eigentlich ist es ganz einfach: *Wir bekommen meist das, was wir erwarten* – von uns selbst und von anderen. Wenn wir mehr erwarten, bekommen wir auch mehr! Und wenn wir weniger erwarten, bekommen wir auch weniger! Das hat Dr. Robert Rosenthal in seiner weithin bekannten Studie aus den 1960er-Jahren bewiesen:

Der Rosenthal-Effekt

BEISPIEL *Im Rahmen der Studie sagte man Lehrern, dass die Schüler aus einer bestimmten Kontrollgruppe kurz vor einem intellektuellen Entwicklungsschub stünden. Doch das stimmte nicht! In Wahrheit waren die betreffenden Schüler dieser Gruppe einfach nach dem Zufallsprinzip zugewiesen worden. Als die Schüler einige Monate später jedoch getestet wurden, schnitten diejenigen aus der Kontrollgruppe nachweislich besser ab als die anderen. Was war passiert? Die Lehrer hatten von diesen Schülern von Beginn an mehr erwartet. Und das schlug sich darin nieder, dass die Schüler mehr lernten und somit natürlich auch bessere Ergebnisse erzielten.*

Dieses Experiment beweist:

Wir können unsere Chancen deutlich steigern, wenn wir fest davon ausgehen, dass wir Erfolg haben werden. Unsere positive Einstellung hilft uns, tatsächlich bessere Ergebnisse zu erzielen.

Und was passiert, wenn wir bessere Ergebnisse erzielen? Dadurch gewinnen wir fast automatisch mehr Glaubwürdigkeit und Selbstvertrauen. Das führt dann wiederum zu noch besseren Ergebnissen. *So wird Erfolg zu einer sich selbst erfüllenden Prophezeiung!*

Wenn Sie Ihre Ergebnisse verbessern wollen, müssen Sie fest daran glauben, dass Sie und Ihr Team gewinnen werden. Allerdings nicht um jeden Preis, sondern prinzipientreu und werteorientiert. Nicht auf Kosten anderer, sondern gemeinsam mit ihnen. Die Erwartung, dass wir gewinnen, ist meist so stark, dass es auch tatsächlich passiert.

#3 Legen Sie einen starken Endspurt hin

Wer Ergebnisse erzielen will, muss seine Sache natürlich zu Ende bringen. Doch immer mehr Menschen betrachten sich als Opfer der Umstände und geben vorzeitig auf. Es gibt unglaublich viele Mitarbeiter, die ihren Job hinwerfen; Mütter und Väter, die ihre Familien im Stich lassen; Paare, die sich trennen; Jugendliche, die die Schule abbrechen ... Viele gehen einfach, wenn es schwierig wird. Natürlich kann es Situationen geben, in denen es besser ist, einen Schlussstrich zu ziehen. Meist fehlt den Leuten allerdings einfach das Durchhaltevermögen für einen starken Endspurt.

Einen starken Endspurt hinzulegen, hat enorm positive Auswirkungen auf die Glaubwürdigkeit und das Vertrauen! Deshalb lautet mein Motto:

Bring möglichst alles zu Ende – und sei am Schluss besonders stark!

Einer meiner Kollegen ist ein begeisterter Marathonläufer. Er gab mir einen wirklich guten Rat: »Wenn du das Gefühl hast, nicht mehr zu können, darfst du dich nicht auf deine Erschöpfung konzentrieren. Du darfst nicht nur noch vor dich hin kriechen, um irgendwie zu überleben. Im Gegenteil: Du musst die Zähne zusammenbeißen und *dein Tempo steigern!*« Auf den ersten Blick scheint dieser Ratschlag seltsam. Doch wenn man darüber nachdenkt, erkennt man, dass er sehr sinnvoll ist: Wer sein Tempo steigert, signalisiert sich und anderen, dass er das Ganze nicht nur zu Ende bringen, sondern es sogar richtig gut machen wird!

Kurzzusammenfassung: Die 4 Grundlagen der Glaubwürdigkeit

In diesem Kapitel haben wir uns intensiv mit der 1. Welle des Vertrauens befasst – **Selbstvertrauen**. Sie haben die 4 Grundlagen der Glaubwürdigkeit kennengelernt: **Integrität, Absichten, Fähigkeiten und Ergebnisse**. Diese Grundlagen brauchen wir, um uns selbst vertrauen zu können und uns das Vertrauen anderer zu verdienen.

Wir haben darüber gesprochen, dass man **Charakter** aufbauen kann, indem man seine Integrität und seine Absichten verbessert. Zudem habe ich Ihnen gezeigt, dass man **Kompetenz** gewinnen kann, indem man seine Fähigkeiten kontinuierlich ausbaut und seine Ergebnisse verbessert. Wenn wir das tun, schaffen wir Glaubwürdigkeit und Vertrauen.

Warum sind die 4 Grundlagen der Glaubwürdigkeit so wichtig?

Ich habe ja schon erwähnt, dass eine der Übungen bei unseren Workshops zu »Schnelligkeit durch Vertrauen« darin besteht, dass die Teilnehmer **360-Grad-Feedback** von ihren Vorgesetzten, Kollegen, Mitarbeitern oder anderen Personen aus ihrem Umfeld einholen. Das Feedback wird gesammelt und von einer unabhängigen Firma analysiert – wir bekommen es gar nicht zu sehen. Am nächsten Tag können die Teilnehmer dann mit ihren Coaches darüber sprechen und der Gruppe davon berichten:

Für viele ist es eine große Überraschung, wie andere sie hinsichtlich der 4 Grundlagen der Glaubwürdigkeit beurteilen. Was ich damit sagen will? Auch wenn Sie das vielleicht gar nicht bemerken: Die anderen achten genau darauf, ob Sie diese Grundlagen besitzen oder nicht! Sie haben enorme Auswirkungen auf Ihre Glaubwürdigkeit. Wenn Sie die 4 Grundlagen kennen und verstehen, ist das so, als ob Sie Ihre **Vertrauensbrille** aufsetzen würden. Plötzlich sehen Sie klar und deutlich, was unter der Oberfläche passiert. Sie erkennen, weshalb man Ihnen und anderen vertraut oder nicht. Zudem erfahren Sie, was Sie tun können, um das Vertrauen, das man Ihnen entgegenbringt, zu vergrößern. Und Sie lernen, wie Sie anderen helfen, das Vertrauen in ihrem Unternehmen oder in ihrer Familie zu steigern.

2. Welle: Beziehungsvertrauen
Das Prinzip des Verhaltens

Bei der zweiten Welle, dem Beziehungsvertrauen, steht unser Verhalten im Mittelpunkt. Von unserem Verhalten hängt es ab, ob wir Vertrauen schaffen oder zerstören. Aber wie können wir uns so verhalten, dass Vertrauen entsteht? Dabei helfen uns **13 Verhaltensweisen**. Diese Verhaltensweisen zeichnen Menschen aus, die hohes Vertrauen genießen. Warum diese Verhaltensweisen so effektiv sind? Dafür gibt es mehrere Gründe:

Sie beruhen auf den Prinzipien, die vertrauensvolle Beziehungen ausmachen. Diese Prinzipien sind zeitlos und allgemeingültig. Sie haben sich im Laufe der Geschichte in allen erfolgreichen Staaten, Gesellschaften und Kulturen bewährt.

Sie basieren auf den 4 Grundlagen der Glaubwürdigkeit – auf Integrität, Absichten, Fähigkeiten und Ergebnissen.

Sie verbinden Charakter und Kompetenz. Denn sie erwachsen aus dem, was wir sind, und nicht aus dem, was wir zu sein vorgeben.

Sie sind bewährt und praxisorientiert. Man kann sie schnell und gut umsetzen.

Sie sind universell. Ob im Beruf oder in der Familie: Wir können sie in allen Beziehungen und in allen Organisationen erfolgreich anwenden.

Eins kann ich Ihnen schon jetzt versprechen: Wenn Sie diese 13 Verhaltensweisen verinnerlichen, wird sich Ihre Fähigkeit, Vertrauen aufzubauen oder wiederherzustellen, enorm verbessern.

13 Verhaltensweisen, mit denen Sie Vertrauen aufbauen und wiederherstellen

> *»Aus schwierigen Situationen, in die wir uns durch unser Verhalten selbst hineinmanövriert haben, können wir uns nicht einfach durch Reden befreien!«*
> STEPHEN R. COVEY

Mein Vater hat natürlich recht! Reden bringt uns hier bestimmt nicht weiter. Wir müssen unseren Worten auch die entsprechenden Taten folgen lassen. Ich bin überzeugt:

> *»Wir können uns durch unser Verhalten aus problematischen Situationen befreien, in die wir uns durch unser Verhalten gebracht haben … oft sogar schneller, als wir glauben!«*
> STEPHEN R. COVEY

Das, was wir *tun*, hat viel stärkere Auswirkungen als das, was wir sagen! Wir können sagen, dass der Kunde bei uns im Unternehmen König ist, dass uns unsere Mitarbeiter wichtig sind, dass wir Versprechen halten oder Ergebnisse liefern … Wir können all das behaupten. Doch wenn wir es nicht *tun*, werden unsere Worte kein Vertrauen aufbauen. Im Gegenteil: Wenn wir unseren Worten keine Taten folgen lassen oder unser Handeln nicht damit im Einklang steht, werden wir Vertrauen zerstören! Die 13 Verhaltensweisen, die Sie in diesem Kapitel kennenlernen, zeichnen Menschen aus, die hohes Vertrauen genießen. Sicher setzen Sie bereits einen Teil dieser Verhaltensweisen im Alltag um. Wahrscheinlich gibt es aber auch die eine oder andere Verhaltensweise, die Sie noch nicht verinnerlicht haben. Auf diese Verhaltensweisen sollten Sie beim Lesen dieses Kapitels einen besonderen Schwerpunkt legen. Denn hier haben Sie noch *echte Vertrauensreserven!*

Bevor ich zu den 13 Verhaltensweisen komme, möchte ich Ihnen noch einige grundlegende Gedanken und Ideen mit auf den Weg geben. Das wird Ihnen helfen, die 13 Verhaltensweisen besser zu verstehen und erfolgreich anzuwenden.

Wir können unser Verhalten ändern!

Manche Leute glauben, dass wir unser Verhalten nicht ändern können. Es gibt aber Beweise dafür, dass wir das sehr wohl können und es auch tun! Der Schlüssel dazu ist, dass wir ein wichtiges *Ziel* vor Augen haben. Was passiert, wenn Ihr Ziel darin besteht, Vertrauen aufzubauen? Dann sind die entsprechenden Verhaltensweisen mehr als nur ganz nette Dinge, die Sie vielleicht mal tun sollten. Die Verhaltensweisen sind wirkungsvolle Mittel, die Ihnen vertrauensvolle Beziehungen, bessere Zusammenarbeit, größere Erfolge und mehr Lebensfreude bringen.

In den letzten Jahren wurde die Bedeutung von *Paradigmenwechseln* stark betont. Konkret heißt das: Wenn wir unsere Sicht der Dinge ändern, führt das unweigerlich zu umfassenden Veränderungen unseres Verhaltens. Ich hoffe, dass dieses Buch Ihnen wichtige Paradigmenwechsel im Hinblick auf das Vertrauen ermöglichen wird. Außerdem wünsche ich mir, dass es Sie zu *Verhaltenswechseln* ermutigen wird. Was ich damit meine? Wenn Sie im Moment kein liebevoller Mensch sind, aber ein liebevoller Mensch werden *wollen*, sollten Sie sich liebevoll verhalten. Wenn Sie kein ehrlicher Mensch sind, aber ehrlich sein *wollen*, sollten Sie sich ehrlich verhalten. Tun Sie einfach das, was liebevolle und ehrliche Menschen tun! Es kann dauern, aber ich bin überzeugt:

Wenn Sie Ihr Verhalten ändern, wird das früher oder später zu einer Veränderung Ihrer Sicht- und Denkweise führen. Oder anders ausgedrückt: Durch Ihr Verhalten können Sie der Mensch werden, der Sie sein wollen!

Der Aufbau von Vertrauenskonten

Vielleicht kennen Sie die *emotionalen Beziehungskonten*, die mein Vater in den *7 Wegen zur Effektivität* beschreibt?[22] Ähnlich wie die Beziehungskonten funktionieren auch die *Vertrauenskonten:*

- Wenn wir uns so verhalten, dass wir Vertrauen aufbauen, machen wir Einzahlungen auf unser Vertrauenskonto bei anderen.
- Wenn wir uns so verhalten, dass Vertrauen zerstört wird, nehmen wir Abhebungen vor.

Unser »Kontostand« zeigt an, wie viel Vertrauen gerade in einer Beziehung herrscht. Das Bild von den Vertrauenskonten hilft uns, mehrere wichtige Dinge zu erkennen:

Jedes Vertrauenskonto ist einzigartig. Denn jeder Mensch ist einzigartig. Wenn wir das akzeptieren, können wir unsere Vertrauenskonten bei anderen viel effektiver auffüllen. Als meine Kinder noch jünger waren, unterschied sich mein Konto bei meiner 3-jährigen Tochter komplett von dem bei meinem ältesten Sohn. Meine kleine Tochter vertraute mir uneingeschränkt. Doch mein Sohn, der damals im Teenager-Alter war, hielt sich eher an die Worte von Mark Twain: »Als ich 14 war, war mein Vater so unwissend, dass ich es in seiner Nähe kaum aushielt. Als ich dann 21 wurde, staunte ich, wie viel er in diesen sieben Jahren gelernt hatte!«

Nicht alle Einzahlungen und Abhebungen sind gleich. Oft erweisen sich kleine Dinge als große Einzahlungen. Als vor einigen Jahren ein Hurrikan über die Südostküste der USA hereinbrach, musste eine unserer Klientinnen evakuiert werden. Daraufhin schickte ihr einer meiner Partner einer E-Mail, um ihr alles Gute zu wünschen. Sie sagte später: »Das war die einzige Nachricht, in der jemand aus meinem beruflichen Umfeld sein Mitgefühl zum Ausdruck brachte. Das hat mir unheimlich viel bedeutet!« Andererseits können Kleinigkeiten riesige Abhebungen sein – beispielsweise, wenn wir den Geburtstag eines Familienmitglieds oder unseren Hochzeitstag vergessen.

Was der eine für eine Einzahlung hält, ist für den anderen eine Abhebung. Ich könnte es für eine Einzahlung halten, Sie und Ihren Partner zum Essen einzuladen. Aber in Ihren Augen ist das eine Abhebung. Vielleicht gehen Sie nicht gerne mit Geschäftspartnern zum Essen? Eventuell machen Sie gerade eine Diät oder würden den Abend lieber zu Hause verbringen? Ich könnte es für eine Einzahlung halten, Ihnen öffentlich meine Anerkennung für etwas auszusprechen. Doch für Sie ist das möglicherweise eine Abhebung, weil es nicht bekannt werden sollte. Bitte denken Sie immer daran: Es ist wichtig, zu wissen, was für denjenigen, bei dem Sie Vertrauen aufbauen wollen, eine Einzahlung darstellt und was nicht!

Abhebungen sind meist größer als Einzahlungen. Vertrauen ist wie ein großer Eimer, der tröpfchenweise durch Einzahlungen gefüllt wird. Manche Abhebungen wirken jedoch so, als würde man den Eimer umstoßen. Mit anderen Worten: Eine einzige Abhebung kann dazu führen, dass ein Vertrauenskonto auf einen Schlag leergefegt wird. Denken Sie immer daran, dass es nicht klug ist, den Eimer umzustoßen! Achten Sie darauf, dass Sie das Vertrauen nicht durch eine unbedachte Abhebung komplett zerstören. Und: Arbeiten Sie wirklich hart daran, Vertrauen aufzubauen und verlorenes Vertrauen schnellstmöglich wiederherzustellen.

Wer Abhebungen stoppt, kann oft sehr schnell Vertrauen aufbauen. Als ich beim Covey Leadership Center anfing, hatten wir fünf verschiedene Unternehmenssparten. Vier waren profitabel, aber die fünfte Sparte schrieb rote Zahlen. Sie verschlang rund 20 Prozent meiner Zeit, brachte aber nur zwei Prozent des Umsatzes. Dennoch wollten einige Führungskräfte an dieser Sparte festhalten. Doch dann wurde uns klar, was der schnellste Weg zur Steigerung des Unternehmensgewinns war: Wir mussten die unrentable fünfte Sparte verkaufen. Das war der Schlüssel, um das Leadership Center wieder auf den richtigen Kurs zu bringen und das Vertrauen von Banken und Geschäftspartnern zurückzugewinnen. Ganz ähnlich ist es mit dem Vertrauen: Wenn wir das Vertrauen erhöhen wollen, sollten wir nicht nur die Kräfte stärken, die uns voranbringen. Wir müssen auch die hemmenden Kräfte aus dem Weg räumen. Wenn wir das nicht tun, sind wir wie Autofahrer, die einen Fuß auf dem Gaspedal und den anderen auf der Bremse haben. Manchmal können wir am schnellsten Ergebnisse erzielen, wenn wir einfach den Fuß von der Bremse nehmen.

In jeder Beziehung gibt es zwei Vertrauenskonten. Manchmal denken wir, dass in einer Beziehung großes Vertrauen herrscht. Aber der andere sieht das vielleicht ganz anders. Deshalb sollten Sie sich bei jeder Beziehung zwei Vertrauenskonten vorstellen – nicht nur eins! Zudem sollten Sie beide Konten immer im Auge behalten. Es wäre wirklich hilfreich, wenn wir über den Köpfen der Leute die aktuellen Kontostandsanzeigen sehen könnten. Dann wüssten wir immer sofort, wie sich unser Verhalten auf das Vertrauen auswirkt! Leider ist das nicht möglich. Deshalb sollten wir sehr sorgfältig darauf achten, wie sich unser Verhalten auf das Vertrauen in unseren Beziehungen auswirkt.

Gut zu wissen …

Folgende Punkte sollten Sie beim Lesen der einzelnen Kapitel zu den 13 Verhaltensweisen im Hinterkopf behalten:

1. Die 13 Verhaltensweisen erfordern nicht nur *Charakter,* sondern auch *Kompetenz.* Die ersten fünf Verhaltensweisen beruhen auf dem Charakter, die nächsten fünf auf der Kompetenz. Die drei letzten auf einer Kombination aus Charakter und Kompetenz. Es ist wichtig, sich das klarzumachen! Denn:

   - Der schnellste Weg, um Vertrauen zu zerstören, ist ein Verstoß gegen eine der mit dem Charakter verbundenen Verhaltensweisen.
   - Der schnellste Weg, um Vertrauen zu vergrößern, ist die Einhaltung einer der mit Kompetenz verbundenen Verhaltensweisen.

2. Wie bei fast allen guten Dingen kann man es auch mit den 13 Verhaltensweisen übertreiben. Denn: *Stärken, die auf die Spitze getrieben werden, verwandeln sich fast immer in Schwächen.* Deshalb sollten Sie darauf achten, dass Sie die 13 Verhaltensweisen wohl dosiert einsetzen und bei jeder den idealen Punkt auf der folgenden *Verhaltenskurve* treffen:

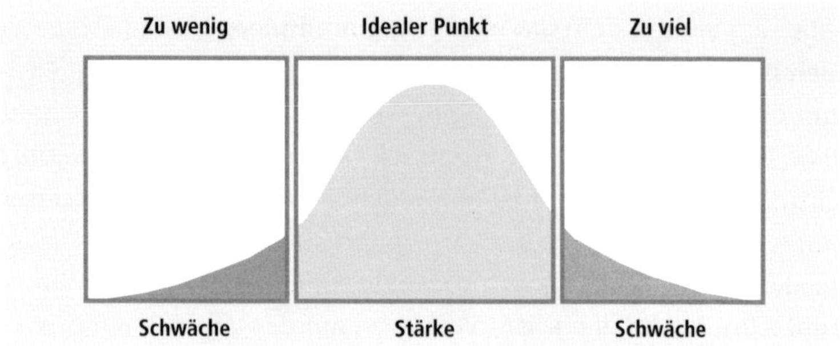

3. *Es ist wichtig, dass Sie alle 13 Verhaltensweisen berücksichtigen*. Warum? »Ehrlich sein« führt nur dann zu Vertrauen, wenn Sie gleichzeitig auch »Respekt zeigen«. Denn Sie dürfen niemals so offen sein, dass Sie sich wie ein Elefant im Porzellanladen benehmen und auf den Gefühlen anderer herumtrampeln.

4. Ich werde bei allen Verhaltensweisen auch die *Prinzipien* anführen, auf denen sie beruhen. Zudem werde ich immer auch das *Gegenteil* und das *Täuschungsverhalten* nennen. Warum mir das so wichtig ist? Oft haben diese beiden Dinge die größten Abhebungen zur Folge. Manchmal bemerken wir das gar nicht. Deshalb will ich Sie gezielt darauf aufmerksam machen.

5. Am Ende der einzelnen Kapitel bekommen Sie immer einige Praxistipps zum Aufbau von Vertrauen. Diese Tipps werden Ihnen helfen, die betreffende Verhaltensweise erfolgreich umzusetzen.

Wenn es um Vertrauen geht, sollten Sie noch etwas ganz Wichtiges bedenken: Eine einzige Verhaltensweise, ein einziger Augenblick kann das Vertrauen erheblich vergrößern oder deutlich verringern. Und das hat enorme Auswirkungen auf Ihr gesamtes Umfeld. Ob Familienmitglied, Mitarbeiter, Kollege oder Kunde: Wenn Sie sich so verhalten, dass Sie Vertrauen bei einem Menschen wecken, bauen Sie es gleichzeitig bei vielen anderen auf. Das ist der *Welleneffekt* des Steins, den man ins Wasser wirft!

Geben Sie nicht vorschnell auf!

Natürlich gibt es Situationen, in denen die Abhebungen und der Schmerz so groß sind, dass man das Vertrauen nicht wiederherstellen kann. Dann ist das Vertrauenskonto für immer gelöscht. Allerdings bin ich überzeugt, dass wir oft viel zu schnell aufgeben. Ich habe schon wahre Wunder erlebt, wenn die Betroffenen sich aufrichtig und mit aller Kraft um die Wiederherstellung des Vertrauens bemüht haben. Manchmal dauert das seine Zeit – doch meist geht es viel schneller, als erhofft. Und oft ist das Vertrauen dann sogar noch stärker als zuvor! Deshalb habe ich eine Bitte an Sie:

Arbeiten Sie die folgenden Kapitel zu den 13 Verhaltensweisen besonders intensiv durch. Denken Sie beim Lesen an eine berufliche und an eine private Beziehung, bei der Ihre Vertrauenskonten einen ziemlich niedrigen Stand haben. Wählen Sie dazu Beziehungen aus, bei denen Sie das Vertrauen gerne steigern möchten, weil Ihnen das beruflich wesentlich bessere Ergebnisse und persönlich weit mehr Glück bringen würde.

Anschließend werde ich Ihnen sagen, welche der 13. Verhaltensweisen Ihnen ganz persönlich besonders gute Dienste leisten können. Und ich werde Ihnen zeigen, wie Sie einen *Aktionsplan* entwickeln, um positive Veränderungen in Ihrem Leben herbeizuführen.

1. Verhaltensweise: Ehrlich sein

»Mit Menschen, die einem nicht alle Informationen geben, habe ich Probleme. Sie lassen absichtlich bestimmte Teile der Geschichte aus oder sie verdrehen die Fakten.«
SHELLEY LAZARUS,
EHMALIGE VORSTANDSVORSITZENDE, OGILVY & MATHER

Wünschen Sie sich auch oft, dass die anderen ehrlich und direkt sind? Dass sie offen sagen, was sie denken und wollen? Wie sieht es mit dem Vertrauen aus, wenn sie das nicht tun? Und was ist, wenn sie es tun? Um Ihnen das zu veranschaulichen, möchte ich Ihnen von einem ehemaligen Kollegen erzählen:

Ich hab es ja gleich gewusst!

BEISPIEL *Mein Kollege sagte nie, wie er wirklich zu einer Sache stand. Er äußerte seine Meinung erst dann, wenn man schon absehen konnte, ob eine Entscheidung richtig oder falsch war. Dann setzte er nachträglich auf das siegreiche Pferd. Lautstark betonte er, dass er ja gleich gewusst habe, was gut und richtig ist.*

Bei einem unserer Führungskräfte-Meetings wurde ein sehr wichtiger Vorschlag gemacht. Ich wusste: Wenn wir diesen Vorschlag umsetzen, würden die Ergebnisse entweder fantastisch sein – oder es würde eine Katastrophe geben. Wie üblich sagte mein Kollege bei der Bespre-

chung viel, legte sich aber nicht fest. Ich hatte seine Ausweichmanöver satt und wollte, dass er endlich einmal Farbe bekannte. Daher fuhr ich abends zu ihm nach Hause, um mit ihm zu sprechen. Er wusste, dass ich gegen den Vorschlag war. Als ich ihn fragte, wo er stand, antwortete er: »Oh, ich bin auch total dagegen.«

Am nächsten Tag sagte ich vor dem versammelten Team zu ihm: »Bei unserem Meeting gestern war mir nicht klar, wie du über das Ganze denkst. Würdest du uns bitte deine Meinung sagen!« Bei diesem Treffen war auch unser Vorstandsvorsitzender anwesend. Alle wussten, dass er ein energischer Verfechter des Vorschlags war. Deshalb vertrat mein Kollege jetzt einen völlig anderen Standpunkt als am Abend zuvor. Ich war ziemlich sauer: »Gestern Abend hast du mir etwas ganz anderes gesagt! Da warst du strikt gegen diesen Vorschlag!« Er druckste herum und murmelte: »Ja, hmm, das habe ich eben zu diesem Zeitpunkt gedacht, aber …« Er war ein Meister darin, sich nicht festzulegen und sein Mäntelchen immer nach dem Wind zu hängen.

»Ehrlich sein« beruht auf den *Prinzipien* Integrität und Offenheit. Es ist *gelebte Wahrheit* und hat zwei Bedeutungen:

1. Seinem Gegenüber die Wahrheit sagen.
2. Sich so klar und deutlich ausdrücken, dass man nicht missverstanden werden kann.

Beides ist unverzichtbar, wenn man Glaubwürdigkeit gewinnen und Vertrauen aufbauen will. Ein gutes Beispiel für Ehrlichkeit ist Warren Buffett. Er schreibt jedes Jahr einen Begleitbrief zum Geschäftsbericht seines Unternehmens. Darin schildert er seine Leistungen – und zwar so, wie sie wirklich sind! Ganz ohne Beschönigungen:

- *Diese Aufgabe habe ich im letzten Jahr nicht besonders gut erfüllt. Ich hatte gehofft, uns durch einige Übernahmen im Wert von mehreren*

Milliarden weitere große Gewinne sichern zu können. Das ist mir leider nicht gelungen.

- *Ich habe viel Zeit mit dem Versuch vergeudet, diese Sparte zu verkaufen ... Ich hätte nicht so unentschlossen sein dürfen.*[23]

Im Gegensatz dazu klingen viele andere Geschäftsberichte wie PR-Texte, die das Unternehmen so gut wie nur möglich darstellen sollen. »2021 war für unser Unternehmen ein Jahr voller Herausforderungen ...« Viele Berichte beginnen mit Floskeln wie dieser. In dem Fall kann man ziemlich sicher sein, dass das Unternehmen ein miserables Jahr hinter sich hat und man versucht, das Ganze zu beschönigen. Warren Buffett dagegen würde bei der Wahrheit bleiben und Schwierigkeiten auch offen und ehrlich ansprechen.

Lügen und täuschen zerstört Vertrauen

Das *Gegenteil* von »ehrlich sein« ist lügen oder täuschen. Das hat hohe Vertrauenssteuern zur Folge – entweder sofort oder später, wenn das *Täuschungsverhalten* entdeckt wird.

Wer lügt, zerstört das Vertrauen. Punktum! Lügner und Betrüger sorgen dafür, dass man ihnen kein Wort mehr glaubt!

Die meisten Menschen lügen nicht direkt. Vielmehr geben sie vor, ehrlich zu sein: Sie reden um den heißen Brei herum, halten Informationen zurück, sprechen mit gespaltener Zunge, schmeicheln ... Doch alle diese Verhaltensweisen führen unweigerlich zu einer Verringerung des Vertrauens.

Wie wirkt sich »Ehrlich sein« auf die Schnelligkeit und die Kosten aus?

Nach einer Umfrage von Mercer Management Consulting sind nur 44 Prozent der Beschäftigten überzeugt, dass ihre Chefs offen und ehrlich sind. Etwa sechs von zehn glauben also, dass ihre Vorgesetzten nicht aufrichtig sind.[24] Welche Auswirkungen hat das auf die Schnelligkeit und die Kosten in einem Unternehmen? Mitarbeiter, die von den Führungskräften immer wieder Halbwahrheiten zu hören bekommen, verlieren das Vertrauen. Wenn dann Umstrukturierungen, Fusionen oder Entlassungen anstehen, betrachten die Leute das, was die Unternehmensführung sagt, mit großer Skepsis. Das verursacht hohe *Vertrauenssteuern.*

Viele Unternehmen leiden unter einer abwärts gerichteten Spirale von Halbwahrheiten und Ausweichmanövern. Das verringert das Vertrauen und führt zu einer zusätzlichen *Quellensteuer.* Diese Quellensteuer fällt an, weil die Leute Informationen für sich behalten. Daher gibt es in vielen Firmen statt einer Besprechung oft mindestens drei:

1. Eine Vorbesprechung zur Vorbereitung und Positionierung.
2. Die eigentliche Besprechung, in der wegen der vielen Ausweichmanöver kaum über die anstehenden Themen gesprochen wird.
3. Die »Besprechungen nach den Besprechungen« – die kleineren Meetings, in denen die wirkliche Diskussion stattfindet und die wahren Probleme zur Sprache kommen.

Was kann man tun, wenn ein Unternehmen sich in einer abwärts gerichteten Spirale verfangen hat? Um diese Spirale zu durchbrechen, braucht man sehr viel Mut. Das ist wie im Märchen *Des Kaisers neue Kleider* von Hans Christian Andersen:

Der Zauberstoff

BEISPIEL *Ein Kaiser wird von zwei dreisten Betrügern hereingelegt. Sie behaupten, einen Zauberstoff weben zu können, der für alle unsichtbar ist, die dumm oder nicht für ihr Amt geeignet sind. Der Kaiser ist begeistert und beauftragt die Betrüger, ihm ein kostbares Festgewand zu weben. Die Betrüger machen sich an die Arbeit und tun so, als ob sie einen kostbaren Stoff herstellen würden. Da niemand dumm oder unfähig wirken will, loben alle den Stoff und seine herausragende Qualität. Obwohl die Wahrheit klar auf der Hand liegt, verfangen sich alle in Schmeicheleien und halten sich an die »Unternehmenspolitik«. Schließlich trägt der Kaiser die aus dem Zauberstoff geschneiderten »Kleider« bei einer Prozession. Die Leute am Straßenrand brechen in Ausrufe der Bewunderung aus. Doch plötzlich schreit ein kleines Kind: »Aber der Kaiser hat doch gar nichts an!« Das macht den anderen Mut, ebenfalls die Wahrheit zu sagen. Irgendwann rufen alle: »Er hat ja gar nichts an!«*

Wenn Menschen den Mut haben, ehrlich ihre Meinung zu sagen, passieren erstaunliche Dinge: Dann ist die Kommunikation offen und klar. Es gibt deutlich weniger Besprechungen und diese sind auf die wirklich wichtigen Fragen und Probleme ausgerichtet. Das Vertrauen wächst – gleichzeitig steigt die Schnelligkeit und die Kosten sinken.

Bis hier und nicht weiter!

Wie bei allem anderen kann man es natürlich auch mit dem Ehrlichsein übertreiben. Manche Führungskräfte rechtfertigen es mit »Offenheit« und »Ehrlichkeit«, wenn sie in der Kommunikation grausam und brutal sind. Vielleicht wissen sie nicht, wie sehr sie andere dadurch verletzen und wie negativ sich das auf das Vertrauen auswirkt? Vielleicht ist ihnen das auch egal? Bei diesen Führungskräften ist Offenheit jedenfalls keine Stärke, sondern eine große Schwäche. Wenn man Vertrauen aufbauen will, ist es unerlässlich, ehrlich zu sein! Doch man sollte dabei Feingefühl walten lassen. Dieser Punkt hat sich mir unauslöschlich eingeprägt, als meine Familie Urlaub am Meer machte und ich beschloss, ins Wasser zu gehen. Ich zog mein Hemd aus – meine dreijährige Tochter sah mich an und rief: »Mann, Papa! Du hast vielleicht einen dicken Bauch!« Das stimmte – leider! Aber ein bisschen Takt und Rücksichtnahme hätten mir sehr gutgetan!

In der Familie ehrlich die Meinung sagen

Natürlich sollten wir nicht nur im Beruf ehrlich sein, sondern auch in unseren Freundschaften und in der Familie. Gerade bei engen Beziehungen ist es hilfreich, vor einem Gespräch seine Absichten darzulegen – vor allem, wenn man schwierige Dinge zu sagen hat oder zu hören bekommen wird. In folgenden Situationen ist Ehrlichkeit in der Familie und in der Partnerschaft besonders wichtig:

- Eltern sollten ehrlich, offen und direkt sein, wenn sie mit ihren Kindern sprechen. Das gilt auch, wenn es um problematische Dinge wie Drogenmissbrauch oder Sex geht.
- Paare sollten sich ihre Gedanken und Gefühle freundlich, aber klar mitteilen und gemeinsam auf Win-Win-Lösungen hinarbeiten – auch bei schwierigen Fragen wie Kindererziehung, Streitigkeiten mit den Schwiegereltern oder dem Umgang mit Geld.

Auch wenn es nicht ganz einfach ist, sollten Sie den wichtigsten Menschen in Ihrem Leben ehrlich und wertschätzend Ihre Meinung sagen. Sie werden sehen, das hat enorm positive Auswirkungen auf Ihre Beziehungen![25]

»Ehrlich sein«

Praxistipps zum Aufbau von Vertrauen

Bevor wir zu den Tipps kommen, sollten wir uns noch einmal die Verhaltenskurve ansehen:

Auf der linken Seite liegen wir, wenn wir nicht ehrlich und offen genug sind. Oftmals hat das damit zu tun, dass wir Schwierigkeiten im Hinblick auf die 4 Grundlagen der Glaubwürdigkeit haben:

- Integrität: zu wenig Mut
- Absichten: eine egoistische Agenda
- Fähigkeiten: Fehlen verbaler oder sozialer Fertigkeiten
- Ergebnisse: keine Resultate, die Vertrauen aufbauen

All das wird kein Vertrauen wecken. Die übersteigerten Verhaltensweisen auf der rechten Seite allerdings auch nicht. Hier finden wir Führungskräfte, denen das nötige Feingefühl in Mitarbeitergesprächen fehlt. Man könnte aber auch Ehepaare nennen, die zum Therapeuten gehen, um besser miteinander zu kommunizieren. Doch am Ende werden sie nur bessere Kämpfer. Auf der rechten Seite reihen sich zudem die Menschen ein, die vorgeben, ehrlich ihre Meinung zu sagen, aber ständig nur über andere herziehen. Auch diese Verhaltensweisen beruhen auf Defiziten hinsichtlich der 4 Grundlagen der Glaubwürdigkeit. Ob linke oder rechte Seite auf der Verhaltenskurve: Damit aus einer Schwäche eine Stärke wird, müssen Sie dafür sorgen, dass sich Ihr Verhalten an den 4 Grundlagen der Glaubwürdigkeit orientiert. So können Sie Ihr Verhalten in Einklang mit den Prinzipien bringen, die vertrauensvolle Beziehungen ausmachen. Dadurch werden Sie hohe Vertrauensdividenden bekommen und Vertrauenssteuern vermeiden.

So sagen Sie anderen ehrlich Ihre Meinung

Im Folgenden habe ich einige Praxistipps für Sie zusammengestellt. Diese Tipps helfen Ihnen, anderen offen und ehrlich Ihre Meinung zu sagen:

- Fragen Sie sich: Was hält mich davon ab, ehrlich meine Meinung zu sagen? Furcht vor den Konsequenzen? Angst davor, die Gefühle anderer zu verletzen? Oder der Wunsch, bei allen beliebt zu sein? Überlegen Sie, welche Dividenden Ihnen winken, wenn Sie ehrlich und offen sind. Denken Sie auch daran, welche Kosten Ihnen drohen, wenn Sie es nicht sind. Arbeiten Sie konsequent daran, Ihre 4 Grundlagen der Glaubwürdigkeit und Ihre Fähigkeit, ehrlich zu sein, zu stärken.

- Machen Sie sich bewusst, wie Sie Gespräche führen: Halten Sie immer wieder bewusst inne und fragen Sie sich: Bin ich offen und ehrlich oder taktiere ich? Falls Sie die Dinge nicht beim Namen nennen, sollten Sie den Grund dafür herausfinden. Machen Sie sich auch klar, dass Sie hohe Vertrauenssteuern dafür zahlen müssen. Wenn Sie diese Steuern vermeiden wollen, sollten Sie dringend an Ihrer Integrität und Ihren Absichten arbeiten.

- Lernen Sie, in Gesprächen schnell zur Sache zu kommen. Reden Sie nicht um den heißen Brei herum. Vermeiden Sie lange Vorreden und Ausschweifungen. Machen Sie sich klar, dass »weniger« in den meisten Fällen »mehr« ist. Halten Sie sich an den guten alten Juristenspruch: »Wer erklärt, verliert.«

Und hier habe ich noch einen Tipp, den Sie bei allen 13 Verhaltensweisen beherzigen sollten:

- Beziehen Sie andere ein. Sagen Sie ihnen: »Ich bemühe mich, ehrlich meine Meinung zu sagen. Wären Sie bereit, mir dabei zu helfen? Darf ich Sie bitten, mir ein Feedback darüber zu geben, wie mir das in den Gesprächen mit Ihnen gelingt?«

Wenn Sie andere einbeziehen, wird Ihnen das zwei große Vorteile bringen:

1. Mit der Unterstützung anderer wird es viel leichter für Sie sein, sich zu ändern. Indem Sie andere einbeziehen, verwandeln Sie eine Kultur, die Veränderungen gewöhnlich Widerstand entgegensetzt, in eine, die Sie dazu ermutigt.
2. Sie können Ihre Situation und Ihre Fortschritte wesentlich besser einschätzen. Im Hinblick auf unser Verhalten haben wir oft »blinde Flecken«. Hier gibt es viele Dinge, die wir selbst nicht sehen, andere aber schon. Wenn wir uns Feedback von anderen holen, hilft uns das, diese blinden Flecken zu erkennen.

Eines sollte ihnen jedoch klar sein: Wenn Sie andere einbeziehen, wird man Sie mit strengeren Maßstäben messen. Die Menschen, die Sie unterstützen, haben automatisch höhere Erwartungen an Sie. Und falls Sie es nicht schaffen, sich zu verbessern, werden Sie definitiv Abhebungen von den Beziehungskonten der anderen machen. Wenn Sie aber durchhalten, werden Sie sehr viel Vertrauen aufbauen.

ZUSAMMENFASSUNG

1. Verhaltensweise: Ehrlich sein

Sagen Sie die Wahrheit. Lassen Sie die anderen wissen, wo Sie stehen. Drücken Sie sich klar aus und nennen Sie die Dinge beim Namen. Manipulieren Sie niemanden, verzerren Sie keine Fakten. Erzählen Sie keine Halbwahrheiten. Achten Sie darauf, Missverständnisse zu vermeiden.

2. Verhaltensweise: Respekt zeigen

»Den Charakter eines Menschen kann man danach beurteilen, wie er Menschen behandelt, die ihm weder helfen noch schaden können.«
UNBEKANNT

Die 2. Verhaltensweise, um Vertrauen aufzubauen, lautet: Respekt zeigen. Hier geht es darum, anderen durch unser Verhalten nicht nur Respekt, sondern auch Mitgefühl und Fürsorge zu zeigen. In vielen Kulturkreisen – insbesondere in den östlichen – legt man großen Wert auf respektvolles Verhalten. Es gilt als Beweis für eine gute »Kinderstube«. Dort empfindet man die im Westen weit verbreitete Gleichgültigkeit oft als unhöflich und grob. Wer in der globalen Wirtschaft von heute Vertrauenskonten aufbauen will, sollte solche *kulturellen Unterschiede* unbedingt beachten.

»Respekt zeigen« beruht auf den *Prinzipien* Respekt, Gerechtigkeit, Freundlichkeit, Liebe und Höflichkeit. Das Prinzip, das über allen anderen steht, ist jedoch der Wert des Einzelnen.

Das *Gegenteil* der 2. Verhaltensweise ist, andere Menschen nicht zu respektieren. Das zeigt sich meist in fehlender Achtung, was sowohl im Beruf als auch in der Familie ein großes Problem ist. Das

Gegenteil beinhaltet aber auch, anderen Leuten *nicht* zu zeigen, dass sie uns wichtig sind – entweder weil wir nicht wissen, wie wir das machen sollen, oder weil sie uns tatsächlich nicht wichtig sind.

Natürlich kann man Respekt, Mitgefühl und Fürsorge auch *vortäuschen*. Besonders unfair ist es, wenn man nur denjenigen Respekt entgegenbringt, die etwas für einen tun können. Dieses Phänomen ist auch als »Kellnerregel« bekannt.[26] Dahinter steckt die Idee, dass man sehr viel über einen Menschen erfahren kann, wenn man beobachtet, wie er den Kellner in einem Restaurant behandelt. Brenda C. Barnes, die frühere Vorstandsvorsitzende des großen US-amerikanischen Konsumgüterherstellers Sara Lee, hat früher selbst als Kellnerin gearbeitet. Sie sagt: »Dass ich auf dem CEO-Stuhl sitze, macht mich als Person keinen Deut besser als den Gabelstaplerfahrer in unserem Werk. Wird der Kellner oder ein Mitarbeiter sein Bestes geben, wenn Sie ihn wie Dreck behandeln? Das glaube ich nicht!« Ich finde, die folgende Geschichte bringt das sehr gut auf den Punkt:

Die Abschlussklausur

BEISPIEL *Eine Betriebswirtschaftsstudentin schrieb ihre Abschlussklausur. Alles lief wie am Schnürchen. Doch dann kam die letzte Frage: »Wie heißt die Putzfrau in Ihrem Studentenwohnheim?« Sie konnte es nicht fassen! Erwartete man allen Ernstes, dass sie das wusste? Schließlich fragte sie den Professor, ob diese Frage wirklich für die Note zählen würde. »Aber natürlich!«, antwortete er. »Die meisten von Ihnen träumen doch davon, eines Tages Vorstand oder CEO eines erfolgreichen Unternehmens zu sein. Erfolg ist aber immer das Ergebnis von Teamwork. Eine gute Führungskraft betrachtet nichts als selbstverständlich und erkennt die Leistung von allen im Team an – auch von den Leuten, die scheinbar unbedeutende Aufgaben erfüllen.«*

Probleme wie Diskriminierung oder sexuelle Belästigung haben dazu geführt, dass Respekt inzwischen einer der Punkte ist, auf die sich erfolgreiche Unternehmen besonders konzentrieren. Diese Unternehmen haben erkannt, dass das nicht nur ethisch richtig ist, sondern ihnen auch geschäftliche Vorteile bringt. Das Great Place to Work Institute, das zusammen mit dem *Fortune Magazine* die Liste der 100 besten Unternehmen erstellt, zählt Respekt zu den drei wichtigsten *Vertrauenspfeilern* in einem Unternehmen.[27] Und Sirota Survey Intelligence hat festgestellt, dass in Unternehmen, die zu den besten zehn Prozent gehören, die Beschäftigten der unteren Ebenen genauso behandelt werden wie die Führungskräfte.[28] Deshalb sorgen viele Arbeitgeber jetzt dafür, dass respektvolles Verhalten in ihrem Unternehmen Pflicht ist. Aber natürlich ist es noch viel besser, Respekt nicht anzuordnen, sondern fest in den Herzen der Menschen zu verankern.

Auf Kleinigkeiten achten

»Respekt zeigen« ist ein gutes Beispiel dafür, wie stark Kleinigkeiten sich beim Aufbau von Vertrauenskonten auswirken können. Ich erinnere mich noch gut daran, wie viel es meiner Assistentin bedeutete, dass ich ihre Mutter im Krankenhaus besucht hatte. Für mich war das nur eine Kleinigkeit. Doch für meine Assistentin war es ein Zeichen dafür, dass ich an ihrem Leben Anteil nahm. Das bedeutete ihr sehr viel. Eine englische Redensart lautet: *»Es gibt keine Kleinigkeiten!«* Und das stimmt!

Der Dalai Lama sagte: »Sei freundlich, wann immer es möglich ist. Es ist immer möglich!« An diesen Rat sollten wir uns halten. Denn schon kleine Bekundungen von fehlendem Respekt können zu großen Abhebungen führen, die unsere Vertrauenskonten leerfegen. In einer Gesellschaft, in der Respektlosigkeit und seelische Gewalt in Fernsehsendungen, in Liedern, Büchern und Filmen oft nur belacht und sogar verherrlicht werden, vergisst man allzu oft ihre wahren Auswirkungen. Wir sollten immer daran denken, dass gerade die Kleinigkeiten – im Guten wie im Schlechten – in der Familie die großen Dinge sind.

Respekt bringt messbare Ergebnisse

»Respekt zeigen« mag zwar bei manchen als »soft« gelten. Doch meiner Ansicht nach steht es in direktem Zusammenhang mit dem Vertrauen und somit auch mit den Ergebnissen. Das zeigt auch das folgende Beispiel:

Mit Respekt zum Weltmarktführer

BEISPIEL *Vor einigen Jahren hatten meine Mitarbeiter und ich das Privileg, mit dem Führungsteam von Lenovo zu arbeiten. Damals stand Lenovo vor der Herausforderung, drei verschiedene »Ströme« zusammenzuführen. Kurz zuvor hatte der chinesische Computerhersteller Legend Computers die PC-Sparte von IBM übernommen. So wollte man ein starker Global Player auf dem umkämpften Markt für Computerhardware werden. Das neue Unternehmen wurde in Lenovo umbenannt. Das Führungsteam, das wir berieten, bestand aus einigen hochrangigen Managern von Legend, IBM und Dell. Daher kam auch die Bezeichnung »drei Ströme«.*

Positionsgerangel, Abgrenzung und Skepsis gegenüber Neuerungen: Die Führungskräfte hatten mit den üblichen Problemen und Kinder-

krankheiten, die bei Fusionen auftauchen, zu kämpfen. Zudem standen sie vor der großen Herausforderung, »östliche« und »westliche« Unternehmenskulturen und Führungsstile miteinander zu verschmelzen.

Wie haben sie das geschafft? Zunächst schien es fast unmöglich. Doch dann begannen die Führungskräfte, sich in scheinbar kleinen Dingen gegenseitig Respekt zu zeigen. Beispielsweise wurde Englisch direkt nach der Fusion zur Unternehmenssprache. Während das für die Führungskräfte aus den USA und Europa natürlich kein Problem war, stellte es ihre Kollegen aus China vor große Herausforderungen. Also sprachen die westlichen Führungskräfte bewusst langsamer. Zudem hörten sie den Kollegen aus Fernost sehr genau zu. So stellten sie sicher, dass es keine Missverständnisse gab. Diese einfache Respektbekundung machte einen enormen Unterschied. Sie brachte hohe Vertrauensdividenden und verbesserte die Zusammenarbeit maßgeblich. Nach und nach wuchsen die verschiedenen Kulturen immer enger zusammen. Heute ist Lenovo der größte PC-Hersteller der Welt.

Wie wirkt sich »Respekt zeigen« auf die Schnelligkeit und die Kosten aus?

Warum glauben nur wenige Arbeitnehmer, dass der Unternehmensführung etwas daran liegt, dass sie ihre Fähigkeiten voll ausschöpfen? Und warum denken so viele Mitarbeiter, dass sie dem Management überhaupt nicht wichtig sind? Oft *verhält* sich die Unternehmensführung – auch wenn sie vielleicht davon *spricht* – nicht respektvoll gegenüber den Mitarbeitern. Das Ergebnis ist, dass die Beschäftigten den Führungskräften nicht wirklich vertrauen.

Wie wirken sich fehlender Respekt und mangelndes Vertrauen auf die Schnelligkeit und die Kosten aus? Geben Mitarbeiter, die glauben, dass sie der Unternehmensleitung nicht wichtig sind, wirklich ihr Bestes? Und wie lange wird es dauern, bis sie Veränderungen blockieren, innerlich kündigen oder das Unternehmen verlassen?

Natürlich hat die 2. Verhaltensweise zum Aufbau von Vertrauen nicht nur auf die Mitarbeiter, sondern auch auf die Kunden weitreichende Auswirkungen. Hier ein kurzes Beispiel:

Respekt bringt neue Kunden

BEISPIEL *Vor einigen Jahren herrschte ein erbitterter Wettbewerb zwischen Immobilienmaklern, die einen großen Bauträger beim Verkauf einiger exklusiver Grundstücke in der Nähe von Park City vertreten wollten.*

Der Bauträger lud einige der erfolgreichsten Makler aus Park City ein, damit sie sich und ihre Arbeit vorstellen konnten. Einer von ihnen war Tom Peek. In seiner Präsentation hob er sich nicht groß von seinen Mitbewerbern ab. Doch danach tat er etwas, das den Unterschied machte: Er schickte dem Bauträger eine Karte. Handschriftlich bedankte er sich dafür, dass er die Chance bekommen hatte, sich und sein Unternehmen vorzustellen. Der Bauträger sagte, die Karte hätte ihn veranlasst, sich für Tom Peek zu entscheiden. Doch für Peek war es ganz normal, sich schriftlich zu bedanken. Er meinte: »Es ist wichtig, anderen Respekt zu erweisen!«

Das Bauprojekt, das den Namen »The Colony« bekam, wurde das größte Wintersportprojekt in Nordamerika und sogar einer der Austragungsorte der Olympischen Winterspiele 2002.

Es gibt unzählige andere Beispiele für wirtschaftliche Entscheidungen, die aufgrund einer – manchmal sehr kleinen – Respektsbekundung getroffen wurden. Werbefachleute wissen das! Deshalb versuchen sie, die Konsumenten davon zu überzeugen, dass die Entwicklung eines bestimmten Produkts ein Zeichen dafür ist, dass die Kunden ihnen wichtig sind.

»Respekt zeigen«

Praxistipps zum Aufbau von Vertrauen

Wenn man sich die Verhaltenskurve von Seite 160 noch einmal vor Augen führt, wird klar: Die Verhaltensweisen auf der linken Seite bedeuten, dass wir nicht genügend Respekt zeigen. Oft fehlt es uns dann an Bescheidenheit (Integrität). Vielleicht sind wir auch zu egoistisch und bringen anderen zu wenig Mitgefühl entgegen (Absichten). Oder wir wissen nicht, wie man echte Fürsorge und Respekt zeigt (Fähigkeiten).

Ob Überfürsorglichkeit, Eifersucht oder übertriebene Befürchtungen: Die übersteigerten Verhaltensweisen auf der rechten Seite der Kurve können ein Hinweis darauf sein, dass wir uns mehr auf uns als auf das Wohl der anderen konzentrieren (Absichten). Vielleicht gibt es aber auch Probleme im Hinblick auf unsere Einstellung oder unseren Stil (Fähigkeiten). Es kann auch sein, dass wir zu viel Verantwortung übernehmen oder die Auswirkungen unseres Verhaltens nicht richtig bedenken (Ergebnisse).

Wie bei allen 13 Verhaltensweisen gilt: Man kann den idealen Punkt auf der Verhaltenskurve nicht treffen, wenn man Defizite im Hinblick auf die 4 Grundlagen der Glaubwürdigkeit hat.

So zeigen Sie anderen Respekt

Die folgenden Tipps werden Ihnen helfen, respektvoll mit anderen umzugehen:

- Wenden Sie die »Kellnerregel« auf sich selbst an. Überlegen Sie, wie Sie mit Menschen im Beruf und in der Familie umgehen.

Gefällt Ihnen das? Nein! Dann sollten Sie daran arbeiten, Ihre Absichten zu verbessern.

- Denken Sie darüber nach, was Sie tun können, um anderen zu zeigen, dass sie Ihnen wichtig sind. Schicken Sie ihnen eine E-Mail oder rufen Sie sie an. Loben Sie sie. Bedanken Sie sich schriftlich. Bemühen Sie sich, jeden Tag ein Lächeln auf das Gesicht eines anderen Menschen zu zaubern. Achten Sie darauf, dass zwischen Ihren Gefühlen und Ihrem Handeln keine Lücke klafft.

- Betrachten Sie Beziehungen nie als selbstverständlich. Das gilt besonders für die Beziehungen zu den Menschen, die Sie lieben. Machen Sie nicht den Fehler, Ihre ganze Energie in neue Beziehungen zu stecken, weil Sie davon ausgehen, dass die Menschen in Ihren bestehenden Beziehungen ohnehin wissen, dass sie Ihnen am Herzen liegen. Machen Sie sich klar: In bereits bestehende Beziehungen zu investieren ist mindestens genauso wichtig wie neue aufzubauen!

ZUSAMMENFASSUNG

2. Verhaltensweise: Respekt zeigen

Nehmen Sie andere wirklich wichtig – und zeigen Sie ihnen das auch. Respektieren Sie die Würde jedes Einzelnen. Behandeln Sie alle mit Respekt, auch diejenigen, die nichts für Sie tun können. Denken Sie daran, dass gerade Kleinigkeiten einen großen Vertrauensbonus schaffen. Täuschen Sie keine Fürsorge vor und versuchen Sie nicht, Menschen gegenüber »effizient« zu sein.

3. Verhaltensweise: Transparenz schaffen

»Für manche Menschen ist es ein richtiger Powertrip, in die Führungsetage aufzusteigen. Sie genießen das Gefühl der Kontrolle über Menschen und Informationen. Deshalb behalten sie viele Dinge für sich. Sie sagen nicht offen, was sie über die Mitarbeiter und ihre Leistungen denken, und horten ihr Wissen über das Unternehmen und seine Zukunft. Durch dieses Verhalten etablieren Führungskräfte sich zweifellos als Bosse, doch es raubt ihren Teams das Vertrauen.«
JACK WELCH

»Transparenz schaffen«: Bei der 3. Verhaltensweise zum Aufbau von Vertrauen geht es um Offenheit. Es geht darum, aufrichtig und authentisch zu sein. Dazu gehört auch, die Wahrheit so zu sagen, dass die Leute es nachvollziehen und überprüfen können.

Die 3. Verhaltensweise beruht auf den *Prinzipien* Ehrlichkeit, Offenheit, Integrität – und auf dem Prinzip des Lichts. Wenn etwas transparent ist, fließt das Licht hindurch. Der ehemalige amerikanische Bundesrichter Louis Brandeis sagte: »Sonnenschein ist das beste Desinfektionsmittel.« Sonnenschein reinigt. Er vertreibt die Schatten und die Dunkelheit. Er ermöglicht es uns, zu sehen. Er gibt uns ein Gefühl des Trosts und des Vertrauens, weil wir wissen, dass nichts verborgen bleibt.

Das *Gegenteil* von »Transparenz schaffen« ist, etwas zu verbergen, zu verschleiern oder zu verdunkeln. Dazu gehören das Vorenthalten von Informationen, Geheimnisse und fehlende Offenheit, aber auch versteckte Agenden und Ziele. Das Gegenwort zu »transparent« ist »trüb«. Wenn etwas trüb ist, lässt es kein Licht hindurch. Alles ist verschwommen, sodass man keine klaren Bilder sehen kann.

Wenn man Transparenz *vortäuscht*, entstehen Illusionen und Trugbilder. Dann tun die Leute nur so, als ob. Ihr Motto lautet: »Mehr Schein als Sein!« Sie lassen die Dinge anders aussehen, als sie tatsächlich sind. Das Internet ist ein gutes Beispiel für Transparenz *und* für Illusionen. Einerseits schafft es eine enorme Transparenz. Man kann sich Informationen beschaffen und die Wahrheit herausfinden. Andererseits ist das Internet ein Ort, an dem Leute bewusst Falschinformationen streuen. Viele legen sich im Netz auch Pseudonyme zu, um im Rahmen einer Scheinwelt mit anderen in Kontakt zu treten. In dieser Scheinwelt kennt niemand die wahre Identität und die wirklichen Absichten der anderen.

Transparenz bringt schnell Vertrauen

In der globalen Wirtschaft von heute wird Transparenz für Unternehmen immer wichtiger. Ob bei Kunden, Mitarbeitern, Bewerbern oder Investoren: Mit Transparenz können Unternehmen Vertrauen schaffen – und das sehr schnell.[29] Transparente Unternehmen wissen: Wer die Dinge offenlegt, gibt den anderen die Gewissheit, dass er nichts zu verbergen hat. Ein gutes Beispiel für Transparenz ist der Umgang von Toyota mit seinen Zulieferern:

Transparenz statt Preisdruck

BEISPIEL *In der Automobilbranche ist es üblich, dass die Hersteller versuchen, die Zulieferer im Preis zu drücken. Doch Toyota ist ein Vorbild für eine völlig andere Vorgehensweise. Dort konzentriert man sich darauf, langfristige Beziehungen zu den Zulieferern aufzubauen. Zudem sorgt man dafür, dass die Zulieferer untereinander gut zusammenarbeiten. Das Produktwissen ist zwar geheim, doch das Prozesswissen wird offen weitergegeben.*[30] *Ohne Transparenz bei allen Beteiligten würde die Vorgehensweise von Toyota nicht funktionieren – die Offenheit bildet den Kern der Beziehungen zu allen Zulieferern. Das zahlt sich aus: Bei den Zulieferern genießt Toyota außergewöhnlich hohes Vertrauen.*

In der Familie Transparenz schaffen

Durch Transparenz erzeugt man auch Verständnis und Engagement – das gilt nicht nur im Business, sondern auch in der Familie. Eltern sollten gegenüber ihren Kindern grundsätzlich offen und transparent sein. Das bedeutet nicht, dass man immer alle Karten auf den Tisch legen muss. Manches können Kinder noch nicht verstehen. Transparenz gegenüber Kindern heißt, dass man bei wichtigen Informationen und im Hinblick auf das, was man erreichen will, offen ist.

Ein wichtiges Thema, bei dem in der Familie Offenheit herrschen sollte, ist der *Umgang mit Geld*. Beteiligen Sie Ihre Kinder an den Entscheidungen, wie das vorhandene Geld ausgegeben werden soll. So verstehen Ihre Kinder viel besser, dass Sie manchmal Nein sagen müssen. Das erspart Ihnen lange, nervenaufreibende Diskussionen mit Ihren Kindern über unangemessene Wünsche. Außerdem werden Ihre Kinder im Laufe der Jahre auch bei ihren eigenen Ausgaben verantwortungsbewusster.

Wie wirkt sich »Transparenz schaffen« auf die Schnelligkeit und die Kosten aus?

Im Hinblick auf die Schnelligkeit und die Kosten bringt Transparenz viele Vorteile. Wenn Offenheit herrscht, muss man sich keine Sorgen wegen versteckter Agenden machen, keine Vermutungen anstellen und keine Zeit und Energie damit verschwenden, den Schein zu wahren oder Täuschungsmanöver zu starten. Welche Vorteile das für alle Beteiligten bringt, veranschaulicht das folgende Beispiel:

Viel besser als gedacht!

BEISPIEL *Vor einiger Zeit verhandelte ich mit dem CEO eines bekannten Unternehmens wegen eines großen Projekts. Wir setzten uns zusammen und arbeiteten die Rahmenbedingungen aus. Entscheidend für den Projekterfolg war, dass die Teams aus dem Vertrieb, der Produktentwicklung und der Rechtsabteilung des Unternehmens mitzogen. Deshalb machten wir die Zusammenarbeit noch nicht fest. Stattdessen schickte ich dem CEO nach unserem Gespräch einen Vertragsentwurf.*

Der CEO sprach mit seinen Leuten über den Entwurf und bat sie, das Ganze zu prüfen. Schließlich bekam er den Vertragsentwurf wieder von ihnen zurück – mit unzähligen roten Anmerkungen, in denen die Teamleiter ihre Bedenken, ihre Ideen und ihre Wünsche festgehalten hatten. Der CEO gab den Vertragsentwurf mit den Anmerkungen direkt an mich weiter – ohne jede Bearbeitung! *Das machte großen Eindruck auf mich. So konnte ich die Probleme seiner Mitarbeiter wirklich verstehen und musste keine Vermutungen anstellen. Ich beschloss, ebenso transparent zu sein, und schickte seinen Leuten ein Dokument, in dem ich mich vollkommen offen mit ihren Befürchtungen und Wünschen befasste. Das Ergebnis war, dass wir einen Vertrag abschließen konnten, der für beide Seiten weit mehr Vorteile brachte als der ursprüngliche Entwurf. Zudem sparten wir auch noch jede Menge Zeit. Bis der Vertrag unter Dach und Fach war, brauchten wir nur rund ein Drittel der Zeit, die ohne diese Offenheit nötig gewesen wäre.*

Immer mehr Unternehmen setzen auf Open-Book-Management.[31] Sie schaffen Transparenz gegenüber ihren Beschäftigten, indem sie ihre Jahresberichte dem gesamten Unternehmen zugänglich machen. Ich habe einen CEO beraten, der sagte, dadurch könne man schneller Vertrauen aufbauen als durch alles andere. Er meinte außerdem: »Anfangs gab es bei den Mitarbeitern gewisse Zweifel, ob wir tatsächlich die wahren Zahlen offenlegten. Davon ließen wir uns allerdings nicht entmutigen. Unsere Offenheit führte schon bald zu einer enormen Steigerung des Vertrauens. Das war der Punkt, an dem unser Unternehmen begann, sehr profitabel zu werden.«

»Transparenz schaffen«

Praxistipps zum Aufbau von Vertrauen

Wie bei allen Verhaltensweisen zum Aufbau von Vertrauen ist auch bei der Schaffung von Transparenz eine verantwortungsvolle *Balance* wichtig. Es gibt Dinge, deren Offenlegung unangemessen ist. Beispielsweise sagt uns der gesunde Menschenverstand, dass wir nicht über vertrauliche Angelegenheiten und Gespräche reden sollten. Was passiert, wenn man es doch tut? Hier ein Beispiel:

Schlechte Stimmung im Management

BEISPIEL *Ich erinnere mich noch gut daran, wie ein CEO versuchte, bei einem Führungskräfte-Meeting für Transparenz zu sorgen, indem er die Gehälter aller Anwesenden offenlegte. Dadurch verschlechterte sich die Stimmung schlagartig: Einige Mitarbeiter fragten sich, wieso manche ihrer Kollegen dreimal mehr verdienten als sie selbst. Da die Aktion des CEO nicht durch andere vertrauensbildende Verhaltensweisen wie »Respekt zeigen« ausgeglichen wurde, sorgte sie für schlechte Stimmung im gesamten Management des Unternehmens.*

Das war *unverantwortliche Transparenz* – es ging einfach zu weit! Wenn wir die Aktion des CEO mit Blick auf die Verhaltenskurve ansehen, ist schnell klar: Diese Aktion ist auf der Verhaltenskurve sehr weit rechts zu finden. Aber warum verhalten wir uns manchmal so, dass uns Transparenz mehr schadet als nützt?

Oft mangelt es uns an den 4 Grundlagen der Glaubwürdigkeit. Wenn uns Bescheidenheit (Integrität), eine auf den beiderseitigen Vorteil ausgerichtete Agenda (Absichten), Führungsfertigkeiten (Fähigkeiten) oder die nötige Sensibilität für die Resultate (Ergebnisse) fehlen, schießen wir schnell übers Ziel hinaus.

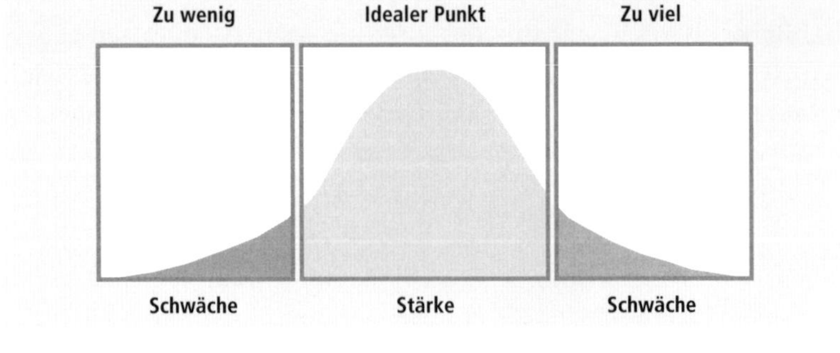

Werfen wir noch einen Blick auf den linken Teil der Kurve. Woran liegt es, dass andere wichtige Informationen zurückhalten oder ihre Ziele nicht offen darlegen? Wenn zu wenig Transparenz herrscht, deutet das oft auf einen Mangel an Ehrlichkeit oder Mut (Integrität) hin. Zudem kann es daran liegen, dass jemand eine versteckte Agenda (Absichten) verfolgt. Vielleicht weiß er auch nicht, wie er das richtige Maß an Transparenz schaffen kann (Fähigkeiten).

Denken Sie auch hier bitte wieder daran, dass Sie durch die Stärkung der 4 Grundlagen der Glaubwürdigkeit den idealen Punkt auf der Verhaltenskurve erreichen können und dass sich alle 13 Verhaltensweisen gegenseitig ausgleichen.

So schaffen Sie Transparenz

Die folgenden Tipps werden Ihnen dabei helfen, Transparenz zu schaffen:

- Fragen Sie sich im Job und zu Hause regelmäßig: Halte ich Informationen zurück, die ich anderen geben sollte? Ja?! Dann sollten Sie überlegen, was der Grund dafür ist. Denken Sie an die Vertrauenssteuer, die Sie möglicherweise dafür zahlen müssen – und an die Dividenden, die Sie durch mehr Transparenz bekommen könnten.

- Haben Sie in Ihrem Unternehmen eine Führungsposition? Beurteilen Sie die Transparenz Ihrer Firma nach innen und nach außen. Denken Sie dann darüber nach, wo mehr Transparenz angebracht wäre. Überlegen Sie, wie Sie die Transparenz und die Vertrauensdividenden auf angemessene Weise steigern können!

- Wirtschaften Sie gemeinsam mit jemand anderem aus einem gemeinsamen »Topf« – beispielsweise mit Ihrem Partner? Dann sollten Sie darüber nachdenken, wie transparent Sie in finanziellen Angelegenheiten sind. Sie wissen ja, dass der Umgang mit dem Geld einer der Hauptgründe für Beziehungsprobleme und Scheidungen ist … Falls Sie im Hinblick auf Ihre finanziellen Entscheidungen nicht offen sind, sollten Sie sich fragen, weshalb das so ist. Die Stärkung der 4 Grundlagen der Glaubwürdigkeit wird Ihnen helfen, transparenter zu sein und sich in finanziellen Angelegenheiten besser mit Ihrem Partner abzustimmen.

ZUSAMMENFASSUNG

3. Verhaltensweise: Transparenz schaffen

Sagen Sie die Wahrheit – und zwar so, dass die anderen das nachvollziehen und überprüfen können. Seien Sie ehrlich und authentisch. Handeln Sie nach der Devise: »Sie bekommen das, was Sie sehen!« Verzichten Sie auf versteckte Agenden. Teilen Sie Ihr Wissen mit anderen. Geben Sie Informationen, die hilfreich für andere sind, umgehend weiter. Verheimlichen Sie keine wichtigen Details.

4. Verhaltensweise: Fehler wiedergutmachen

»Zu wissen, was richtig ist, und es nicht zu tun, ist die schlimmste Form der Feigheit.«
Konfuzius

Als Teenager waren meine Brüder und ich große Sportfans und fieberten mit »unseren« Teams mit. Diese Begeisterung ist bis heute geblieben. Leider muss ich zugeben, dass ich vor ein paar Jahren gegenüber meinem Neffen Kam die Beherrschung verlor:

Das große Spiel

BEISPIEL *Es war der Tag des großen Basketballspiels: Brigham Young University gegen die University of Utah. Das ist traditionell* das Spiel *in Utah. Die Rivalität zwischen den beiden Mannschaften ist legendär: Es kommt immer zu einem erbitterten Kampf. Da mein Schwager an der University of Utah studiert hatte, waren sein Sohn Kam und er große Fans dieses Teams. Kam war damals im Teenageralter und man hatte ihm eingeschärft, sich bei seinen Begeisterungsbekundungen zurückzuhalten: Er sollte die anderen aus der Familie nicht in Verlegenheit bringen, weil alle bis auf ihn und seinen Vater das BYU-Team anfeuerten.*

Zunächst hielt Kam sich tatsächlich zurück. Doch dann traf der Schiedsrichter an einem wichtigen Punkt des Spiels eine äußerst umstrittene Entscheidung zugunsten von Utah. Kam sprang vor Freude auf und schwenkte wild die Arme. Als er sich wieder hinsetzte, konnte ich mich einfach nicht beherrschen. Ich nahm meine Flasche und goss ihm das Wasser über den Kopf! Kam war wie erstarrt. Offenbar konnte er es nicht fassen, dass ich so etwas getan hatte.

Ich schämte mich und bedauerte mein Verhalten zutiefst. Mir war klar, dass ich damit eine große Abhebung von meinem Beziehungskonto bei Kam gemacht hatte. Wie konnte ich das bloß wiedergutmachen? Nachdem ich mich wortreich entschuldigt hatte, kaufte ich eine Limonade. Ich forderte Kam auf, sie mir *ins Gesicht zu schütten! Kam war verlegen und weigerte sich. Er sagte, ich hätte mich einfach hinreißen lassen und er würde mir das verzeihen. Doch ich konnte mir das nicht verzeihen.*

In den nächsten zwei Monaten rief ich Kam fast jede Woche an. Ich sagte jedes Mal: »Kam, ich wollte nur, dass du weißt, dass es mir leid tut, dass ich dir das Wasser über den Kopf geschüttet habe. Verzeih mir bitte!« Als dann das nächste Spiel zwischen den beiden Teams anstand, besorgte ich Karten für Kam und meine Schwester. Dieses Mal fand das Spiel in der University of Utah statt. Ich zwang mich, dort im Stadion zu sitzen, ohne das BYU-Team lauthals anzufeuern. Ich kaufte Kam einige Fanartikel seiner Mannschaft und so viel Junkfood, wie er essen konnte. Dann sagte ich wieder: »Ich wollte dir nur noch mal sagen, dass mir die Sache mit dem Wasser sehr leidtut.« Schließlich rief der arme Junge: »Schon gut, schon gut. Ich verzeihe dir wirklich. Bitte lass uns das Ganze endlich vergessen!«

Am Ende wurde meine Beziehung zu Kam durch all das sogar stärker. Meine hartnäckigen Bemühungen, mich zu entschuldigen und mein Verhalten wiedergutzumachen, überzeugten Kam davon, dass er mir wirklich am Herzen lag. Diese Erfahrung hatte noch etwas anderes Gutes: Sie half mir, mein Temperament zu zügeln.

Ich gehe zwar immer noch zu den Spielen und wünsche mir sehnlichst, dass meine Mannschaft gewinnt. Doch ich habe nie wieder die Beherrschung verloren. Und dann gab es noch eine tragischkomische Wendung des Schicksals: Mein Sohn Britain spielte später sehr erfolgreich im Football-Team der University of Utah.

Eine Entschuldigung ist nicht genug!

Bei der 4. Verhaltensweise zum Aufbau von Vertrauen geht es nicht nur darum, sich zu entschuldigen. Wir müssen alles tun, um unsere Fehler wiedergutzumachen – und noch ein bisschen mehr ... Was heißt das für Unternehmen, die einen Fehler gemacht haben? Die Unternehmen müssen diesen Fehler umgehend korrigieren. Im Idealfall sorgen sie dafür, dass die Kunden nicht nur zufrieden sind, sondern dem Unternehmen gegenüber sogar noch loyaler werden. Auch hier kann man mit Kleinigkeiten viel bewirken – beispielsweise, indem man einer verspäteten Lieferung als Entschuldigung einen Geschenkgutschein oder einen Gratis-Artikel beilegt.

Wenn man in der Familie einen Fehler gemacht hat, kann man zur Wiedergutmachung einen besonderen Liebesbeweis nutzen. Wie wäre es, wenn Sie Ihre nächste Entschuldigung mit einem Blumenstrauß, einer Einladung ins Kino oder einem Frühstück im Bett verbinden?

Vertrauen braucht Bescheidenheit und Mut

»Fehler wiedergutmachen« beruht auf den *Prinzipien* Bescheidenheit, Integrität und Entschädigung.

Das *Gegenteil* der 4. Verhaltensweise zum Aufbau von Vertrauen ist, Fehler zu rechtfertigen, abzustreiten oder sie erst dann zuzugeben, wenn einem gar nichts anderes mehr übrigbleibt. Wenn wir das tun, gewinnen unser Ego und unser Stolz die Überhand. Dann lassen wir uns nicht von unserem Gewissen leiten, sondern nur von den Umständen.

Das *Täuschungsverhalten* ist, unsere Fehler vertuschen zu wollen. Dann müssen wir nicht nur eine, sondern sogar eine doppelte Vertrauenssteuer zahlen: Die Steuer wird zunächst fällig, wenn wir den Fehler machen und ihn verheimlichen. Das zweite Mal fällt die Vertrauenssteuer dann an, wenn wir dabei ertappt werden. Die zweite Steuer ist meist noch viel höher als die erste. Doch wir alle machen Fehler – das ist nur menschlich!

Die Frage ist nicht, ob wir einen Fehler begehen, sondern was wir dann tun! Ob wir den Weg der Bescheidenheit und des Muts wählen oder den des Egos und des Stolzes.

Zu denjenigen, die sich für Bescheidenheit und Mut entschieden haben, gehört der kanadische Lebensmittelriese Maple Leaf Foods:

Eine echte Tragödie

BEISPIEL *Vor einigen Jahren war Maple Leaf in einen schlimmen Lebensmittelskandal verwickelt. Da einige Produkte von Maple Leaf mit Listeria-Bakterien verunreinigt waren, starben über 20 Menschen. Hunderte wurden krank. Eine Tragödie in diesem Ausmaß kann das Vertrauen der Kunden für immer zerstören. Doch das Unternehmen gestand den Fehler sofort ein und übernahm die volle Verantwortung.*

Michael McCain, der CEO von Maple Leaf, entschuldigte sich in einer persönlichen Fernsehbotschaft. Er drückte den Opfern sein Mitgefühl aus. Zudem erklärte er, dass er sich dazu entschieden hätte, die Ratschläge von Anwälten und Finanzexperten zu ignorieren. Seine Sorge galt nicht dem Geld oder der gesetzlichen Haftung. Seine Sorge galt allein den Kunden.

Ein weiteres eindrucksvolles Beispiel für Bescheidenheit und Mut ist Oprah Winfrey. The Oprah Winfrey Show ist legendär. Sie war die erfolgreichste Talkshow in der Geschichte des amerikanischen Fernsehens. Die Talkshow hatte täglich bis zu 20 Millionen Zuschauer in den Vereinigten Staaten und wurde in über 130 Ländern ausgestrahlt:

Tausend kleine Scherben

BEISPIEL *Auf dem Höhepunkt ihres Erfolgs empfahl Oprah Winfrey das Buch* Tausend kleine Scherben *von James Frey in ihrer Talkshow. Daraufhin wurde das Buch zum Bestseller. Kurz darauf wurden Vorwürfe laut, Frey habe in seinem Buch nicht die volle Wahrheit gesagt. Aber Oprah Winfrey verteidigte den Autor. Sie rief sogar in der Sendung von Larry King an, um James Frey zu verteidigen. Doch dann fand sie heraus, dass die Vorwürfe gegen James Frey berechtigt waren. Und was machte Oprah Winfrey? Sie lud den Autor noch einmal in ihre Sendung ein. Hier entschuldigte Oprah Winfrey sich aufrichtig bei ihren Zuschauern. Sie stellte James Frey zur Rede und fragte ihn, weshalb er seine Leser und ihr Publikum belogen hatte. Sie sagte: »Ich fühle mich betrogen. Noch schlimmer ist aber, dass Sie Millionen von Lesern hinters Licht geführt haben!«*

Oprah Winfrey gab außerdem zu, dass der Anruf bei Larry King ein Fehler war: »Ich bereue diesen Anruf! Ich habe einen Fehler gemacht. Ich habe den Eindruck erweckt, dass die Wahrheit keine Rolle spielt. Das tut mir sehr leid. Ich möchte allen, die mich dafür angegriffen haben, sagen, dass sie völlig recht hatten.«[32]

Ihre Integrität und ihr Interesse am Wohl anderer sind das Markenzeichen und die Grundlage des guten Rufs von Oprah Winfrey. Durch ihr Verhalten bestätigte sie ihren Zuschauern, dass sie es ehrlich meint und dass ihr Publikum ihr vertrauen kann.

Ego und Stolz zerstören Vertrauen

Vertrauen braucht Mut und Bescheidenheit. Dennoch beschreiten viele Menschen den Weg des Egos und des Stolzes. Welche Folgen das hat? Das zeigt der Watergate-Skandal, der 1974 zum Rücktritt des republikanischen US-Präsidenten Richard Nixon führte:

Der Watergate-Skandal

BEISPIEL *Im Juni 1972 gab es einen Einbruch im Watergate-Gebäude in Washington. Hier befand sich das Hauptquartier der Demokratischen Partei. Es stellte sich heraus, dass die Republikaner hinter dem Einbruch steckten. Sie wollten belastendes Material gegen die Demokraten sammeln, um sie bei den anstehenden Präsidentschaftswahlen im November in Misskredit zu bringen. Tatsächlich gewann Richard Nixon die Wahl und blieb im Amt.*

Nach und nach kamen immer mehr Fälle von Amtsmissbrauch durch die Republikaner ans Licht. Doch sie versuchten, alles zu vertuschen. Auch Richard Nixon übernahm keine Verantwortung. Dadurch wurde das Vertrauen völlig zerstört. Schließlich wandten sich auch seine letzten Anhänger von ihm ab. Um einer Amtsenthebung zuvorzukommen, erklärte Richard Nixon am 9. August 1974 seinen Rücktritt.

Die Beispiele aus diesem Kapitel zeigen: Wenn man Fehler umgehend zugibt, sich dafür entschuldigt und sich um Wiedergutmachung bemüht, ist die Sache damit meistens erledigt.

Den größten Schaden nehmen Glaubwürdigkeit und Vertrauen, wenn wir unsere Fehler nicht eingestehen und uns nicht entschuldigen. Dann werden aus Kleinigkeiten sehr schnell große Probleme. Falls wir dann auch noch versuchen, das Ganze zu vertuschen, wird alles wesentlich schlimmer.

Natürlich ist eine verspätete Entschuldigung immer noch besser als gar keine. Aber wenn man sich *sofort* entschuldigt und seinen Fehler wiedergutmacht, kann man das Vertrauen viel leichter wiederherstellen.

Wie wirkt sich »Fehler wiedergutmachen« auf die Ergebnisse aus?

Die 4. Verhaltensweise zum Aufbau von Vertrauen wirkt sich besonders stark auf die Ergebnisse aus. Die meisten Versicherungsgesellschaften schärfen den Ärzten ein, sich nicht bei den Patienten für einen Fehler zu entschuldigen. Dabei belegen zahlreiche Statistiken, dass die Ärzte, die sich entschuldigen, seltener verklagt werden. Woran das liegt? Die Leute ziehen eher vor Gericht, wenn sie wütend sind. Und wenn ihnen eine Entschuldigung zusteht und sie nicht erfolgt, dann steigert das ihre Wut. Durch eine Entschuldigung, die von Herzen kommt, kann man anderen oft das Schwert aus der Hand nehmen. So erhält Johnson & Johnson noch heute – über 30 Jahre, nachdem das Unternehmen das mit dem Tylenol-Skandal von 1982 verbundene Unrecht wiedergutmachte – hohe Vertrauensdividenden. Das beweist:

Wenn man seine Fehler wiedergutmacht, kann man bedeutende Augenblicke des Vertrauens schaffen.

Aber was ist, wenn Sie auf der anderen Seite stehen? Wenn *Ihnen* jemand ein Unrecht zugefügt hat? Auch dann können Sie dazu beitragen, dass alles wiedergutgemacht und Vertrauen aufgebaut wird. Springen Sie über Ihren eigenen Schatten. Seien Sie bereit, anderen zu verzeihen, machen Sie es ihnen leichter, sich zu entschuldigen. Und wenn Sie Ihre eigenen Fehler eingestehen, geben Sie anderen die Freiheit, das auch zu tun – und das ist dann ein echter Gewinn für alle!

»Fehler wiedergutmachen«

Praxistipps zum Aufbau von Vertrauen

Rufen Sie sich auch hier bitte wieder die Verhaltenskurve von Seite 160 in Erinnerung. Liegen Sie auf der Verhaltenskurve zu weit links? Tun Sie zu wenig, um Ihre Fehler wiedergutzumachen? Dann sollten Sie an folgenden Grundlagen der Glaubwürdigkeit arbeiten – an Ihrer Ehrlichkeit, Ihrer Bescheidenheit und Ihrem Mut (Integrität), an Ihrer Anteilnahme (Absichten) oder an der Ausrichtung Ihres Verhaltens auf die gewünschten Resultate (Ergebnisse).

Und was ist, wenn Sie sich auf der Verhaltenskurve zu weit rechts befinden? Wenn Sie sich zu überschwänglich oder zu oft für dieselben Fehler entschuldigen? In diesem Fall sollten Sie prüfen, weshalb Sie dieses Verhalten an den Tag legen (Absichten). Zudem sollten Sie Ihr Urteilsvermögen (Fähigkeiten) verbessern. Dann können Sie Situationen, in denen Ihnen Fehler unterlaufen, richtig einschätzen und sich angemessen verhalten.

So machen Sie Ihre Fehler wieder gut

Wollen Sie Ihre Fehler möglichst schnell wiedergutmachen, um Vertrauen bei anderen aufzubauen? Dann habe ich hier einige Vorschläge für Sie:

- Achten Sie auf Ihre Reaktion, wenn Sie das nächste Mal einen Fehler machen. Wie verhalten Sie sich? Versuchen Sie, den Fehler zu ignorieren, zu rechtfertigen oder zu vertuschen? Oder geben Sie ihn umgehend zu und tun alles Menschenmögliche, um Ihren Fehler wiedergutzumachen? Haben Sie noch nicht die nötige Bescheidenheit und den erforderlichen Mut, um Fehler schnell aus der Welt zu schaffen? Das kann man lernen! Beginnen Sie gleich damit, wenn Ihnen das nächste Mal ein Fehler unterläuft. Sprechen Sie Ihren Fehler offen an. Vertuschen Sie nichts. Entschuldigen Sie sich und überlegen Sie, wie Sie die Sache am besten wiedergutmachen können.

- Denken Sie über Ihre Vergangenheit nach. Gibt es Unrecht, das nicht wiedergutgemacht wurde? Warten Beziehungen schon länger darauf, wieder aufgebaut und geheilt zu werden? Vielleicht scheint Ihnen das momentan unmöglich. Eins kann ich Ihnen versichern: Wenn Sie sich ernsthaft bemühen, früheres Unrecht aus der Welt zu schaffen, wird das eine wahre Befreiung sein. Natürlich werden Sie einen akuten Schmerz spüren, wenn Sie das versuchen. Doch damit werden Sie viel besser leben als mit dem chronischen Schmerz, den Misstrauen hervorruft.

- Verzeihen Sie denjenigen, die Ihnen Unrecht zufügen, möglichst schnell. Erleichtern Sie es anderen, ihre Fehler wiedergutzumachen. Dadurch helfen Sie nicht nur den anderen, sondern auch sich selbst.

ZUSAMMENFASSUNG

4. Verhaltensweise: Fehler wiedergutmachen

Entschuldigen Sie sich umgehend, wenn Sie im Unrecht sind. Machen Sie Ihre Fehler wieder gut, wann immer es möglich ist. Seien Sie bescheiden. Vertuschen Sie nichts. Lassen Sie nicht zu, dass Ihr Stolz Sie daran hindert, das Richtige zu tun. Und: Stellen Sie Menschen, die einen Fehler gemacht haben, nicht an den Pranger. Erleichtern Sie es ihnen, ihre Fehler wiedergutzumachen.

5. Verhaltensweise: Loyal sein

»Die Menschen, die schnell Vertrauen, Loyalität und Respekt gewinnen, sind meiner Erfahrung nach diejenigen, die Lob und Anerkennung an die Leute weitergeben, die in Wirklichkeit die Arbeit geleistet haben. Führungskräften brauchen keine Anerkennung … Sie bekommen meist ohnehin mehr Anerkennung, als sie verdienen.«
Robert Townsend, ehemaliger CEO, AVIS

Gerne möchte ich Ihnen zu Beginn dieses Kapitels zeigen, was Loyalität nicht ist. Das habe ich am eigenen Leib erfahren, als ich bei einem ziemlich großen Unternehmen gearbeitet habe:

Das Gegenteil von Loyalität

BEISPIEL *Im Unternehmen war es üblich, mittags gemeinsam mit allen Mitarbeitern aus der Abteilung zu essen. Sobald jemand nach dem Essen aufstand und ging, sprachen die anderen über ihn. Irgendwann wagte ich es gar nicht mehr, den Tisch zu verlassen. Ich wusste ja, dass meine Kollegen noch im selben Moment über mich herziehen würden!*

Das ist ein Beispiel für das krasse *Gegenteil* von »Loyalität«. Meine Kollegen waren nicht loyal. Dadurch machten sie große Abhebungen von ihren Vertrauenskonten bei den Mitarbeitern, über die sie lästerten. Zudem rutschten ihre Vertrauenskonten bei den Leuten ins Minus, die das alles mitbekamen. Ganz anders ist es, wenn wir die 5. Verhaltensweise beherzigen. Das führt zu großen Einzahlungen auf allen Vertrauenskonten. In John Marchicas Buch *The Accountable Organization* beschreibt Colleen Barrett, die ehemalige Präsidentin von Southwest Airlines, wie man mit Loyalität hohes Vertrauen bei den Mitarbeitern aufbauen kann:

Der Kunde hat »nicht« immer recht!

BEISPIEL *Wir sind nicht der Meinung, dass der Kunde immer recht hat. Das haben wir auch offen gesagt – und es hat mir einige erboste Briefe eingebracht! Doch so gewinnen wir das Vertrauen unserer Mitarbeiter. Das soll nicht heißen, dass jemand, der einen Fehler macht, nicht dafür geradestehen muss … Wenn der Kunde aber im Unrecht ist oder sich schlecht benommen hat, werde ich meinen Mitarbeiter verteidigen und unterstützen. Wir haben das noch nicht oft gemacht, aber hin und wieder haben wir einem Kunden gesagt, dass wir ihn nicht mehr bei uns sehen möchten.*[33]

»Loyal sein« beruht auf den *Prinzipien* Integrität, Loyalität, Dankbarkeit und Anerkennung. Man kann auf verschiedene Art und Weise loyal sein. Ich möchte mich hier auf zwei besonders wichtige Punkte konzentrieren:

1. Anderen Anerkennung zeigen
2. So über andere sprechen, als wären sie dabei

Anderen Anerkennung zeigen

Anderen Anerkennung zu zeigen und ihren Anteil an unseren Erfolgen zu würdigen, ist ein wichtiges Mittel, um unsere Loyalität zum Ausdruck zu bringen. Dadurch betonen wir den Wert der Leistung des Einzelnen. Zudem ermutigen wir andere, gut im Team zusammenzuarbeiten, innovativ zu sein und ihre Ideen weiterzugeben. So können wir das Vertrauen vervielfachen.

In diesem Zusammenhang denke ich gerne an die Metapher *Spiegel und Fenster* von Jim Collins. Er sagt, dass wir aus dem Fenster sehen sollten, wenn die Dinge gut laufen. Das heißt: Wir sollten auf alle da draußen und auf das, was sie geleistet haben, schauen. Wir sollten ihnen Anerkennung und Lob zollen. Doch wenn die Dinge nicht so gut laufen, dann müssen wir in den Spiegel sehen. Dann sollten wir nicht nach draußen schauen. Wir sollten nicht einfach anderen die Schuld geben und ihnen Vorwürfe machen. Stattdessen sollten wir den Blick auf uns selbst richten.

Das *Gegenteil* der 5. Verhaltensweise zum Aufbau von Vertrauen ist, die gesamte Anerkennung für sich zu beanspruchen. Einer meiner Klienten hat einen Vorgesetzten, der genau das immer wieder macht:

Zerstörtes Vertrauen

BEISPIEL *Mein Klient hatte einen interessanten Kunden aufgetan. Die Unterzeichnung eines lukrativen Kooperationsvertrags stand kurz bevor. Da es noch ein paar Fragen zu klären gab, musste er seinen Vorgesetzten in die Vertragsverhandlungen einbeziehen. Doch als sein Chef sah, um welche Summen es ging, übernahm er den Kunden selbst. Er strich die gesamte Provision und die ganze Anerkennung ein. Das zerstörte das Vertrauen meines Klienten in seinen Vorgesetzten. Auch alle anderen hatten kein Vertrauen* *mehr in ihren Chef. Seitdem wollte keiner mehr den Vorgesetzten bei Kundengesprächen dabeihaben. Alle fürchteten, dass er mit ihnen dasselbe falsche Spiel treiben würde. Das ist ein sehr gutes Beispiel dafür, dass man Vertrauen bei vielen aufbauen oder zerstören kann, wenn man es bei einem aufbaut oder zerstört.*

Wer nur vortäuscht, dass er sich an die 5. Verhaltensweise hält, ist ein Heuchler: Er bringt anderen Anerkennung entgegen, wenn sie anwesend sind. Doch sobald sie weg sind, spielt er ihre Leistung herunter und beansprucht die komplette Anerkennung allein für sich. Diese Doppelzüngigkeit bleibt selten verborgen und zerstört das Vertrauen.

Ob im Beruf oder im Privatleben: Es gibt zahlreiche Möglichkeiten, anderen Anerkennung für ihre Leistungen zu zeigen. Man kann sie loben. Man kann sich bedanken – mit Briefen, Karten oder Blumen. Man kann im Unternehmen oder in der Familie über die Erfolge der anderen berichten. Eine Führungskraft hat bei einem unserer Workshops von einer interessanten Idee erzählt:

Ehre, wem Ehre gebührt!

BEISPIEL *Unsere Abteilung wird regelmäßig gebeten, der Geschäftsleitung neue Ideen zu liefern. Das bespreche ich dann mit meinen Mitarbeitern. Wenn ich Mails mit guten Vorschlägen bekomme, leite ich diese direkt weiter und schreibe dazu: »Unsere Kommentare folgen.« So können die Vorstände sehen, wer der Urheber der Idee ist. Dadurch herrscht zwischen mir und meinem Team sehr viel Vertrauen und Loyalität. Schließlich wissen alle, dass ich darauf achte, dass sie die gebührende Anerkennung für ihre Leistungen bekommen.*

Wie auch immer Sie anderen die gebührende Anerkennung zukommen lassen: Wenn Sie es tun, werden sich das Vertrauen und die Ergebnisse in allen Bereichen deutlich verbessern. Deshalb sollten Sie immer großzügig mit Anerkennung umgehen.

So über andere sprechen, als wären sie dabei

Der zweite wichtige Punkt im Zusammenhang mit der 5. Verhaltensweise ist, so über andere zu sprechen, als wären sie anwesend. Wie wichtig das ist, habe ich ja schon erwähnt.

Das *Gegenteil* ist, andere zu »verraten« und hinter ihrem Rücken über sie zu lästern.

Das *Täuschungsverhalten* ist, anderen in ihrer Gegenwart zu schmeicheln und über sie herzuziehen, sobald sie nicht dabei sind.

Leider passiert es oft, dass wir die 5. Verhaltensweise zum Aufbau von Vertrauen nicht beherzigen. Vielen ist auch nicht klar, welche Folgen das haben kann. Genau das ist auch der Inhaberin einer Computerfirma passiert. Sie hat uns erzählt, wie sie sich fühlte, als sie ein negatives Feedback zu ihrem Verhalten bekam:

Das tut weh!

BEISPIEL *Ein Mitarbeiter hatte geschrieben: »Wenn ein Angestellter das Unternehmen verlässt, sollten Sie vor den anderen Beschäftigten nicht schlecht über ihn sprechen. Sonst denken die anderen: Wenn ich gehe, wird sofort alles vergessen sein, was ich je für diese Firma getan habe!« Dieser Kommentar tat ungemein weh! Mir war gar nicht bewusst, was ich mit meiner Bemerkung angerichtet hatte. Und mir war auch nicht klar, welche Auswirkungen das hatte. Das machte mich sehr, sehr nachdenklich!*

Warum sprechen viele schlecht über Abwesende? Manche glauben, dass sie sich die anderen dadurch zu Verbündeten machen und ihr Vertrauen gewinnen können. In Wirklichkeit passiert genau das Gegenteil: Was denken die Anwesenden, wenn man über Abwesende lästert? Sie gehen davon aus, dass man auch über sie herziehen wird, sobald sie nicht da sind. So baut man kein Vertrauen auf. Im Gegenteil: Man zerstört es! Das zeigt auch das folgende Beispiel:

Ein schweres Erbe

BEISPIEL *Der neue Geschäftsführer eines mittelgroßen Unternehmens trat ein schweres Erbe an: Sein Vorgänger hatte ihm nichts als Probleme hinterlassen. Dennoch verlor der neue Geschäftsführer kein einziges schlechtes Wort über diesen Mann – weder im kleinen Kreis noch in der Öffentlichkeit. Das war nicht leicht für ihn. Nur zu gerne hätte er seinem Ärger über die Versäumnisse seines Vorgängers Luft gemacht. Doch er tat es nicht! Das zahlte sich aus. Denn so gewann er sehr schnell den Respekt und das Vertrauen von Mitarbeitern, Geschäftspartnern und Kunden.*

Wenn man über andere sprechen muss …

Wie wir über Abwesende sprechen, hat große Auswirkungen auf das Vertrauen – im Guten wie im Schlechten. Vor allem im Beruf wird es immer wieder Situationen geben, in denen Sie über andere *sprechen müssen.* Dann können Sie nicht einfach sagen: »Ich rede grundsätzlich über niemanden – und schon gar nicht über Abwesende!« Was also tun? Eine Führungskraft aus dem Personalbereich hat uns eine interessante Geschichte erzählt:

Die Absicht macht den Unterschied!

BEISPIEL *Ich hatte einen Job, bei dem ich den ganzen Tag über andere sprechen musste. Die Abteilungsleiter kamen zu mir und sagten: »Ich habe ein Problem mit Herrn X oder Frau Y! Was kann ich tun?« Es war klar, dass wir über die Betreffenden sprechen mussten. Manchmal fielen diese Gespräche nicht besonders positiv aus. Deshalb musste ich einen Weg finden, wie ich den Abwesenden gegenüber loyal sein und trotzdem meine Arbeit gut machen konnte.*

Schließlich erkannte ich, worin der Unterschied zwischen Loyalität und Illoyalität liegt – in der Absicht. Wenn es um die Verbesserung von Leistungen oder Beziehungen ging und das Gespräch dem Betreffenden gegenüber fair und respektvoll war, hatte ich das Gefühl, dass ich loyal war. Deshalb rückte ich in den Gesprächen immer den Abteilungsleiter in den Mittelpunkt. Wir konzentrierten uns darauf, was er tun konnte, um die Situation zu verbessern – nicht auf die Fehler und Schwächen der Person, über die wir sprachen.

Der entscheidende Punkt ist, immer mit *Respekt* über andere zu sprechen. Zudem sollte man den Mut haben, direkt zu der Person zu gehen, mit der man ein Problem hat. Manchmal erfährt derjenige, der sich ändern sollte, das ja ausgerechnet als Letzter. Doch wenn man den Betreffenden offen auf ein Problem anspricht, zeugt das von großer Loyalität.

»Loyal sein«

Praxistipps zum Aufbau von Vertrauen

Wie ist es um Ihre Loyalität bestellt? Bitte rufen Sie sich noch einmal die *Verhaltenskurve* auf Seite 160 in Erinnerung. Die Verhaltensweisen auf der linken Seite stehen für eine äußerst geringe Loyalität. Vielleicht sind wir loyal, solange uns das Vorteile bringt. Eventuell legen wir auch eine gewisse Loyalität an den Tag. Doch diese Loyalität ist nicht besonders groß. Sie geht nicht so weit, dass wir uns für den Betreffenden einsetzen, wenn andere sich gegen ihn wenden.

Auf der rechten Seite der Kurve liegen Verhaltensweisen, die nur auf den ersten Blick loyal gegenüber einer Person sind. Das Problem dabei? Diese Verhaltensweisen haben weder das zukünftige Wohl des anderen noch Recht, Gesetz und Prinzipien im Blick. Beispielsweise könnten wir uns bereit erklären, darüber zu schweigen, dass jemand gegen das Gesetz verstoßen hat. Oder wir könnten einem Wertesystem gegenüber unerschütterlich »loyal« bleiben, auch wenn sich abzeichnet, dass es überholt oder unvollständig ist.

Was können wir tun, um uns im Idealbereich der Verhaltenskurve zu bewegen? Hier spielen unsere Integrität (insbesondere Mut und Kongruenz), unsere Absichten (Motive und Verhalten) und unsere Fähigkeiten im Zusammenhang mit dem Vertrauen eine große Rolle. Denken Sie daran, dass Loyalität gegenüber den Prinzipien oft die beste Möglichkeit ist, Loyalität gegenüber anderen Menschen zu zeigen.

So sind Sie anderen gegenüber loyal

Wenn Sie sich in Bezug auf die 5. Verhaltensregel verbessern wollen, sollten Sie sich an folgende Vorschläge halten:

- Überlegen Sie, was Sie tun könnten, wenn andere über einen Abwesenden herziehen. Hier haben Sie vielfältige Möglichkeiten: Sie können sich an der Diskussion beteiligen. Sie können gehen. Sie können bleiben, aber schweigen. Sie können etwas Positives über den Betreffenden sagen, um das Gespräch in eine andere Richtung zu lenken. Sie können aber auch anmerken: »Ich fühle mich nicht wohl dabei, so über jemanden zu reden, wenn er nicht anwesend ist. Falls es ein Problem gibt, sollten wir es direkt ansprechen.« Verhalten Sie sich so, dass es den Prinzipien, die Ihnen wichtig sind, entspricht.

- Seien Sie im Berufs- und im Privatleben großzügig mit Lob und Anerkennung. Helfen Sie mit, dass gute Leistungen gewürdigt werden und jeder die gebührende Anerkennung bekommt.

- Machen Sie es sich zur Regel, niemals negativ über Familienmitglieder zu sprechen. Achten Sie darauf, wie Sie mit Ihrem Partner über andere aus der Familie reden. Das gilt besonders für Gespräche über Ihre Kinder. Bringen Sie Ihre Freude zum Ausdruck, wenn Ihre Kinder etwas richtig machen! Loben Sie sie auch für Kleinigkeiten!

ZUSAMMENFASSUNG

5. Verhaltensweise: Loyal sein

Seien Sie großzügig mit Lob. Erkennen Sie die Leistungen aller an. Reden Sie immer so über andere, als wären sie anwesend. Treten Sie für diejenigen ein, die abwesend sind und sich nicht verteidigen können. Lästern Sie nicht hinter deren Rücken über andere. Falls Sie über andere sprechen müssen, prüfen Sie Ihre Absichten. Und geben Sie nichts weiter, was Ihnen anvertraut wurde.

6. Verhaltensweise: Ergebnisse liefern

»Bei den Führungskräften von morgen wird nicht zählen, dass sie sagen, was sie leisten wollen, sondern, dass sie das leisten, was sie versprochen haben.«
DAVE ULRICH,
PROFESSOR & AUTOR VON WIRTSCHAFTSBÜCHERN

Ich werde oft gefragt: »Wie kann man am schnellsten Vertrauen bei einem neuen Kunden aufbauen?« Dann antworte ich ohne das geringste Zögern: »Indem man Ergebnisse bringt!« Ergebnisse schaffen sofort Glaubwürdigkeit und Vertrauen. Sie belegen, dass wir in der Lage sind, anderen zu nutzen und gute Leistungen zu erzielen. Unsere Ergebnisse sind nicht nur das Fundament unserer Glaubwürdigkeit, sondern auch ein wirkungsvolles Instrument für den Aufbau von Vertrauen in unseren Beziehungen zu anderen.

Bisher haben wir uns mit Verhaltensweisen befasst, die in erster Linie auf dem Charakter beruhen. Nun kommen wir zu den Verhaltensweisen, die auf *Kompetenz* basieren. Der 6. Verhaltensweise **»Ergebnisse liefern«** liegen die *Prinzipien* Verantwortung, Gewissenhaftigkeit und Leistung zugrunde.

Das *Gegenteil* sind schlechte Leistungen oder das Ausbleiben von versprochenen beziehungsweise von erwarteten Ergebnissen.

Beim *Täuschungsverhalten* liefert man keine Ergebnisse, sondern nur Aktivitäten. In diesem Fall ist man zwar sehr beschäftigt, aber nicht wirklich effektiv. Hier ein Beispiel:

Wenig sagen – viel leisten!

BEISPIEL *Im Laufe der Jahre habe ich mit vielen Leuten zusammengearbeitet, die zwar viel redeten, aber kaum Ergebnisse lieferten. Sie hielten fantastische Präsentationen über all die gigantischen Ergebnisse, die sie erzielen würden. Doch sie machten ihre vollmundigen Versprechen nicht wahr. Sie lieferten die groß angekündigten Ergebnisse nicht oder nur unvollständig. So habe ich gelernt, nach Leuten zu suchen, die wenig sagen, aber viel leisten. Natürlich halten diese Leute auch gute Präsentationen und erwarten große Erfolge. Aber sie reden nicht übermäßig darüber. Sie liefern einfach die versprochenen Ergebnisse. Mittlerweile weiß ich, dass es am effektivsten ist, genau diesen Leuten die größten Chancen zu geben!*

Was passiert mit den Vertrauenskonten?

Wenn wir die angekündigten Ergebnisse nicht liefern, machen wir große *Abhebungen* auf unseren Vertrauenskonten bei anderen. Diese Erfahrung habe ich gleich zu Beginn meiner Arbeit als CEO beim Covey Leadership Center gemacht:

Die »Hobby-Abteilung«

BEISPIEL *Als ich meinen Posten beim Covey Leadership Center antrat, gab es dort eine Abteilung, die von den anderen als »Hobby« betrachtet wurde. Obwohl das Team seit Jahren viel versprochen hatte, hatte es bisher keine nennenswerten*

Ergebnisse geliefert. Das gefiel den anderen Abteilungen ganz und gar nicht. Sie hatten das Gefühl, dass sie die Kollegen aus der »Hobby-Abteilung« mitschleppen mussten. Als ich davon erfuhr, setzte ich mich mit dem Leiter dieser Abteilung zusammen. Wir trafen eine Vereinbarung: Die Abteilung würde ein wirklich gutes neues Produkt entwickeln. Das Team würde innerhalb von sechs Monaten Ergebnisse liefern – komme, was da wolle!

Wir setzten ein klares Ziel *und legten die* Verantwortlichkeiten *dafür fest. Doch dann bekam ich das Feedback, dass es nicht zu schaffen sei, in sechs Monaten ein neues Produkt zu entwickeln. Darauf ließ ich mich nicht ein. Stattdessen sagte ich dem Abteilungsleiter deutlich meine Meinung: »Hier steht die Glaubwürdigkeit Ihrer Abteilung auf dem Spiel. Solange es kein vernünftiges Produkt gibt, ist Ihr Bereich nur ein Hobby. Es gibt kein Zurück! Wir müssen Ergebnisse liefern und den vereinbarten Termin einhalten!«*

Das kam bei den Teammitgliedern gar nicht gut an. Sie wollten, dass ich ihnen mehr Zeit gab. Doch ich bestand darauf, dass sie die Vereinbarung einhielten. Am Ende schafften sie es auch. Das Produkt wurde zum abgesprochenen Termin herausgebracht. Und nicht nur das: Das Produkt kam sehr gut an, sodass wir schon bald erfreuliche Gewinne damit erwirtschaften konnten. Jetzt wurde die Abteilung völlig anders wahrgenommen. Sie hatte Ergebnisse geliefert! Dadurch baute sie Vertrauen im gesamten Unternehmen auf. Zudem stiegen das Selbst- und das Teamvertrauen bei denjenigen, die das Produkt rechtzeitig fertig bekommen hatten.

Dieses Beispiel zeigt: Wenn jemand die versprochenen Ergebnisse liefert, wächst das Guthaben auf seinem Vertrauenskonto. Das hat noch einen weiteren sehr positiven Nebeneffekt: Weil man ihm vertraut, bekommt er fast automatisch mehr Chancen und mehr Freiräume. Pete Beaudrault, der frühere CEO von Hard Rock Café und Sbarro, bringt es auf den Punkt:

»Der Preis der Freiheit ist Leistung!«

Mit anderen Worten: Wenn Sie Leistung bringen oder Ergebnisse liefern, eröffnet Ihnen das Möglichkeiten, die Sie sonst nicht hätten. Durch diese Freiheiten gewinnen Sie wesentlich mehr Flexibilität – beispielsweise im Hinblick auf die Arbeit im Homeoffice oder die Vereinbarkeit von Familie und Beruf. Und:

Je besser Ihre Ergebnisse, desto mehr Freiheiten werden Sie haben!

Wenn man Ergebnisse liefert, kann man Skeptiker am besten überzeugen. In neuen Beziehungen helfen Ergebnisse, schnell Vertrauen aufzubauen. Zudem kann man mit Ergebnissen verlorenes Vertrauen sehr gut wiederherstellen. Deshalb lautet die erste Hälfte meiner Definition von Führung: *Ergebnisse* so *erzielen, dass dabei Vertrauen entsteht.*

Ergebnisse im Vorfeld klären

Manchmal spreche ich mit Leuten, die zwar Ergebnisse liefern, aber nicht die *erwartete Reaktion* darauf bekommen. Sie rechnen mit einer Einzahlung von 1000 Euro auf ihr Vertrauenskonto beim anderen. Doch dann müssen sie feststellen, dass es nur eine Einzahlung von 10 Euro war – oder sogar eine Abhebung. Und natürlich fragen sie sich, warum das so ist. Meist liegt es daran, dass sie nicht geklärt haben, welche Ergebnisse tatsächlich von ihnen erwartet wurden. Deshalb wurden Resultate, die in ihren Augen »gut« oder sogar »hervorragend« waren, nur als mittelmäßig betrachtet.

Manchmal erzielen wir die Ergebnisse auch im falschen Bereich. Was ich damit meine? Denken Sie nur an ein Paar, das fast rund um die Uhr arbeitet, um seinen Kindern finanziell alles Erdenkliche bieten zu können. Während die Eltern glauben, damit sehr hohe Einzahlungen zu machen, wünschen sich die Kinder in Wirklichkeit einfach nur mehr gemeinsame Zeit mit der ganzen Familie. Ähnlich ist es auch mit einem Produktentwicklungsteam, das fieberhaft an irgendwelchen Dingen arbeitet, die dem Kunden gar nicht wichtig sind.

Heute sind viele von uns in Bereichen tätig, in denen es schwer ist, messbare Ergebnisse vorzuweisen. Deshalb ist es unerlässlich, die gewünschten Ergebnisse im Vorfeld genau abzuklären:

Es gilt, Ergebnisse festzulegen, die Vertrauen aufbauen. Anschließend muss man die gewünschten Resultate dann auch liefern – zuverlässig, termingerecht und im Rahmen des Budgets.

»Ergebnisse liefern«

Praxistipps zum Aufbau von Vertrauen

Wie bereits erwähnt, rücken bei der 6. Verhaltensweise zum Aufbau von Vertrauen unsere *Kompetenzen* in den Mittelpunkt. Aber was bedeutet das im Hinblick auf die Verhaltenskurve? Links liegen die Ergebnisse, die die Erwartungen nicht erfüllen können. Wer sich hier befindet, sollte seine Integrität, seine Fähigkeiten und natürlich auch seine Ergebnisse verbessern. Ein wichtiger Schritt dazu ist, dass man von Anfang an klar definiert, welche Ergebnisse erwartet werden.

Wer auf der rechten Seite liegt, liefert überdurchschnittlich viele Ergebnisse. Doch er ist nicht wirklich effektiv. Denn er denkt nicht darüber nach, ob diese Ergebnisse ihn und andere wirklich

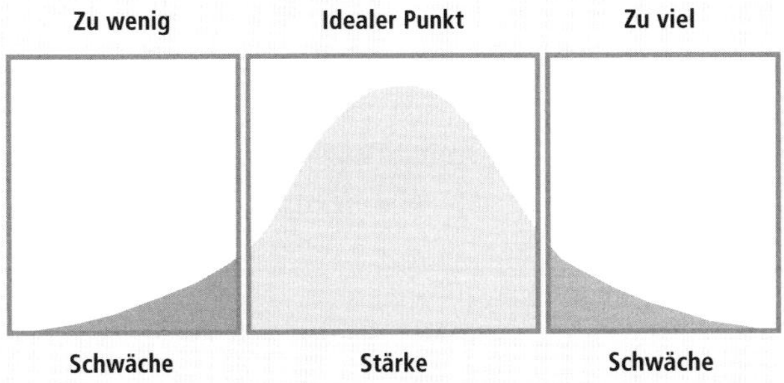

voranbringen. Ein gutes Beispiel dafür ist ein Angestellter, der wie verrückt arbeitet, dabei aber die Prioritäten seines Chefs nicht im Blick hat. Aber was können Sie tun, wenn Sie sich sehr weit rechts auf der Verhaltenskurve befinden? Die Konzentration auf die Integrität, die Fähigkeiten und die klare Definition der Ergebnisse wird Ihnen helfen, dem idealen Punkt auf der Kurve näher zu kommen.

So liefern Sie Ergebnisse

Hier habe ich ein paar Vorschläge, was Sie tun können, um die 6. Verhaltensweise erfolgreich umzusetzen und die gewünschten Ergebnisse zu erzielen:

- Machen Sie sich bitte bewusst: Es genügt nicht, Ergebnisse zu liefern, die in Ihren Augen gut sind. Klären Sie genau ab, welche Resultate Sie bringen sollen. Nur so können Sie die Erwartungen erfüllen und Vertrauen aufbauen.

- Müssen oder wollen Sie sich auf bestimmte Ergebnisse festlegen? Versprechen Sie nicht zu viel. Überlegen Sie gut, ob Sie die angestrebten Ergebnisse tatsächlich erreichen können. Wer zu viel verspricht und zu wenig liefert, macht zwangsläufig eine Abhebung auf seinen Vertrauenskonten bei anderen.

- Versuchen Sie, die Wünsche Ihrer Kunden oder Kollegen so früh wie möglich zu erkennen. Liefern Sie schon Ergebnisse, bevor Sie darum gebeten wurden. Das wird Ihnen neben Ihrer Einzahlung auf das Vertrauenskonto noch eine zusätzliche Dividende einbringen. Die kanadische Eishockey-Legende Wayne Gretzky sagte: »Ich laufe immer zu der Stelle, wo der Puck sein wird, nicht dorthin, wo er bereits war.«

ZUSAMMENFASSUNG

6. Verhaltensweise: Ergebnisse liefern

Sorgen Sie dafür, dass Sie möglichst gute Ergebnisse vorweisen können. Legen Sie sich ins Zeug! Tun Sie das, was man von Ihnen erwartet. Halten Sie sich an den Zeitplan und an das Budget. Versprechen Sie nicht zu viel und liefern Sie nicht zu wenig. Und: Suchen Sie keine Ausreden, um die angekündigten Ergebnisse dann doch nicht bringen zu müssen.

7. Verhaltensweise: Sich verbessern

»Die Analphabeten des 21. Jahrhunderts werden nicht die Menschen sein, die nicht lesen und schreiben können, sondern diejenigen, die nicht lernen, umlernen und dazulernen.«
ALVIN TOFFLER

Gerne möchte ich Ihnen die 7. Verhaltensweise zum Aufbau von Vertrauen mit einem Beispiel erläutern:

Nur wer hinfällt, wird besser!

BEISPIEL *Als Teenager bin ich jeden Winter Ski gefahren. Ich gab mein Bestes, um Jahr für Jahr besser zu werden. Aber wie merkte ich, dass ich tatsächlich Fortschritte machte? Je öfter ich im Schnee landete, desto besser wurde ich! Auf den ersten Blick scheint das vielleicht seltsam. Doch ich erkannte, dass ich mich nicht genug anstrengte, wenn ich nicht hinfiel. Mit 18 war ich richtig gut als Skifahrer. Aber dann begann ich, vorsichtiger zu werden. Ich wollte nicht mehr hinfallen. Ich wollte kein Risiko mehr eingehen. Das Resultat? Ich bin noch immer ein guter Skifahrer. Aber ich habe mich nicht mehr verbessert. Ich zehre von der Vergangenheit und verlasse mich auf die Fertigkeiten, die ich vor vielen Jahren erworben habe.*

Beim Skifahren werden die Pisten in unterschiedliche Schwierigkeitsgrade eingeteilt. Eine blau markierte Piste ist auch für Anfänger geeignet. Rot kennzeichnet mittelschwere Pisten. Schwarz sind Pisten für Könner. Bei uns in Amerika werden die schweren Pisten zudem mit einer unterschiedlichen Anzahl schwarzer Diamanten klassifiziert. Auf einer einfachen blauen oder nicht allzu schweren roten Piste würde ich mich auch heute noch ziemlich gut schlagen. Auf einer schwarzen Doppel-Diamanten-Abfahrt mit extrem steilen Hängen würde ich jedoch keine gute Figur abgeben.

Heute leben wir in einer *Doppel-Diamanten-Welt.* Der rasante technische Fortschritt und die Globalisierung erfordern immer mehr Wissen und bringen immer neue Herausforderungen. Hier kommen wir nicht weiter, wenn wir nur die Fertigkeiten einsetzen, die wir schon immer hatten. Das wäre so, als würden wir uns mit Skikünsten, die gerade mal für eine blaue Piste ausreichen, auf schwarze Abfahrten wagen:

> Wenn wir uns nicht kontinuierlich verbessern, können wir die Herausforderungen der modernen Welt nicht meistern.

Es ist wie bei mir und dem Skifahren: Auf leichten Pisten könnte ich eine genauso gute Figur machen wie ein richtig guter Skifahrer. Doch auf extrem steilen und schwierigen Abfahrten trennt sich die Spreu vom Weizen. Die Menschen, die nachhaltiges Vertrauen wecken, sind eindeutig diejenigen, die dem Doppel-Diamanten-Schwierigkeitsgrad gewachsen sind.

Besser werden und Vertrauen schaffen

Die 7. Verhaltensweise zum Aufbau von Vertrauen **»Sich verbessern«** beruht auf den *Prinzipien* kontinuierliche Verbesserung und lebenslanges Lernen. Die Japaner nennen das *Kaizen;* in Deutschland ist das Ganze unter dem Namen *Kontinuierlicher Verbesserungsprozess (KVP)* bekannt. Wie auch immer man es bezeichnet, es baut enorm viel Vertrauen auf.

Genau wie »Ergebnisse liefern« ist auch die 7. Verhaltensweise ein Beispiel dafür, dass man die 4 Grundlagen der Glaubwürdigkeit in wirksame Werkzeuge zum Aufbau von Beziehungen verwandeln kann. Was geschieht, wenn andere Sie als jemanden wahrnehmen, der ständig lernt und sich weiterentwickelt? Dann fassen sie Vertrauen in Ihre Fähigkeit, in unserer modernen Welt Erfolg zu haben. So können Sie von großem Vertrauen geprägte Beziehungen aufbauen und mit sehr hoher Geschwindigkeit vorankommen.

Das *Gegenteil* von »sich verbessern« sind *Rückschritt* oder *Verschlechterung:* Man ruht sich auf seinen Lorbeeren aus und gerät ins Hintertreffen. Wer sich nicht bemüht, besser zu werden, bleibt stehen. Mehr noch: Er wird ganz schnell von den anderen überholt. Wer einfach dort verharrt, wo er ist, wird kein Vertrauen schaffen, sondern es verringern.

Bei der 7. Verhaltensweise gibt es zwei Arten von *Täuschungsverhalten*. Die erste wird durch den »ewigen Studenten«, den Typ Mensch, der immer lernt, aber nie wirklich Ergebnisse bringt, repräsentiert. Die zweite beschreibt der Autor Frank Herbert wie folgt: »Am stärksten misstraue ich den Menschen, die unser Leben verbessern wollen, dafür aber nur ein einziges Patentrezept haben.« Solche Leute versuchen, alles gewaltsam in das eine Raster zu pressen, das sie gut beherrschen. Der Psychologe Abraham Maslow hat das so ausgedrückt: »Wer gut mit dem Hammer umgehen kann, glaubt gern, dass alles ein Nagel ist!«

Echte Vorbilder und gute Beispiele für die 7. Verhaltensweise

Echte Vorbilder für die Umsetzung der 7. Verhaltensweise sind Microsoft-Gründer Bill Gates, Self-Made-Milliardär Mark Cuban oder Investment-Legende Warren Buffett. Sie alle sind schnelle, leidenschaftliche Lerner, die auch dann erfolgreich blieben, als die Zeiten sich änderten.[34] Mir gefällt, was die Leadership-Expertin Liz Wiseman dazu sagt: »Es geht nicht darum, was Sie wissen. Es geht darum, wie schnell Sie lernen!« Ein sehr gutes Beispiel ist der weltbekannte dänische Spielwarenhersteller LEGO®:

Der LEGO®-Turnaround

BEISPIEL

Im Jahr 2003 steckte LEGO® in einer schlimmen Krise. Der zunehmende internationale Wettbewerb, die Verwässerung der Marke, schlechte Verkaufszahlen und interne Querelen machten dem Traditionsunternehmen schwer zu schaffen. Es gab nur noch drei Möglichkeiten: Insolvenz, Verkauf an einen größeren Wettbewerber wie Mattel oder Hasbro oder aus seinen Fehlern lernen und einen Neustart wagen. Bei LEGO® entschied man sich für das Lernen und den Neustart.

Der Hauptverantwortliche für den Turnaround war der damals gerade einmal 36-jährige Jørgen Vig Knudstorp. Er kam 2004 von McKinsey zu LEGO®. Unter seiner Führung wurde das Unternehmen vom Insolvenz-Kandidaten zu einem der erfolgreichsten Spielzeugproduzenten der Welt.

Wir hatten das Privileg, mit der LEGO®-Group zusammenzuarbeiten. Dabei haben wir festgestellt, dass bei LEGO® Vertrauen ein entscheidender Erfolgsfaktor ist. Vor allem die 7. Verhaltensweise wird im Unternehmen gelebt. Lernen und sich verbessern war der Schlüssel für den erfolgreichen Turnaround. Im Wesentlichen konzentriert sich LEGO® noch immer auf sein Kernprodukt – das LEGO®-

Bausteinsystem. Doch das Unternehmen hat gelernt, dass bunte Bausteine in der Welt von heute nicht mehr ausreichen, um die Kunden zu begeistern. Ob Bücher, Filme, Spielzeug oder Online-Spiele: Man verknüpft die kleinen Klötzchen mit Geschichten, um sie präsenter und lebendiger wirken zu lassen. Dieses neue Konzept macht LEGO® nicht nur für Kinder, sondern auch für Erwachsene unwiderstehlich.[35]

Ob man die 7. Verhaltensweise zum Aufbau von Vertrauen nun Erneuerung, Neuerfindung, Innovation, Disruption, Kaizen oder kontinuierliche Verbesserung nennt – sich immer weiter zu verbessern ist die Voraussetzung, um in unserer Doppel-Diamanten-Welt nachhaltigen Erfolg zu haben. Dazu sind vor allem zwei Dinge nötig:

1. Sich Feedback von anderen holen
2. Aus seinen Fehlern lernen

Sich Feedback von anderen holen

Wer sich verbessern will, sollte sich unbedingt Feedback holen und es dann auch gezielt nutzen. In meinem Leben ist Feedback ein wichtiger Erfolgsfaktor – beruflich wie privat! Deshalb schätze ich die folgenden Worte von Tesla-Gründer Elon Musk sehr:

> *»Ich denke, es ist sehr wichtig, eine Feedback-Schleife zu haben, in der man ständig darüber nachdenkt, was man getan hat und wie man es besser machen kann!«*

Regelmäßig Feedback einzuholen und dann entsprechend zu handeln ist das Kennzeichen von Unternehmen, die sich ständig weiterentwickeln und verbessern. Die Marriott Hotels schicken mir fast jedes Mal, wenn ich in einem ihrer Häuser übernachtet habe, eine E-Mail mit der Bitte um Feedback. Genauso macht es auch Delta, nachdem ich mit der Airline geflogen bin. Und Amazon fordert mich auf, jede Bestellung zu bewerten, die über einen Dritten läuft. Anschließend fließt mein Feedback in die Leistungsbeurteilung dieses Verkäufers ein.

Fast alle großen Unternehmen führen Umfragen unter ihren Mitarbeitern durch, um sich nach deren Zufriedenheit oder ihrem Engagement zu erkundigen. Natürlich genügt es nicht, dass Unternehmen nur Feedback einholen. Entscheidend ist, wie sie darauf reagieren.

Feedback ist so wichtig, dass wir in unsere »Schnelligkeit durch Vertrauen«-Workshops ein umfangreiches *360-Grad-Feedback* integriert haben. Es ist immer wieder faszinierend, wie die Teilnehmer auf dieses Feedback reagieren. Sie vergleichen ihre eigene Einschätzung ihrer Stärken und Schwächen mit den Wahrnehmungen der anderen. Und ganz gleich, ob sie Dinge zu hören bekommen, die sie überraschen oder erschrecken: Das Feedback weist ihnen den Weg zu positiven Veränderungen.

Allerdings sagen wir unseren Teilnehmern auch, dass man Feedback überbewerten kann. Das hat zur Folge, dass man seinem Bauchgefühl leider keine Bedeutung mehr beimisst. Zudem verrät Feedback uns oft mehr über diejenigen, die es uns geben, als über uns selbst. Das kann beim Aufbau von Vertrauen enorm hilfreich sein. Denn so wissen wir, wie andere die Beziehung sehen. Zudem erfahren wir, welche Verhaltensweisen sie wirklich als Einzahlungen auf unser Vertrauenskonto bei ihnen betrachten.

Besonders wichtig ist, dass Sie sich bei denen *bedanken*, die Ihnen Feedback geben. Zudem sollten Sie ihnen sagen, was Sie tun werden, um ihre Anregungen umzusetzen. Wenn die Leute merken, dass Sie ihr Feedback ernstnehmen, weckt das Vertrauen. Und wenn Sie das nicht tun? Das wird zu Abhebungen auf Ihren Vertrauenskonten bei den Feedback-Gebern führen. Dann werden Sie am Ende schlechter dastehen, als wenn Sie gar kein Feedback eingeholt hätten.

Aus seinen Fehlern lernen

Beim Skifahren habe ich etwas Entscheidendes gelernt: Wir können uns nur verbessern, wenn wir bereit sind, Fehler zu machen. Dennoch schrecken viele davor zurück, einen Fehler zu begehen. Sie haben Angst vor Misserfolgen und wollen sich nicht blamieren. Doch kluge Menschen wissen: Fehler gehören einfach zum Leben dazu! Sie sehen Fehler als wertvolles Feedback, das ihnen hilft, sich zu verbessern. Deshalb setzen sie alles daran, um möglichst viel aus ihren Fehlern zu lernen.

Oft bringen gerade Fehler völlig neue Erkenntnisse und sind so der Schlüssel zum Erfolg. Einstein meinte: »Ich denke nach – monatelang, jahrelang. Meine Schlussfolgerung ist 99-mal falsch. Doch beim 100. Mal ist sie richtig!« Und Edison sagte über die Erfindung der Glühbirne: »Ich habe nicht versagt. Ich habe nur 10 000 Wege gefunden, die nicht funktionierten.«

Die erfolgreichsten Unternehmen der Welt haben in Bezug auf ihre Innovationen ganz ähnliche Ansichten. Soichiro Honda, der Gründer des gleichnamigen Unternehmens, betont: »Ich bin überzeugt, dass Erfolg sich nur durch wiederholte Misserfolge und permanente Selbstanalyse erreichen lässt. Erfolg repräsentiert im Grunde das eine Prozent unserer Arbeit, das sich aus den 99 Prozent ergibt, die wir als Misserfolge bezeichnen.«

Gute Führungskräfte schaffen eine Umgebung, in der man auch Fehler machen darf. Ein Beispiel ist Thomas Watson Sr., der IBM zum Erfolg führte:

10 Millionen Dollar

BEISPIEL *Ein junger Manager von IBM hatte bei einem für das Unternehmen sehr riskanten Geschäft über 10 Millionen Dollar in den Sand gesetzt. Es war eine Katastrophe! Watson beorderte den jungen Mann in sein Büro. Dieser war völlig aufgelöst und sagte mit zitternder Stimme: »Sie wollen sicher, dass ich kündige!« Watson erwiderte: »Das meinen Sie doch nicht ernst! Wir haben schließlich gerade 10 Millionen in Ihre Weiterbildung investiert!«*[36]

Genau diese Art des Lernens meinte Watson, als er sagte: »Wer seine Erfolgsquote verbessern will, muss seine Misserfolgsquote verdoppeln.«

»Sich verbessern«

Praxistipps zum Aufbau von Vertrauen

Die 7. Verhaltensweise umfasst alle 4 Grundlagen der Glaubwürdigkeit: Wir brauchen Integrität, um die Verpflichtung einzugehen, uns zu verbessern. Zudem ist Integrität gefragt, damit wir dieser Verpflichtung dann tatsächlich nachkommen. Natürlich sind auch unsere Fähigkeiten wichtig, wenn wir uns verbessern wollen. Hier steht die Fähigkeit, uns Ziele zu setzen und sie zu erreichen, besonders im Fokus. Denn so können wir Vertrauen aufbauen, ausweiten oder wiederherstellen. Zudem spielen die Ergebnisse bei der 7. Verhaltensweise eine entscheidende Rolle. Nur wenn wir Ergebnisse liefern, können wir die angestrebten Verbesserungen erreichen. Zudem sollten wir das Verhältnis von Input und Output bei unseren Verbesserungsbemühungen im Blick behalten. Es bringt nichts, wenn wir mit maximalem Aufwand nur minimale Verbesserungen erzielen.

So verbessern Sie sich

Damit Sie sich verbessern können, möchte ich Ihnen hier noch einige praktische Tipps geben:

- Erkundigen Sie sich bei Ihren Mitarbeitern, Kollegen, Kunden oder Ihren Familienangehörigen, womit Sie weitermachen, aufhören oder anfangen sollten. Tun Sie das am besten schriftlich! Stellen Sie drei einfache Fragen:

  – Womit sollten wir auf jeden Fall *weitermachen*?
  – Womit sollten wir schnellstmöglich *aufhören*?
  – Womit sollten wir unbedingt *anfangen*?

- Ganz wichtig: Bedanken Sie sich bei den anderen für die Antworten. Sagen Sie ihnen, welche Anregungen Sie aufgreifen werden. Halten Sie die anderen auch über die Fortschritte bei der Umsetzung auf dem Laufenden.

- Wenn Sie einen Fehler machen, dann quälen Sie sich nicht mit Selbstvorwürfen. Sehen Sie Ihren Fehler als hilfreiches Feedback. Überlegen Sie, was Sie daraus lernen können, um beim nächsten Mal bessere Ergebnisse zu erzielen.

- Ob im Beruf oder in der Familie: Schaffen Sie eine Umgebung, in der man Fehler machen darf. Ermutigen Sie andere, angemessene Risiken einzugehen und aus ihren Misserfolgen zu lernen. Schaffen Sie eine offene, positive Fehlerkultur und fördern Sie so Vertrauen, Kreativität und Produktivität.

ZUSAMMENFASSUNG

7. Verhaltensweise: Sich verbessern

Verbessern Sie sich kontinuierlich. Arbeiten Sie daran, Ihre Fähigkeiten immer weiter auszubauen. Lernen Sie unermüdlich. Holen Sie Feedback ein. Richten Sie Ihr Handeln an dem Feedback aus, das Sie von anderen bekommen. Bedanken Sie sich bei anderen für ihr Feedback. Lernen Sie aus Ihren Fehlern. Und: Gehen Sie nie davon aus, dass das Wissen und die Fertigkeiten von heute für die Herausforderungen von morgen ausreichen werden.

8. Verhaltensweise: Sich der Realität stellen

»Die erste Pflicht von Führungskräften ist, sich der Realität zu stellen.«
MAX DE PREE,
EHEMALIGER VORSTANDSVORSITZENDER & CEO, HERMAN MILLER

Sicher kennen Sie die »Besprechungen nach den Besprechungen« – die informellen Gesprächsrunden, bei denen man in kleinen Gruppen über all die Dinge diskutiert, die im offiziellen Meeting nicht erwähnt wurden. Haben Sie schon mal darüber nachgedacht, wie viel Zeit und Geld verschwendet werden, weil man sich in den meisten Besprechungen nicht mit den wirklich wichtigen Problemen beschäftigt?

Natürlich gibt es auch in der Familie immer wieder Dinge, die vertrauensvollen Beziehungen im Weg stehen. Dennoch werden sie nicht angesprochen, weil niemand den Mut dazu hat. Die Wirtschaftsautorin Kathleen Ryan spricht in diesem Zusammenhang von »Undiscussables«.[37] Wäre es nicht viel besser, wenn es keine Tabuthemen gäbe? Wenn wir offen und respektvoll über alles reden könnten?

»Sich der Realität stellen«: Die 8. Verhaltensweise zum Aufbau von Vertrauen hilft Ihnen, schwierige Themen mutig anzusprechen. Es geht darum, auch unerfreuliche Dinge beim Namen zu nennen, den Stier bei den Hörnern zu packen und über die »Undiscussables« zu reden. Wenn wir dabei richtig vorgehen, können wir sehr schnell Vertrauen aufbauen. Dann erkennen die anderen, dass wir ehrlich und authentisch sind. Wir schrecken nicht vor den schwierigen Fragen zurück. Im Gegenteil: Wir befassen uns direkt mit den Dingen, die uns Probleme machen. Ein gutes Beispiel dafür ist Cheryl Bachelder, die 2007 CEO von Popeye's Louisiana Kitchen wurde:

Sie wissen, was Sie tun!

BEISPIEL *Als Cheryl Bachelder ihren Posten als CEO antrat, standen sie und ihr Team vor gewaltigen Herausforderungen. Popeye's Louisiana Kitchen hatte in den vergangenen sieben Jahren vier CEOs verschlissen. Die Umsätze befanden sich im Sinkflug, die Produktentwicklung lag am Boden und die Franchisenehmer waren verärgert. Einer sagte: »Erwarten Sie bloß nicht, dass wir Ihnen in absehbarer Zeit vertrauen werden!«*

Cheryl Bachelder und ihr Team entschlossen sich, sich auf den einen Bereich zu konzentrieren, der über die Zukunft von Popeye's Louisiana Kitchen entscheiden würde: die Beziehung zu den Franchisenehmern. Cheryl Bachelder war klar, dass das kein Zuckerschlecken werden würde. Doch sie sah der Realität ins Auge. Um das Vertrauen der Franchisenehmer zurückzugewinnen, müsste sie die Karten offen auf den Tisch legen. Der erste Schritt war, dass Cheryl Bachelder und ihr Team gemeinsam festlegten, welche Ziele und Werte ihr Handeln bestimmen sollten. Anschließend berichteten sie den Franchisenehmern von diesen Zielen und Werten. Sie achteten sehr genau darauf, dass ihr Handeln damit übereinstimmte. Beispielsweise lautete einer ihrer Grundsätze: »Wir sind faktenbasiert und planen sorgfältig!« Doch ihnen fehlten die entsprechenden Zahlen. Sie litten unter einem gravierenden Mangel an Informationen. Deshalb sammelten Cheryl Bachelder und ihr Team riesige Mengen von Zahlen und Daten über jedes einzelne Restaurant. So sorgten sie für eine nie dagewesene Transparenz.

Diese Transparenz brachte die Wende. Denn so konnte Cheryl Bachelder bei Konfrontationen und Beschwerden der Franchisenehmer mit Zahlen, Daten und Fakten argumentieren. Beispielsweise beschwerte sich bei einem Treffen der Franchisenehmer jemand lautstark und rief: »Diese Werbeaktion, die Sie im Juni gestartet haben, hat unser Franchisesystem fast in den Ruin getrieben!« Da erwiderte Cheryl Bachelder höflich: »Diese Aktion hat uns im letzten Jahr die höchste Rentabilität pro Restaurant eingebracht. Das war mit Abstand unsere erfolgreichste Werbekampagne.« Der Mann war erstaunt und fragte nach, woher Cheryl Bachelder das wusste. Sie erwiderte: »Wir haben Ihre Gewinn- und Verlustrechnung und die von über 1000 Restaurants analysiert. Das ist alles ganz transparent bei uns im System!« Da meinte er: »Okay, ich denke, Sie wissen, was Sie tun!« Das veränderte die Stimmung unter den Franchisenehmern. Das Vertrauen in Cheryl Bachelder und ihr Team wuchs. Die Zufriedenheit der Franchisenehmer stieg stetig und das Unternehmen wurde erfolgreicher denn je!

Cheryl Bachelder ist ein Musterbeispiel für eine Führungskraft, die Vertrauen schafft, indem sie den Stier bei den Hörnern packt, Probleme offen anspricht und zielstrebig löst.

Das *Gegenteil* der 8. Verhaltensregel ist, die Realität einfach zu ignorieren, den Kopf in den Sand zu stecken, Probleme zu verharmlosen oder zu hoffen, dass sie sich von selbst lösen werden.

Das *Täuschungsverhalten* ist, nur so zu tun, als würde man sich der Realität stellen. Doch in Wirklichkeit geht man ihr aus dem Weg. Dann ist man zwar ungemein beschäftigt, aber man kümmert sich nur um Belanglosigkeiten und klammert die wahren Probleme aus.

Wenn wir Schwierigkeiten immer nur aus dem Weg gehen, bringt uns das nicht wirklich weiter. Im Gegenteil: Es wirft ein schlechtes Licht auf uns. Die anderen denken dann, dass wir nicht ehrlich sind und unsere Meinung nicht offen sagen. Vielleicht glauben sie auch, dass wir nicht kompetent sind und gar nicht wissen, wo die Probleme tatsächlich liegen. All das trägt ganz sicher nicht zum Aufbau von Vertrauen bei.

»Sich der Realität stellen«: Wie wirkt sich das auf die Schnelligkeit und die Kosten aus?

Wenn wir uns der Realität stellen, wirkt sich das gleich in doppelter Hinsicht auf Schnelligkeit und Kosten aus:

1. Wir bauen Beziehungen auf, die eine offene Kommunikation und schnelle Ergebnisse ermöglichen.
2. Wir müssen uns nicht allein mit schwierigen Problemen herumschlagen, während wir uns bemühen, für die anderen alles schönzureden. Stattdessen können wir uns Unterstützung bei der Lösung dieser Probleme sichern. Gemeinsam findet man viel schneller Lösungsideen, die zudem noch viel besser sind. Und: Mit der Hilfe aller Beteiligten können diese Ideen auch wesentlich schneller umgesetzt werden.

Nach der Fusion von Franklin Quest und dem Covey Leadership Center erlebte ich hautnah, dass es hohe Vertrauensdividenden bringt, wenn man sich der Realität stellt. Als ich vorschlug, über unsere wahren Probleme zu sprechen, war die Verunsicherung zunächst groß. Doch schon nach einer Stunde war es, als wäre ein riesiger Damm gebrochen. Schnell entstanden Offenheit und Vertrauen. Man konnte die Erleichterung und die Wertschätzung aller Anwesenden deutlich spüren. Das brachte die große Wende. Es hob unsere Fähigkeit, gut miteinander im Team zusammenzuarbeiten und dadurch einen wesentlich größeren Nutzen für unsere Kunden zu bieten, auf ein völlig neues Level.

Warum sehen wir der Realität nicht ins Auge?

John Case, ein erfolgreicher Wirtschaftsautor, schreibt in *Open-Book Management*, dass der Schlüssel zum Erfolg darin liegt, die anderen wie Erwachsene zu behandeln. Er sagt: »Wenn die Leute wie Erwachsene behandelt werden, verhalten sie sich auch wie Erwachsene.« Deshalb ist es so wichtig, sich der Realität zu stellen und nicht nur die guten Nachrichten weiterzugeben, sondern auch die schlechten. Nach John Case zeigt man anderen so seinen Respekt. Man signalisiert ihnen: »Sie sind erwachsen. Sie können damit umgehen.«[38] Meiner Ansicht nach signalisiert man ihnen dadurch auch: »Ich schätze Ihre Meinung, Ihre Kompetenz und Ihre Vorschläge, wie wir unsere Probleme lösen können.«

Trotz allem neigen wir oft dazu, ausgerechnet die Menschen auszuschließen, die uns bei der Lösung unserer Probleme am meisten helfen könnten. Doch so schwächen wir uns selbst. Aber warum stellen wir uns dann nicht einfach der Realität? Die meisten tun es nicht, weil sie bei allen beliebt sein wollen. Deshalb überlassen es viele Führungskräfte lieber ihren Stellvertretern, anderen schlechte Nachrichten zu überbringen. Sie glauben, sie müssten einen gewissen Abstand zwischen sich und die Probleme bringen, um ihre Glaubwürdigkeit nicht zu verlieren. Doch das funktioniert meist nicht. Im Gegenteil: Solche Aktionen werden mit einer hohen Vertrauenssteuer belegt. Denn sie geben den Mitarbeitern das Gefühl, dass die Führungskräfte nicht ehrlich und direkt sind. Die Mitarbeiter denken dann, dass die Führungskräfte die »Schmutzarbeit« einfach auf andere abwälzen, weil sie nicht den Mut haben, offen über Schwierigkeiten zu sprechen.

Oft ignorieren wir die Realität auch, um uns Unannehmlichkeiten zu ersparen. Manche Eltern wollen einfach nicht hören, dass eins ihrer Kinder Drogen nimmt oder an Alkoholsucht leidet. Das ist unglaublich schmerzhaft für sie. Deshalb übersehen sie die Anzeichen bewusst und stellen ihr Kind nicht zur Rede. Dadurch verpassen sie die Chance, das Problem beim Namen zu nennen, sofort aktiv zu werden und ihr Kind vor einer schweren Suchterkrankung zu retten.

Manchmal stellen wir uns der Realität auch nicht, weil wir unser Gesicht nicht verlieren wollen. Das habe ich miterlebt, als ich einer Familie mit Rat und Tat zur Seite stand, die ernste finanzielle Probleme hatte. Ihr Einkommen war stark gesunken. Trotzdem hielten sie an ihrem bisherigen Lebensstil fest. Der finanzielle Absturz war ihnen sehr peinlich. Sie wollten vor ihren Freunden und Verwandten nicht schlecht dastehen. Deshalb vertuschten sie ihre Geldprobleme, brauchten ihre gesamten Ersparnisse auf und machten Schulden. Doch: Das war der direkte Weg, sich finanziell zu ruinieren. Da sie der Wahrheit nicht ins Auge sehen wollten, hatten sie den Kopf in den Sand gesteckt. Es dauerte lange, bis sie die Realität akzeptierten und die nötigen Schritte unternahmen, um sich aus ihrer misslichen Lage zu befreien.

Ich habe in meinem Privat- und Berufsleben immer wieder am eigenen Leib erfahren, wie wichtig es ist, sich der Realität zu stellen. Je länger man damit wartet, desto schwieriger wird es. Oft macht man alles sogar noch schlimmer, wenn man nicht umgehend handelt:

Es ist sehr viel effektiver, sich schon mit Schwierigkeiten zu beschäftigen, wenn das noch relativ einfach ist und wenig kostet.

Deshalb sollten Sie keine Scheu davor haben, Probleme offen anzusprechen. Glauben Sie nicht, Sie müssten immer alles in einem positiven Licht darstellen. Natürlich sollten Sie auch nicht ans rechte Ende der Verhaltenskurve abrutschen und sagen: »Alles ist furchtbar, wir werden alle untergehen!« Jim Collins weist darauf hin, dass wir uns den harten Fakten stellen können, ohne den Glauben an ein gutes Ende zu verlieren. Er schreibt:

»Die Konfrontation mit der Realität macht die Unternehmen, die den Sprung an die Spitze schaffen, stärker und widerstandsfähiger, nicht schwächer und anfälliger. Der Moment, in dem man sich den Tatsachen stellt und sagt: ›Wir geben nie auf!‹, verleiht einem ein Hochgefühl. ›Wir werden nicht kapitulieren. Es mag eine Weile dauern, aber wir werden einen Weg finden und Erfolg haben.‹«[39]

»Sich der Realität stellen«

Praxistipps zum Aufbau von Vertrauen

»Sich der Realität stellen«: Wenn wir das auf der Verhaltenskurve betrachten, sehen wir, dass auf der linken Seite keine oder nur eine halbherzige Konfrontation mit der Realität erfolgt. So können wir unsere Probleme nicht effektiv lösen! Wir können den idealen Punkt erreichen, indem wir mutiger sind (Integrität), unsere Absichten verbessern, an unseren Vertrauensfähigkeiten arbeiten und aus den positiven Erfahrungen mit der Einhaltung der 8. Verhaltensweise Selbstvertrauen schöpfen.

Auf der rechten Seite der Kurve machen wir den Fehler, andere für unsere Probleme verantwortlich zu machen. Oft sehen wir die Dinge auch extrem negativ (»Das ist furchtbar, wir werden alle untergehen!«) oder betrachten uns als Opfer (»Die Situation ist schrecklich, aber ich kann absolut nichts dagegen tun!«).

Um den idealen Punkt auf der Verhaltenskurve zu treffen, sollten Sie die 4 Grundlagen der Glaubwürdigkeit stärken und sich an die folgenden Tipps halten:

So stellen Sie sich der Realität

- Ergründen Sie, warum es Ihnen schwerfällt, sich bei der Arbeit oder zu Hause der Realität zu stellen. Zögern Sie, weil Sie Angst vor einem schlechten Ergebnis oder vor Unannehmlichkeiten haben? Machen Sie sich klar, welche Konsequenzen es haben wird, wenn Sie der Realität nicht ins Gesicht blicken. Ändern Sie gegebenenfalls Ihre Einstellung gegenüber den anderen Beteiligten. Betrachten Sie diese als Erwachsene oder als starke Kinder, die mit der Situation fertig werden können.

- Denken Sie über Ihren Umgang mit Geld, Ihre beruflichen Qualifikationen oder Ihre Gesundheit nach. Stellen Sie sich der Realität oder leben Sie in einer Traumwelt? Arbeiten Sie daran, sich selbst gegenüber ehrlich zu sein. Packen Sie schwierige oder unangenehme Dinge unverzüglich an!

- Fühlen Sie sich in einer privaten oder beruflichen Beziehung nicht wohl? Fragen Sie sich, woran das liegt. Was steht einer ehrlichen, von großem Vertrauen geprägten Beziehung im Wege? Denken Sie darüber nach, wie Sie dieses Problem unverblümt, aber respektvoll ansprechen können.

ZUSAMMENFASSUNG

8. Verhaltensweise: Sich der Realität stellen

Befassen Sie sich direkt mit schwierigen Dingen. Sprechen Sie alles an, was bisher nicht gesagt wurde. Übernehmen Sie bei den Gesprächen mutig die Führung. Drücken Sie sich nicht davor, die wahren Probleme anzugehen. Stecken Sie den Kopf nicht in den Sand!

9. Verhaltensweise: Erwartungen klären

»Fast alle Konflikte sind das Resultat enttäuschter Erwartungen.«
Blaine Lee, Autor von »The Power Principle«

Bei der 9. Verhaltensweise zum Aufbau von Vertrauen geht es darum, bereits *im Vorfeld* Übereinstimmung im Hinblick darauf zu finden, was getan werden muss. Leider vergessen wir das oft, sodass es zu *Missverständnissen* und *enttäuschten Erwartungen* kommt. Denken Sie nur einmal an Ihre Erfahrungen – bei der Arbeit oder auch zu Hause:

- Wie viel Zeit, Energie und Geld werden verschwendet, weil die Leute nicht genau wissen, was von ihnen erwartet wird?
- Wie oft kommen die Leute bei einem Projekt völlig aus der Spur, weil die Führungskräfte nicht klar beschrieben haben, was genau zu tun ist?
- Wie viele »schlechte Leistungen« beruhen in Wirklichkeit darauf, dass die Erwartungen nicht genau definiert wurden?
- Und: Wie wirkt sich all das auf das Vertrauen aus?

Die 9. Verhaltensweise **»Erwartungen klären«** basiert auf den *Prinzipien* Klarheit und Verantwortlichkeit.

Das *Gegenteil* ist, die Erwartungen nicht abzuklären. Dann wissen wir nicht, welche Ergebnisse erreicht werden sollen. Das führt dazu, dass wir Vermutungen anstellen. Wir tun das, von dem wir denken, dass es richtig ist. Wenn wir dann nicht die gewünschten Ergebnisse liefern, sind alle enttäuscht. Wir sind enttäuscht, weil unsere Leistung nicht gewürdigt wird und wir uns umsonst angestrengt haben. Die anderen sind enttäuscht, weil ihre Erwartungen nicht erfüllt wurden. Das wirkt sich negativ auf das Vertrauen, die Schnelligkeit und die Kosten aus.

Das *Täuschungsverhalten* besteht darin, dass wir die Erwartungen angeblich klären, aber wichtige Eckpunkte wie Ergebnisse, Fristen oder das Budget nicht festlegen. Eine weitere Art des Täuschungsverhaltens ist, sich immer nur dem Auf und Ab der jeweiligen Erwartungen anzupassen.

Erwartungen zu klären kann eine große Herausforderung sein. Bei unseren »Schnelligkeit durch Vertrauen«-Workshops machen wir hin und wieder das folgende kleine Experiment. Wir bitten die Teilnehmer, die zehn wichtigsten Wörter aufzulisten, die ihnen spontan zu folgender Frage in den Sinn kommen: »Was ist Vertrauen?« Die meisten verwenden das Wort »Vertrauen« relativ oft. Dennoch listen die Workshop-Teilnehmer immer sehr unterschiedliche Dinge auf, die ihnen zu dem Begriff einfallen. Das zeigt, wie schwierig es ist, die Erwartungen zu klären. Wir bringen alle unsere eigenen Vorstellungen und unsere bisherigen Erfahrungen in unsere Sprache ein. Das sollten wir immer bedenken, wenn wir über unsere Erwartungen sprechen. Selbst wenn Sie und ich uns über eine bestimmte Sache einig sind, sollten wir sicherstellen, dass die Worte, die wir benutzen, für uns auch die gleiche Bedeutung haben.

Erwartungen gibt es – bewusst oder unbewusst – bei *allen unseren* Interaktionen. Wie gut oder schlecht diese Erwartungen erfüllt werden, wirkt sich unmittelbar auf das Vertrauen aus. Nicht erfüllte Erwartungen sind sogar eine der Hauptursachen für den Verlust von Vertrauen: »Du hast dein Versprechen nicht gehalten! Du hast gesagt, du würdest das machen, aber du hast es nicht getan!«

Erwartungen klären im Beruf und in der Familie

Ich werde oft gefragt, weshalb wir geschäftliche Vereinbarungen schriftlich festhalten, obwohl wir der anderen Partei doch vertrauen. Meine Antwort lautet immer, dass *Vereinbarungen die Erwartungen klar festlegen.* Und das trägt maßgeblich dazu bei, dass das Vertrauen bestehen bleibt und im Laufe der Zeit sogar noch wächst. Ich habe schon mehrfach erlebt, dass per Handschlag besiegelte Geschäfte schiefgingen. Meist lag das daran, dass die Erwartungen nie über die ursprüngliche Abmachung hinaus geklärt wurden oder dass bei den Beteiligten ein personeller Wechsel stattfand und sich damit das Verständnis des per Handschlag besiegelten Geschäfts änderte.

Meiner Ansicht nach sollten alle Vereinbarungen schriftlich festgehalten werden, sodass die Erwartungen beider Parteien wirklich klar sind. Allerdings haben auch schriftliche Abmachungen ihre Grenzen und können fehlendes Vertrauen nicht ersetzen. Ich habe immer dann Probleme mit juristischen Vereinbarungen, wenn sie in einer feindseligen, von Misstrauen geprägten Sprache abgefasst sind oder als Ersatz für eine vertrauensvolle Beziehung dienen sollen. Der Chef-Justiziar eines Fortune-50-Unternehmens sagte einmal zu mir: »Sie können keine Vereinbarung aufsetzen, die für Menschen, denen Sie nicht vertrauen, umfassend genug ist.«

Auch in der Partnerschaft und der Familie kann man unglaublich viel bewirken, wenn man die Erwartungen klärt. Denken Sie nur daran, wie oft Enttäuschung und Streit das Ergebnis unklarer oder unterschiedlicher Erwartungen sind. Vielleicht erwartet Ihr Partner, dass Sie sich um die finanziellen Angelegenheiten kümmern, die Kinder bei den Hausaufgaben unterstützen oder den Müll rausbringen. Aber vielleicht erwarten Sie von ihm, dass er die eben genannten Dinge tut. Wenn Sie Ihre gegenseitigen Erwartungen nicht klären, wird das immer ein wunder Punkt in Ihrer Beziehung bleiben.

Haben Sie Kinder? Dann sollten Sie darüber nachdenken, wie viel Zeit und Energie verschwendet werden, wenn Sie die Erwartungen innerhalb der Familie nicht klären. Eine gute Bekannte hat mir erzählt, wie sie dieses Problem gelöst hat:

Der Trick mit der Liste

BEISPIEL *Um die Erwartungen innerhalb der Familie zu klären, arbeitete sie mit Listen. Auf den Listen beschrieb sie genau, wie die Kinder ihr Zimmer aufräumen sollten. Diese Listen hängte sie in den Kinderzimmern auf. Zudem übte sie mit ihren Kindern, bis sie genau wussten, was von ihnen erwartet wurde. So konnte sie zwar nicht alle Probleme lösen. Doch es half ihr, viel Zeit und Energie zu sparen und ein von Vertrauen geprägtes Umfeld zu schaffen.*

Erwartungen sind keine Einbahnstraße!

Wissen Sie, was der Hauptgrund für unethisches Verhalten in den Unternehmen ist? Unrealistische Erwartungen! Man präsentiert den Mitarbeitenden völlig überzogene Erwartungen. Dann setzt man ihnen Fristen und sagt ihnen, dass alles termingerecht und kosteneffizient erledigt werden muss. Der Druck, die gewünschten Ergebnisse pünktlich zu liefern, ist enorm. Um die Erwartungen zu erfüllen, tun einige Mitarbeiter unethische Dinge. Denken Sie immer daran, dass die Klärung der Erwartungen keine Einbahnstraße sein darf. Hier müssen alle Beteiligten einbezogen werden:

Mitarbeiter müssen die Möglichkeit haben, ihre Meinung darzulegen, sodass *realistische Erwartungen* entstehen, die für alle Seiten ein Gewinn sind.

In meiner Zeit beim Covey Leadership Center schlug uns ein anderes Unternehmen eine strategische Partnerschaft vor. Wir prüften den Vorschlag. Dabei kamen wir zu dem Schluss, dass diese Partnerschaft weder für uns noch für die andere Firma sinnvoll war. Doch das nahm uns das andere Unternehmen sehr übel:

Gewinn-Gewinn oder gar kein Geschäft!

BEISPIEL *Einer der Unternehmensvertreter sagte ärgerlich zu mir: »Ich bin sehr enttäuscht von Ihnen. Sie tun ja gar nicht das, was Ihr Vater lehrt.«*

Für mich war das ein Schlag unter die Gürtellinie. Ich erwiderte: »Das tut mir wirklich leid. Könnten Sie mir bitte erklären, wie Sie das meinen?«

Er antwortete: »Ihr Vater lehrt Win-Win-Denken. Wir sind hergekommen, um eine Gewinn-Gewinn-Vereinbarung mit Ihnen zu schließen. Aber dazu sind Sie überhaupt nicht bereit!«

Ich war erleichtert und entgegnete: »In Sachen Win-Win stimme ich völlig mit meinem Vater überein. Doch das, was Sie uns vorschlagen, ist nicht Gewinn-Gewinn, sondern Gewinn-Verlust. Dieses Geschäft wäre für uns kein Gewinn! Und um es zu einem Gewinn für uns werden zu lassen, müssten wir es zu einem Verlust für Sie machen. Das ist nicht das, was mein Vater lehrt. Er lehrt ›Gewinn-Gewinn oder gar kein Geschäft‹! Wenn es kein Gewinn für beide Seiten ist, machen wir das Geschäft nicht. Und genauso ist das bei dieser Sache.«

Der Mann verstand, was ich meinte. Nachdem die Erwartungen – Gewinn-Gewinn oder kein Geschäft – geklärt waren, änderte er seine Meinung. Er sah ein, dass es keinen Sinn macht, wenn einer der Geschäftspartner am Ende als Verlierer dasteht!

Die richtige Umsetzung

Im Laufe der Jahre habe ich im Zusammenhang mit der Klärung der Erwartungen einige wichtige Dinge gelernt:

Erstens ist es wichtig, das gewünschte Ergebnis genau zu beschreiben und zu beziffern: Welches Ergebnis wird erwartet? Von wem? Bis wann? In welchem Kostenrahmen? Wie werden wir das Ergebnis messen? Woher wissen wir, dass wir es erreicht haben? Und wer trägt die Verantwortung?

Zweitens ist es sehr hilfreich, drei Punkte genauer zu betrachten: Qualität, Schnelligkeit und Kosten. Zudem sollte man sich klarmachen, dass man sich meistens nur auf zwei dieser drei Punkte konzentrieren kann:

- Wenn man sehr schnell eine hohe Qualität erreichen will, wird das in der Regel auch mehr kosten.
- Wenn man schnell ein Ergebnis erreichen und dabei die Kosten so gering wie möglich halten will, wird man Abstriche bei der Qualität machen müssen.
- Wenn man hohe Qualität und niedrige Kosten will, geht das zu Lasten der Schnelligkeit. Dann wird es etwas länger dauern, bis man das gewünschte Ergebnis erzielt.

Qualität, Schnelligkeit und Kosten: Hier muss man sich also fast immer entscheiden! Wenn man zwei dieser Dinge möchte, muss man auf das dritte verzichten. Diese Erkenntnis hat mir geholfen, die Erwartungen zu klären und zu verstehen, worauf man im Zweifelsfall verzichten muss.

Es gibt jedoch etwas, das diese Gleichung verändern kann: Vertrauen:

Wenn das Vertrauen groß genug ist, ist es durchaus möglich, hohe Qualität, große Schnelligkeit und niedrige Kosten zu erreichen.

Zudem habe ich noch etwas Entscheidendes gelernt: Manchmal ist es sehr schwierig, die Erwartungen zu klären. Dennoch ist es viel besser, das von Anfang an zu tun, als später mit unerfüllten Erwartungen dazustehen.

»Erwartungen klären«

Praxistipps zum Aufbau von Vertrauen

Wie schaffen Sie es, bei der 9. Verhaltensregel den idealen Punkt zu treffen? Sehen wir uns dazu die Verhaltenskurve auf Seite 160 noch mal an: Um den idealen Punkt zu treffen, ist Integrität gefragt. Nur wer mutig und ehrlich ist, kann die Erwartungen offen mit den Betroffenen abklären. Außerdem sollten Sie die feste Absicht haben, Erwartungen festzulegen, die für alle Beteiligten ein Gewinn sind. Darüber hinaus braucht man die Fähigkeit, die angestrebten Ergebnisse so zu beschreiben, dass alle genau wissen, was von ihnen erwartet wird. Und: Man muss in der Lage sein, für eine erfolgreiche Umsetzung zu sorgen.

Wenn Sie sich auf der linken Seite der Verhaltenskurve befinden, drücken Sie Ihre Erwartungen nicht klar genug aus. Falls Sie auf der rechten Seite liegen, sind Sie vielleicht zu detailverliebt, zu aktivitätsorientiert, zu unbeweglich oder auch zu misstrauisch.

So klären Sie Erwartungen

Damit Sie Erwartungen richtig klären können, sollten Sie zunächst überlegen, wo Sie sich bei den 4 Grundlagen der Glaubwürdigkeit verbessern können, um den idealen Punkt auf der Verhaltenskurve zu erreichen. Zudem habe ich noch folgende Tipps für Sie:

- Machen Sie sich bewusst: Bei der Kommunikation mit anderen ist Klarheit der Schlüssel zum Erfolg. Ob Ihre Kommunikation klar war, können Sie mit ein paar einfachen Fragen überprüfen:

  - Haben Sie verstanden, welche Erwartungen erfüllt werden sollen?
  - Wissen Sie, was Ihre Aufgaben sind, um diese Erwartungen zu erfüllen?
  - Denken Sie, dass alle Beteiligten sich über die Erwartungen im Klaren sind?
  - Was könnten wir tun, um die Dinge noch klarer und verständlicher zu machen?

- Sorgen Sie bei Ihrem nächsten Projekt von Anfang an für klare Absprachen. Falls Sie die Leitung haben, sollten Sie alle zusammenrufen und ermutigen, ihre Vorschläge einzubringen. Arbeiten Sie auf eine unmissverständliche Vereinbarung hin, die realistisch ist und für alle einen Gewinn darstellt. Falls Sie nicht die Projektleitung haben, sollten Sie diese Idee entweder Ihrem Teamleiter unterbreiten oder selbst eine Vereinbarung verfassen. Sagen Sie dann zu Ihrem Teamleiter: »Ich verstehe das, was Sie erwarten und was ich tun kann, folgendermaßen … Ist das richtig so? Oder sehen Sie das anders?« Das gibt Ihnen die Möglichkeit, die Erwartungen zu klären und schriftlich festzuhalten. Dadurch haben Sie später keine Probleme wegen falscher, ungeklärter oder unerfüllter Erwartungen.

- Klären Sie die Erwartungen nicht nur im Beruf, sondern auch in der Partnerschaft und der Familie. Planen Sie Zeit mit Ihrem Partner für »Investitionen in unsere Beziehung« ein. Schreiben Sie jeder für sich auf, was für Sie die drei größten Enttäuschungen in Ihrer Beziehung sind. Sehen Sie sich die einzelnen Punkte an. Fragen Sie sich: »Welche Erwartungen habe ich hier, die nicht erfüllt werden?« Sprechen Sie mit Ihrem Partner über Ihre Erkenntnisse im Hinblick auf Ihre Enttäuschungen und Ihre Erwartungen. Arbeiten Sie gemeinsam daran, Klarheit zu schaffen.

ZUSAMMENFASSUNG

9. Verhaltensweise: Erwartungen klären

Sprechen Sie offen über Erwartungen. Sorgen Sie für klare Absprachen. Legen Sie Ergebnisse fest, die für alle Beteiligten ein Gewinn sind. Diskutieren Sie im Zweifelsfall noch einmal darüber. Missachten Sie die Erwartungen anderer nicht. Gehen Sie nie davon aus, dass allen die Erwartungen klar sind.

10. Verhaltensweise: Verantwortung übernehmen

»Macht ist immer etwas, das uns anvertraut wird – wir sind für ihre Ausübung verantwortlich.«
Benjamin Disraeli

Die 10. Verhaltensweise zum Aufbau von Vertrauen lautet: **»Verantwortung übernehmen«**. Es ist kein Zufall, dass sie direkt an die 9. Verhaltensweise »Erwartungen klären« anschließt. Denn: Man kann nur Verantwortung tragen, wenn die Erwartungen zuvor geklärt wurden. Es ist schwierig, jemandem Verantwortung zu übertragen, wenn er nicht genau weiß, welche Ergebnisse erreicht werden sollen.

Wie wichtig die 10. Verhaltensweise im Hinblick auf das Vertrauen ist, zeigt eine Umfrage der PR-Agentur Golin: Hier wurde die »Übernahme von Verantwortung« als zweitwichtigster Faktor für den Aufbau von Vertrauen eingestuft.[40] Zu einem ähnlichen Schluss kommt die renommierte Wirtschaftsprüfungs- und Beratungsgesellschaft PricewaterhouseCoopers. Dort zählt eine »eine Kultur der Verantwortlichkeit«[41] zu den drei Schlüsselfaktoren zum Aufbau von Vertrauen in der Öffentlichkeit.

Die 10. Verhaltensweise beruht auf den *Prinzipien* Verantwortungsbewusstsein und Ehrlichkeit.

Das *Gegenteil* ist, die Verantwortung nicht zu übernehmen, sondern zu sagen: »Das ist nicht meine Schuld!«

Das *Täuschungsverhalten* ist, anderen die Schuld in die Schuhe zu schieben, mit dem Finger auf sie zu zeigen und zu sagen: »Das ist allein ihre Schuld!«

Die 10. Verhaltensweise umfasst zwei wichtige Aspekte:

Wer Verantwortung übernimmt, sollte sich nicht nur *selbst verantwortlich fühlen, sondern auch andere in die Pflicht nehmen*. Führungspersönlichkeiten, die Vertrauen wecken, tun beides.

Selbst Verantwortung übernehmen

Was bedeutet es, sich selbst verantwortlich zu machen? Das zeigt die Geschichte von Matt, der Einkäufer bei einem großen US-amerikanischen Fleischlieferanten ist:

Der Unfall

BEISPIEL *Ein Mitarbeiter von Matt hatte einen Unfall mit einem Firmenwagen. Es war keine schlimme Sache, doch das Unternehmen verlangt, dass alle Unfälle mit seinen Autos der Polizei gemeldet werden. Das gilt auch für Bagatellschäden. Aber das wusste Matt nicht. Doch dann kam sein Vorgesetzter zu ihm und meinte: »Ihr Mitarbeiter hat den Unfall nicht der Polizei gemeldet. Sie müssen ihn abmahnen!« Matt erwiderte: »Er wusste nicht, dass das bei uns Vorschrift ist. Er konnte es gar nicht wissen, weil ich es ihm nicht gesagt habe. Denn auch ich habe nicht gewusst, dass es Vorschrift ist.« Doch sein Vorgesetzter ließ das nicht gelten. Also schrieb Matt eine Abmahnung für den Mitarbeiter. Und: Er verfasste auch eine Abmahnung für sich selbst. Als er seinem Vorgesetzten die beiden Abmahnungen gab, sagte dieser: »Das werde ich so nicht akzeptieren!« Doch Matt entgegnete: »Ich bin dafür verantwortlich, dass meine Leute die Vorschriften kennen!«*

Erinnern Sie sich noch an die Metapher vom Spiegel und vom Fenster, die ich bereits erwähnt habe?[42] Das Beispiel von Matt verdeutlicht einen der Punkte, auf die Jim Collins in dieser Metapher abzielt: In Matts Fall war es an der Zeit, nicht mehr aus dem Fenster zu schauen – nicht auf die anderen zu blicken, ihnen Vorwürfe zu machen und ihnen die Schuld zuzuschieben. Es war an der Zeit, in den Spiegel zu sehen und sich auf seine eigene Verantwortung zu konzentrieren.

Michael Brown, der frühere Leiter der Federal Emergency Management Agency (FEMA), verhielt sich völlig anders, als seiner Behörde im Zusammenhang mit dem Hurrikan Katrina schwere Vorwürfe gemacht wurden. Nach Michael Browns Aussage vor dem Kongress schrieb *USA Today*: »Ex-FEMA-Chef gibt den Leuten vor Ort die Schuld«. Der Artikel begann folgendermaßen:

In einer turbulenten Anhörung, bei der aufgebrachte Kongressabgeordnete Michael Brown angriffen, sah der frühere FEMA-Leiter keinen Grund, sich zu entschuldigen. Er verteidigte sein Vorgehen im Zusammenhang mit Hurrikan Katrina und gab der Gouverneurin von Louisiana, Kathleen Blanco, und dem Bürgermeister von New Orleans, Ray Nagin, die Hauptschuld für die Fehler bei der Evakuierung.[43]

Für dieses Verhalten wurde Michael Brown stark kritisiert. Viele Menschen hatten das Gefühl, dass er nicht nur Fehler gemacht hatte, sondern auch noch versuchte, anderen die Schuld dafür in die Schuhe zu schieben. Aber weshalb fällt es uns so schwer, Verantwortung zu übernehmen? Meines Erachtens liegt es auch daran, dass die Leute sich in unserer Gesellschaft immer mehr als Opfer sehen. Doch die 10. Verhaltensweise erfordert eine völlige Abkehr vom allgegenwärtigen Opfer-Denken. Ein Sprichwort, das dem englischen Nationalökonomen Richard Cobden zugeschrieben wird, bringt es auf den Punkt:

»Der Erfolg hat viele Väter, doch der Misserfolg ist ein Waisenkind.«

Wer sich als Opfer betrachtet, ruft Abhängigkeit und Misstrauen hervor. Doch wer sich zu seiner Verantwortung bekennt, schafft Unabhängigkeit und Vertrauen. Das hat enorm positive Auswirkungen: Wenn Menschen – insbesondere Führungskräfte – zu ihrer Verantwortung stehen, ermutigen sie andere, das auch zu tun. Das gilt natürlich auch für unsere Partnerschaften und Familien. Wenn jemand sagt: »Es tut mir leid, dass ich das Geld so unbedacht ausgegeben habe. Damit habe ich gegen unsere Vereinbarung verstoßen!«, motiviert das die anderen, ebenfalls Verantwortung für ihr Verhalten zu übernehmen. Dadurch entsteht ein Umfeld, in dem Offenheit und Vertrauen herrschen.

Andere in die Pflicht nehmen

Ob im Beruf, in der Partnerschaft oder in der Familie: Andere in die Pflicht zu nehmen ist genauso wichtig, wie selbst Verantwortung zu tragen. Gerade diejenigen, die hervorragende Leistungen bringen, *wollen*, dass man sie in die Pflicht nimmt. Sie spüren, dass das Vertrauen bei ihren Chefs, Führungskräften, Teammitgliedern oder Kollegen und Kunden wächst, wenn sie die Chance bekommen, die Verantwortung für ihre Leistungen zu übernehmen. Doch

Menschen, die Überdurchschnittliches leisten, wollen noch mehr: Sie wollen, dass die anderen ebenfalls in die Pflicht genommen werden. Sie blühen erst richtig auf, wenn von allen erwartet wird, dass sie Verantwortung tragen. Ihnen ist es wichtig, dass Leute, die schlechte Arbeit leisten, sich nicht einfach durchmogeln können.

In einem Umfeld, in dem die Leute wissen, dass alle dieselben Standards erfüllen müssen, entsteht sehr viel Vertrauen. Ganz anders ist es, wenn Führungskräfte die Mitarbeitenden nicht in die Pflicht nehmen. In diesem Fall macht sich schnell das Gefühl breit, dass es nicht gerecht zugeht. Dann heißt es: »Stellen Sie sich vor, was er gemacht hat … Und er ist einfach so davongekommen!« Das ruft Enttäuschung und Unsicherheit hervor, weil offenbar mit zweierlei Maß gemessen wird.

Mein Sohn hat mir erlaubt, im Zusammenhang mit dieser Verhaltensweise eine sehr persönliche Geschichte über ihn zu erzählen:

Wir hatten keine Wahl!

BEISPIEL *Als Stephen 16 war, machte er den Führerschein. Meine Frau Jeri und ich setzten uns mit ihm zusammen und sagten: »Wenn du Auto fahren willst, müssen wir über bestimmte Regeln und Pflichten sprechen.« Wir schlossen einen Vertrag mit Stephen. Hier hatten wir alle Regeln festgelegt, die uns wichtig waren: »vorsichtig fahren«, »das Anschnallen nicht vergessen« oder »sich an Verkehrsregeln und Geschwindigkeitsbegrenzungen halten«.*

Kurz danach schied Stephens Footballteam bei den Playoffs aus. Alle waren total frustriert, als sie sich auf den Heimweg machten. Das galt auch für Stephen, der mit ein paar Freunden im Auto losfuhr. Gegen Mitternacht bekam ich einen Anruf von der Polizei. Stephen war angehalten worden, weil er zu schnell gefahren war – viel zu schnell. Er hatte zwar nichts getrunken, doch er war mit derart überhöhtem Tem-

po unterwegs gewesen, dass die Polizei mich umgehend informierte. Ich sagte dem Beamten, dass ich Stephen abholen würde. Jeri kam mit, um Stephens Auto nach Hause zu fahren.

Jeri und ich hatten Stephen eindeutig gesagt, wie unsere Erwartungen in Sachen Führerschein und Autofahren aussahen: »Wenn du dich nicht an die Verkehrsregeln hältst, darfst du nicht mehr Auto fahren!« Jetzt war der Moment gekommen, um ihn in die Pflicht zu nehmen. Alle Eltern, die ein Kind im Teenageralter haben, wissen, dass das nicht leicht ist. Unser Leben war wesentlich einfacher, seit wir Stephen nirgendwo mehr hinbringen mussten. Zudem hatten wir es sehr genossen, wenn er hin und wieder Besorgungen mit dem Auto für uns machen konnte. Wenn wir uns jetzt an unsere Vereinbarung hielten, würde es mit all dem wieder vorbei sein. Außerdem tat Stephen mir auch leid. Er war ja erst 16 und musste jetzt ein sehr hohes Bußgeld zahlen. Wie sollte er das denn schaffen? Wie würde sich diese Sache auf seinen Ruf und seine Beziehungen zu seinen Freunden auswirken? Und auf seine Beziehung zu uns?

Doch wir hatten keine Wahl! Stephen musste zur Verantwortung gezogen werden. Wie hätte er sonst noch das Gefühl haben können, dass er uns vertrauen konnte? Und wie hätten unsere anderen Kinder uns noch vertrauen können? Die Sache hatte nicht nur Auswirkungen auf Stephen, sondern auf unsere ganze Familie.

Stephen bezahlte das Bußgeld. Es betrug über 500 Dollar und er musste hart dafür arbeiten! Die Behörden zogen seinen Führerschein nicht ein. Doch wir taten es! Nicht für immer, aber für einige Monate – genau wie wir es in unserem Vertrag festgelegt hatten![44]

Das Ganze war wirklich schlimm für Stephen. Aber er hat seine Lektion gelernt und ist seitdem ein vorbildlicher Fahrer. Mittlerweile hat er bei seinen Freunden sogar den Ruf, dass sie bei ihm im Auto besonders sicher sind. Das wurde sogar ein echter Running Gag: Wenn Stephens Freunde irgendwo hinfahren wollten und ihre Eltern sie ermahnten, vorsichtig zu fahren, hieß es immer:

»Keine Sorge – Covey kommt auch mit!« Und das bedeutete, dass sich alle anschnallen, die Geschwindigkeitsbeschränkungen beachten und sich an die Verkehrsregeln halten mussten.

Wenn es darum geht, die Leute im Job in die Pflicht zu nehmen, ist Ursula Burns ein echtes Vorbild. Ursula Burns schaffte es bei Xerox von der Praktikantin bis zur Vorstandsvorsitzenden. In den Meetings zu aktuellen Projekten stellte sie die Mitarbeiter, die ihre Ziele nicht erreicht hatten, konsequent zur Rede. Dabei war sie immer fair, aber schonungslos offen. Betsy Morris beschrieb die Vorgehensweise von Ursula Burns im *Fortune*-Magazin folgendermaßen: »Die Leute begriffen die Botschaft schnell: Wenn sie ihre Ziele erreichten, durften sie sich zurücklehnen und zusehen, wie die anderen um Erklärungen rangen.«[45]

Ob als Führungskraft oder als Eltern: Manchmal muss man über seinen Schatten springen, um andere in die Pflicht zu nehmen. Aber es lohnt sich. Denn:

Andere zur Verantwortung zu ziehen ist nicht immer leicht. Manchmal ist es sogar unheimlich schwer. Doch es bringt einen enormen Gewinn – und zwar in Form von Vertrauen!

»Verantwortung übernehmen«

Praxistipps zum Aufbau von Vertrauen

Wenn es um die Übernahme von Verantwortung geht, ist ein Blick auf die *Verhaltenskurve* sehr hilfreich: Auf der linken Seite liegen die Verhaltensweisen, bei denen wir nicht die volle Verantwortung tragen wollen, andere nicht ausreichend in die Pflicht nehmen und in unserem Unternehmen oder in der Familie keine effektiven Regelungen der Verantwortlichkeiten haben. Um den idealen Punkt auf der Kurve zu erreichen, brauchen wir mehr Charakter (Integrität und Absichten). Unerlässlich ist auch, dass wir unsere Kompetenz erweitern. Hier können wir vor allem an zwei Hebeln ansetzen: Wir müssen unsere Fähigkeit, Erwartungen klar zu definieren, verbessern. Außerdem müssen wir lernen, wie wir die Verantwortlichkeiten eindeutig regeln. Dazu gehört auch, dass wir festlegen, welche Konsequenzen es hat, wenn jemand seiner Verantwortung nicht nachkommt.

Auf der rechten Seite der Verhaltenskurve sind Führungskräfte, die die Verantwortung für Dinge übernehmen, auf die sie gar keinen Einfluss haben – etwa Währungsschwankungen oder Zinssätze. Hier finden wir auch Menschen, die sich nach dem Scheitern ihrer Beziehung die alleinige Schuld geben. Oder Kinder, die sich

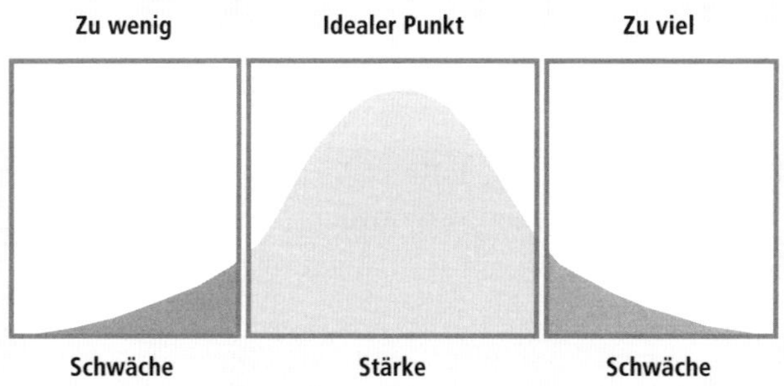

dafür verantwortlich fühlen, dass die Ehe ihrer Eltern unglücklich oder gescheitert ist. Um sich wieder zum idealen Punkt zurückzubewegen, braucht man Charakter, Kompetenz und ein gesundes Urteilsvermögen, das aus allen 4 Grundlagen der Glaubwürdigkeit erwächst.

So übernehmen Sie Verantwortung

Die folgenden Tipps werden Ihnen helfen, Verantwortung zu übernehmen und andere in die Pflicht zu nehmen:

- Wenn Sie merken, dass etwas schiefgeht und Sie anderen die Schuld dafür geben, sollten Sie innehalten. Fragen Sie sich: »Wo liegt meine Verantwortung bei dieser Sache?« Denken Sie nach, wie es sich auf das Vertrauen auswirkt, wenn Sie anderen die Schuld in die Schuhe schieben. Springen Sie über Ihren Schatten. Seien Sie bereit, persönlich Verantwortung zu übernehmen.

- Sorgen Sie dafür, dass auch Ihre Mitarbeiter Verantwortung tragen. Klären Sie die Erwartungen von Beginn an genau ab. Sorgen Sie dafür, dass alle wissen, wofür sie verantwortlich sind und bis wann sie die vereinbarten Ergebnisse liefern sollen. Überlassen Sie es den anderen, zunächst selbst zu beurteilen, ob sie ihrer Verantwortung gerecht geworden und die abgesprochenen Resultate erzielt haben. Sie werden sehen: Die meisten beurteilen ihre Leistung wesentlich strenger, als es Außenstehende tun würden! Ob positiv oder negativ: Achten Sie darauf, dass auf Leistungen auch die jeweils vereinbarten Konsequenzen folgen. Denken Sie daran: Engagierte Mitarbeiter werden sehr gerne in die Pflicht genommen und wünschen sich, dass auch alle anderen die Verantwortung für ihre Leistungen übernehmen.

- Überlegen Sie, wie Sie in Ihrer Familie Verantwortungsbewusstsein aufbauen können. Sprechen Sie mit Ihrem Partner über Ihre jeweiligen Verantwortungsbereiche. Aufräumen, Blumen gießen oder den Müll rausbringen: Schließen Sie mit Ihren Kindern Vereinbarungen darüber ab, welche Verpflichtungen sie innerhalb der Familie übernehmen. Legen Sie auch fest, welche Konsequenzen es hat, wenn Ihre Kinder diese Aufgaben gut oder schlecht erfüllen. Halten Sie sich konsequent an diese Vereinbarungen.

ZUSAMMENFASSUNG

10. Verhaltensweise: Verantwortung übernehmen

Tragen Sie selbst Verantwortung und nehmen Sie auch andere in die Pflicht. Legen Sie fest, wer die Verantwortung für welche Aufgaben übernimmt. Stehen Sie zu Ihrer Verantwortung für die Ergebnisse. Sehen Sie sich nicht als Opfer. Drücken Sie sich nicht vor Ihrer Verantwortung: Wenn etwas schiefgeht, dann schieben Sie die Schuld nicht einfach den anderen in die Schuhe!

11. Verhaltensweise: Erst zuhören

»Falls es im Leben ein großes Erfolgsgeheimnis gibt, liegt es in der Fähigkeit, sich in andere hineinzuversetzen und die Dinge mit ihren Augen zu sehen – nicht nur mit den eigenen.«
HENRY FORD

Auch für die 11. Verhaltensweise sind Charakter und Kompetenz fast zu gleichen Teilen erforderlich. Aber was heißt das genau: **»Erst zuhören«**? Das bedeutet, dass wir wirklich *zuhören*. Hier geht darum, sich aufrichtig zu bemühen, die Gedanken, Gefühle und den Standpunkt des anderen zu verstehen. Es bedeutet aber auch, dass wir zuhören, bevor wir versuchen, uns ein Urteil zu bilden, den anderen zu beeinflussen oder ihm Ratschläge zu geben.

Wie wichtig es ist, die 11. Verhaltensregel zu beherzigen, habe ich schon auf der High School gelernt. Damals hatte ich einen Debattier-Kurs belegt. Als meine erste Präsentation anstand, war ich total aufgeregt:

Der Debattier-Kurs

BEISPIEL *Während meiner Präsentation hob der Kursleiter immer wieder die Hand und machte schnelle, kreisförmige Bewegungen. Ich überlegte, was das zu bedeuten hatte.*

Meines Erachtens wollte er, dass ich den Punkt, über den ich gerade sprach, noch genauer erläutere. Deswegen kam ich noch einmal unter einem anderen Blickwinkel darauf zurück. Nach der Präsentation musste ich allerdings feststellen, dass der Kursleiter mir genau das Gegenteil sagen wollte: »Gut! Diesen Punkt habe ich verstanden. Kommen Sie zum nächsten!« Dass ich das nicht erkannt habe, wirkte sich negativ auf die Bewertung meines Debattier-Teams aus! Das war mir wirklich peinlich!

Jahre später war ich bei einer Präsentation vor einem wichtigen Kunden in einer ähnlichen Lage. Ich moderierte eine Diskussion über die Unternehmenskultur und brachte dabei einige heikle Punkte ans Tageslicht:

Betretene Stille

BEISPIEL *Alle Teilnehmer waren sehr engagiert und machten wunderbar mit. Doch dann wurde es plötzlich still – keiner wollte mehr über die schwierigen Punkte sprechen. Der Werksleiter war hereingekommen und hatte sich zu der Gruppe gesetzt. Irgendwann bemerkte jemand aus der Gruppe meine Verunsicherung. Deshalb zeigte er auf den Werksleiter, der vor ihm saß. Er wollte mir damit zu verstehen geben: »Er ist hier! Keiner vertraut ihm. Er ist der Grund dafür, dass jetzt keiner von uns mehr etwas sagen will.« Das legte ich jedoch total falsch aus. Ich dachte, dass ich mich direkt an den Werksleiter wenden sollte. Genau das tat ich dann auch – zum Entsetzen meiner Kollegen und der gesamten Gruppe. Sie können sich sicher vorstellen, dass die Diskussion dann nicht mehr besonders gut weiterlief.*

Was ich Ihnen damit sagen will: Es ist wirklich wichtig, dass wir *erst zuhören, erst verstehen.* Sonst laufen wir Gefahr, von völlig falschen Annahmen auszugehen und uns kontraproduktiv oder sogar peinlich zu verhalten!

Zu den *Prinzipien* hinter der 11. Verhaltensweise gehören Verstehen, Respekt und der beiderseitige Vorteil.

Das *Gegenteil* der 11. Verhaltensweise ist, erst zu sprechen und nicht richtig oder gar nicht zuzuhören. Dann sind wir ausschließlich auf uns selbst fixiert und ignorieren die Ideen und die Meinung der anderen. Doch das ist ein auf die eigene Person ausgerichtetes, vom Ego getriebenes Verhalten. Damit kann man garantiert kein Vertrauen aufbauen!

Das *Täuschungsverhalten* ist, nur so zu tun, als ob man zuhört. Doch in Wahrheit denkt man schon über seine Antwort nach und kann es kaum abwarten, dass man endlich selbst an die Reihe kommt. Doch so können wir den anderen nicht verstehen! Wir gehen nicht auf unseren Gesprächspartner ein. Schlimmer noch: Wir geben ihm das Gefühl, dass wir uns nicht für das interessieren, was er zu sagen hat.

Man kann gar nicht oft betonen, wie wichtig die 11. Verhaltensweise ist. Denn:

> Oft entstehen Probleme dadurch, dass die Leute nicht zuhören.

»Erst zuhören«: Wie wirkt sich das auf die Schnelligkeit und die Kosten aus?

Manche glauben, es sei nicht effektiv, erst zuzuhören. Sie denken, dass es einfach zu viel Zeit kosten würde. Das glaube ich nicht. Ich bin überzeugt, dass die 11. Verhaltensweise *enorm effektiv* ist, weil sie äußerst positive Auswirkungen auf den Aufbau von Vertrauen, die Schnelligkeit und die Kosten hat. Das sieht auch Peter Drucker, der Pionier des modernen Managements, so. In einem Artikel, der in der *Harvard Business Review* erschienen ist, erläutert Peter Drucker acht Verhaltensweisen effektiver Führungskräfte. Ganz am Ende schreibt er:

> *»Wir haben gerade acht Verhaltensweisen effektiver Führungskräfte näher betrachtet. Ich möchte sie jetzt noch um eine weitere ergänzen. Diese Verhaltensweise ist so wichtig, dass ich sie in den Status einer Regel erhebe:* Zuerst zuhören, zuletzt sprechen!«[46]

Weshalb machte Peter Drucker diesen Punkt zu einer Regel? Wenn man erst zuhört, gewinnt man Erkenntnisse, die man sonst nie gehabt hätte. So kann man wesentlich bessere Entscheidungen treffen. Zudem zeigt man den anderen Respekt – und das hat erstaunliche Auswirkungen auf das Vertrauen.

In erfolgreichen Unternehmen weiß man, wie wichtig es ist, *erst zuzuhören.* Das gilt vor allem im Hinblick auf die Kunden. Wenn die Unternehmen keine Marktanalyse durchführen, um die Bedürfnisse der Konsumenten zu ermitteln, *bevor* sie ein Produkt herstellen, werden sie keinen Gewinn machen.

Auch gute Führungskräfte wissen, dass es unerlässlich ist, *erst zuzuhören* – insbesondere den Mitarbeitern. Wer das nicht tut, bringt sich und das Unternehmen um die Informationen, das Feedback und die Partnerschaften, die in unserer schnelllebigen, disruptiven Welt von entscheidender Bedeutung sind. Als Mike Garrett President von Georgia Power wurde, fragte ich ihn, wie er seine neue Rolle ausfüllen wolle. Er antwortete: »In den ersten beiden Monaten werde ich im Wesentlichen zuhören. Ich werde mir genau ansehen, was im Unternehmen alles vor sich geht. Wenn ich gleich eine Vision und einen Plan präsentieren würde, könnte ich nicht annähernd das Wissen und das Vertrauen gewinnen, das ich brauche, um das tun zu können, was ich tun will. Ich höre immer erst zu.«

»Erst zuhören«: Die 11. Verhaltensweise zum Aufbau von Vertrauen war auch sehr hilfreich für mich, als ich meinen Posten an der Spitze des Covey Leadership Center antrat. Damals waren wir in acht juristische Auseinandersetzungen verwickelt, die sich zum Teil schon seit Jahren hinzogen. Diese Auseinandersetzungen kosteten ungeheuer viel Zeit und Energie. Darüber war ich sehr frustriert. Ich war der Meinung, dass wir unsere Anstrengungen besser auf andere Dinge konzentrieren sollten. Außerdem war ich enttäuscht, dass es bei uns überhaupt solche Auseinandersetzungen gab. Daher nahm ich mir vor, alle Streitigkeiten innerhalb von zwei Monaten zu einem Ende zu bringen:

Wer zuhört, schafft Vertrauen

BEISPIEL *Um die Streitigkeiten aus der Welt zu schaffen, hörte ich den anderen Parteien zuerst zu. Das führte in sieben der acht Fälle zum Erfolg. Die Bereitschaft, die andere Seite wirklich zu verstehen, förderte Offenheit, Verstehen und Vertrauen. Das war der Grundstein, um Lösungen zu finden, die für alle ein Gewinn waren. Nur in einem Fall hatte der Betreffende nicht die Absicht, Vorteile für beide Seiten zu erreichen. Doch auch hier kamen wir zu einer außergerichtlichen Einigung. Abgesehen von diesem einen unerfreulichen Fall, der sich noch einige Zeit hinzog, konnten wir alle anderen Probleme tatsächlich innerhalb von zwei Monaten klären!*

Zuhören bringt Ihre Vertrauenskonten ins Plus

Wenn wir *erst zuhören*, dann lernen wir, *wie* wir Vertrauen aufbauen können. Wir verstehen viel besser, mit welchen Dingen wir Einzahlungen auf ein Vertrauenskonto machen können und mit welchen nicht. Das hilft uns, dieselbe Sprache zu sprechen wie die Person, bei der wir Einzahlungen vornehmen wollen. Wenn wir dieselbe Sprache sprechen wie unsere Kunden, Investoren, Zulieferer oder Kollegen, können wir sie besser verstehen und wesentlich effektiver mit ihnen kommunizieren. Und dann können wir viel schneller Vertrauen aufbauen, ausweiten oder wiederherstellen. Heinrich von Pierer, der ehemalige Vorstandschef von Siemens, meint: »Letztlich bedeutet Führung, die Leute zu verstehen.« Und Leonard Riggio, der Sprecher des Vorstands von Barnes & Noble, sagt: »Ich versuche, mit den Ohren der anderen zu hören und mit ihren Augen zu sehen.« Doch das wird in Zeiten von Homeoffice und Remote Work immer schwieriger. Wie oft kommunizieren wir mit Menschen, die wir schon wochenlang nicht mehr von Angesicht zu Angesicht gesehen haben? Deshalb wird die 11. Verhaltensweise zum Aufbau von Vertrauen immer wichtiger.

Wir sollten immer daran denken, dass die Worte oft nur sehr wenig von dem übermitteln, was jemand wirklich denkt, fühlt oder meint. Manchmal sagen die Worte sogar überhaupt nichts aus. Ein Großteil unserer Kommunikation läuft nicht über Worte, sondern über unsere Stimme, unsere Tonlage, unsere Mimik und unsere Gestik ab:

> **»Erst zuhören« bedeutet, nicht nur mit den *Ohren* zuzuhören, sondern auch mit den *Augen* und dem *Herzen*.**

»Erst zuhören« heißt auch, *genau darauf zu achten, was* der andere sagt. Wenn Sie Ihren Kunden zuhören, *achten Sie darauf,* was ihnen besonders wichtig ist. Wenn Sie Ihren Investoren zuhören, *achten Sie darauf,* was auf ihrer Agenda an erster Stelle steht. Wenn Sie

Ihren Kollegen und Mitarbeitern zuhören, *achten Sie darauf*, was ihr Interesse und ihre Kreativität wecken könnte.

Schließlich – und das ist vielleicht am wichtigsten – bedeutet »erst zuhören«, dass wir *uns selbst zuhören!* Wir sollten immer auf unser *Bauchgefühl* hören, auf unsere *innere Stimme*, bevor wir Entscheidungen treffen und handeln:

Der Stellenabbau

BEISPIEL *Ich musste einmal eine sehr harte geschäftliche Entscheidung treffen – es ging um einen massiven Stellenabbau, der für das Unternehmen und die Betroffenen gravierende Konsequenzen hatte. Ich hörte damals vielen Menschen zu, die mir Ratschläge gaben. Menschen, denen ich wirklich vertraute und die in meinen Augen glaubwürdig waren – von Vorstandsmitgliedern über externe Berater bis hin zu Kollegen und Mitarbeitern. Doch die Ratschläge waren extrem widersprüchlich. Ich war verunsichert, fühlte mich überfordert und litt darunter, dass so unendlich viel von meiner Entscheidung abhing.*

Letztlich kam ich zu dem Schluss, dass ich zu vielen Menschen zuhörte. Ich musste auf mich selbst hören – mein Bauchgefühl würde mich zur besten Entscheidung führen. Plötzlich wusste ich, was zu tun war. Meine Entscheidung wurde dann auch erfolgreich umgesetzt. Damals habe ich gelernt, dass es manchmal das Beste ist, wenn wir auf unsere innere Stimme hören.

»Erst zuhören«

Praxistipps zum Aufbau von Vertrauen

»Erst zuhören«: Wenn Sie hier den idealen Punkt auf unserer Verhaltenskurve treffen wollen, sind große Integrität, gute Absichten, kommunikative Fähigkeiten und entsprechende Ergebnisse gefragt.

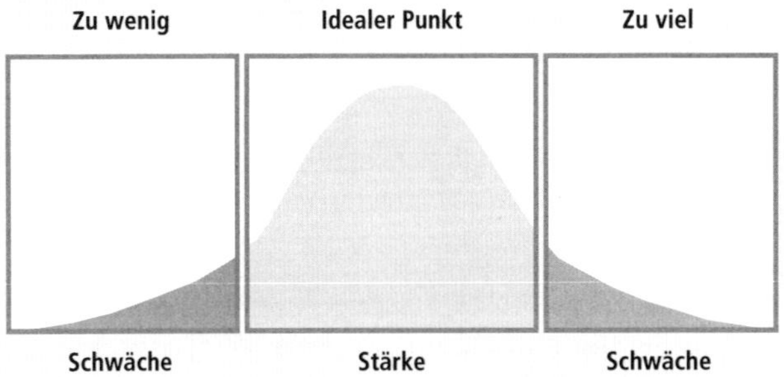

Wenn Sie im linken Bereich der Verhaltenskurve sind, hören Sie dem anderen gar nicht oder nicht zuerst zu. In diesem Fall sollten Sie sich auf Bescheidenheit (Integrität), eine auf den beiderseitigen Vorteil ausgerichtete Agenda (Absichten) und auf einfühlendes Zuhören (Fähigkeiten) konzentrieren. Zudem ist es wichtig, darauf zu achten, dass der andere sich von Ihnen verstanden fühlt (Ergebnisse). Hier sind die beiden folgenden Hinweise hilfreich:

1. Solange jemand in einem Gespräch sehr emotional ist, fühlt er sich meist noch nicht verstanden.
2. Die anderen werden Sie erst dann um Rat fragen, wenn sie sich verstanden fühlen. Wenn Sie Ihre Ratschläge zu früh vorbringen, werden Sie nur noch mehr Emotionen wecken oder die anderen werden Ihre Worte einfach ignorieren.

Falls Sie sich im rechten Teil der Verhaltenskurve befinden, dann fokussieren Sie sich zu stark aufs Zuhören. Das Problem dabei? So kommen Sie nie zu dem Punkt, an dem eine Entscheidung gefällt oder Ratschläge erteilt werden. Deshalb sollten Sie daran arbeiten, *mutiger zu werden* (Integrität). Konzentrieren Sie sich zudem stärker darauf, zu *handeln* (Absichten). Zudem ist es wichtig, dass Sie lernen, *Entscheidungen zu treffen* und die *Zusammenarbeit zu verbessern* (Fähigkeiten). Richten Sie Ihr Augenmerk außerdem darauf, dass die *Dinge tatsächlich erledigt werden* (Ergebnisse).

So hören Sie erst zu

Im Zusammenhang mit der 11. Verhaltensweise können Ihnen die folgenden Tipps helfen, das Vertrauen zu vergrößern:

- Denken Sie an Ihre letzten Gespräche mit anderen zurück. Kam es vor, dass Sie nicht erst zugehört haben? Wie waren die Ergebnisse dieser Gespräche? Und wie hätten die Resultate aussehen können, wenn Sie sich anders verhalten hätten?

- Ob am Arbeitsplatz oder zu Hause: Halten Sie bei Ihrem nächsten Gespräch inne und stellen Sie sich folgende Fragen: Habe ich dem anderen wirklich zugehört? Verstehe ich tatsächlich, wie er sich fühlt? Falls nicht, sollten Sie das umgehend nachholen. Schieben Sie Ihre eigene Agenda beiseite. Konzentrieren Sie sich ernsthaft darauf, den Standpunkt des anderen zu verstehen. Sprechen Sie erst über Ihre Sicht der Dinge, wenn Sie den anderen wirklich verstanden haben.

- Fragen Sie sich: Was können Sie in Ihrem Unternehmen tun, um Mitarbeiter, Kunden oder Lieferanten besser zu verstehen? Gehen Sie nicht davon aus, dass Sie schon alles wissen. Denken Sie darüber nach, wie Sie anderen zeigen können, dass Sie ihnen wirklich zuhören und ihren Standpunkt, ihre Anliegen und ihre Sorgen ernst nehmen.

ZUSAMMENFASSUNG

11. Verhaltensweise: Erst zuhören

Hören Sie immer erst zu, bevor Sie sprechen. Lassen Sie den anderen ausreden. Fallen Sie ihm nicht ins Wort. Finden Sie heraus, was ihm besonders wichtig ist. Glauben Sie nicht, dass Sie schon alles wissen! Verstehen Sie den anderen wirklich. Fragen Sie, was er sich wünscht und worüber er sich Sorgen macht. Hören Sie nicht nur mit den Ohren, sondern auch mit den Augen und dem Herzen zu.

12. Verhaltensweise: Versprechen halten

»Wenn Sie sagen, dass Sie etwas tun werden, dann tun Sie es auch! Geben Sie anderen Ihr Wort nur, wenn Sie es auch halten können. Führungskräften, auf deren Wort man sich verlassen kann, wird Vertrauen entgegengebracht. Vertrauen steht in der Führung über allem anderen.«
Coach John Wodden, UCLA Bruins

»Versprechen halten«: Wenn Sie das tun, können Sie bei allen sehr schnell Vertrauen aufbauen – bei Mitarbeitern, Vorgesetzten, Kollegen, Kunden, Zulieferern oder Ihrem Partner und Ihren Kindern.

Die 12. Verhaltensweise zum Aufbau von Vertrauen basiert auf den *Prinzipien* Integrität, Leistung, Mut und Bescheidenheit. Sie steht in engem Zusammenhang mit anderen Verhaltensweisen – beispielsweise »ehrlich sein« oder »Ergebnisse liefern«. Die 12. Verhaltensweise bringt Charakter und Kompetenz in Balance. Besonders wichtig sind hier Integrität (Charakter) und die Fähigkeit, das zu tun, was man versprochen hat (Kompetenz).

Das *Gegenteil* – Versprechen zu brechen oder Verpflichtungen nicht einzuhalten – ist der schnellste Weg, um Vertrauen zu zerstören. Mein Freund Roger Merrill sagt: »Wenn wir ein Versprechen geben, bauen wir Hoffnung auf. Wenn wir es halten, bauen wir Vertrauen auf.« Es hat schwerwiegende Konsequenzen, wenn wir ein Versprechen brechen. Deshalb sollten wir mit unseren Versprechen und Verpflichtungen sehr achtsam umgehen.

Das *Täuschungsverhalten* der 12. Verhaltensweise besteht darin, Versprechen zu geben, die so unklar sind, dass uns niemand darauf festnageln kann. Eine weitere Art des Täuschungsverhaltens ist es, wenn wir aus lauter Angst davor, ein Versprechen zu brechen, überhaupt keins geben. Wenn man das tut, orientiert man sich an den Worten von Napoleon: »Man kann sein Wort am besten halten, wenn man es gar nicht erst gibt.« Doch das wird im Zeitalter der Globalisierung nicht funktionieren. Heute müssen Unternehmen manchmal enorme Verpflichtungen eingehen, um sich von der Masse der Konkurrenten abzuheben. Und wie die Geschichte zeigt, hat das Ganze ja auch bei Napoleon nicht wirklich funktioniert! Zudem kann ich Ihnen garantieren, dass Sie so absolut kein Vertrauen aufbauen können.

In einem Interview habe ich darüber gesprochen, dass man Vertrauen am schnellsten aufbauen oder zerstören kann, wenn man Versprechen hält oder eben nicht. Danach sagte der Interviewer ganz aufgeregt: »Wollen Sie noch mehr Beweise für Ihre These?« Dann erzählte er mir eine Geschichte, die zeigt, was alles möglich ist, wenn wir unsere Versprechen halten:

14 Versprechen …

BEISPIEL *Der Interviewer hatte gerade ein Unternehmen gekauft, das nun zum dritten Mal innerhalb von vier Jahren den Besitzer wechselte. Die Mitarbeiter waren sehr skeptisch. Auch das Management hatte kein Vertrauen in ihn, weil die anderen Käufer große Versprechungen gemacht, aber nicht erfüllt hatten. Der Interviewer organisierte eine Mitarbeiterversammlung.*

Hier konnte jeder offen über seine Enttäuschung und seine Sorgen sprechen. Er bat um Vorschläge und hörte sich alles an. Anschließend verpflichtete er sich, umgehend 14 Verbesserungen umzusetzen. Alle waren skeptisch. Doch er machte alle seine Versprechen innerhalb von nur einer Woche wahr. Dann rief er die Leute wieder zusammen und sagte: »Ich habe angekündigt, dass ich das umsetzen würde. Ich habe es auch gemacht. Was muss nun noch getan werden?« Sofort stieg seine Glaubwürdigkeit! Fast über Nacht hatte er ein Umfeld geschaffen, in dem Vertrauen herrschte. So konnte er die bisherige Vertrauenssteuer in eine Dividende umwandeln. Die Ergebnisse folgten ebenso schnell. Der Umsatz verdoppelte sich und der Unternehmensgewinn stieg sogar noch stärker.

»Versprechen halten«: Wie wirkt sich das auf das Vertrauen, die Schnelligkeit und die Kosten aus?

In fast allen Diskussionen über Vertrauen zeigt sich: Das Einlösen von Versprechen ist die Verhaltensweise mit den größten positiven Auswirkungen. Bei einer umfangreichen Studie wurde »Versprechen halten« als wichtigster Punkt beim Aufbau einer ethischen Unternehmenskultur ermittelt.[47] Und in einer Studie für den Weltwirtschaftsgipfel wurde der Vertrauenskiller Nummer 1 identifiziert: Dass die Führungskräfte »nicht machen, was sie sagen«.[48]

Dass man Versprechen halten sollte, ist eigentlich klar und entspricht dem gesunden Menschenverstand. Dennoch ist das nicht überall selbstverständlich – und das hat verheerende Auswirkungen auf das Vertrauen:

Datenschutz ist Vertrauenssache

BEISPIEL *Ich habe mit einem Unternehmen zusammengearbeitet, das eine große Kundendatenbank aufgebaut hatte. Die Führungsspitze hatte ausdrücklich versprochen, die Daten nicht weiterzugeben. Einige Jahre später beschloss ein neuer Entscheidungsträger, es doch zu tun. Schon nach kurzer Zeit fiel einem wichtigen Kunden auf, dass das Unternehmen seine Adresse weitergegeben hatte. Als er nachfragte, gab man sofort zu, dass man die Kundendaten weitergegeben hatte. Man entschuldigte sich auch dafür. Doch der Kunde sagte, dass er einem Unternehmen, das ein wichtiges Versprechen nicht gehalten hatte, nicht mehr vertrauen könne. Dann brach er die Geschäftsbeziehung umgehend ab!*

Beispiele wie dieses zeigen deutlich, dass es zu hohen Abhebungen von den Vertrauenskonten führt, wenn man seine Versprechen nicht einhält. Zudem haben alle Versprechen auch Auswirkungen auf die Schnelligkeit und die Kosten. Wer ein Versprechen bricht, sorgt für Zweifel, Argwohn und Misstrauen. Das alles legt sich wie Rost auf die Räder des Fortschritts. Doch wer Versprechen hält, weckt Hoffnung, Begeisterung und Vertrauen. Das steigert den Vorwärtsschwung und hilft uns, die angestrebten Ergebnisse deutlich schneller zu erzielen.

Kulturelle Unterschiede kennen

In der weltweit vernetzten Wirtschaft von heute sollte man sich eins unbedingt bewusst machen: In den verschiedenen Kulturen werden Versprechen unterschiedlich betrachtet. Wer Einzahlungen auf die Vertrauenskonten vornehmen und Abhebungen vermeiden will, sollte diese *kulturellen Unterschiede* kennen. Hier geht es allerdings nicht nur um ethnische oder geographische Kulturen. In vielen Unternehmen wird beispielsweise erwartet, dass alle pünktlich zu den Meetings kommen. Es gibt aber auch Firmen, in denen man das eher locker sieht:

Was haben wir da bloß gemacht!?

BEISPIEL *Ich erinnere mich noch gut an unser erstes Meeting nach der Ankündigung der FranklinCovey-Fusion. Die Franklin-Leute waren pünktlich da – alle in Anzügen und Kostümen. Die Covey-Leute kamen zehn Minuten zu spät und trugen alle legere Kleidung. Die Franklin-Leute kamen aus einem Umfeld, in dem es darum ging, seine Projekte und seine Zeit perfekt zu managen. Bei uns dagegen standen ganz andere Dinge an erster Stelle. Ich weiß, dass die Mitarbeiter aus beiden Unternehmen sich damals fragten: »Was haben wir da bloß gemacht!?«*

Der entscheidende Punkt ist: Wir sollten immer berücksichtigen, dass bestimmte Verpflichtungen in verschiedenen Kulturen unterschiedlich betrachtet werden. Wenn wir diese Tatsache einfach ignorieren, können wir nur sehr schwer Vertrauen aufbauen!

Die wichtigsten Versprechen!

Zusagen gegenüber Kunden nehmen wir meistens ziemlich genau. Bei *Versprechen innerhalb der Familie* sind wir da oft nicht so sorgfältig. Doch diese Versprechen sind genauso wichtig wie Verpflichtungen im beruflichen Bereich – vielleicht sogar noch wichtiger! Das habe ich immer wieder selbst erlebt:

Die Zehn-Jahres-Regel

BEISPIEL

Vor einiger Zeit spielte meine Tochter McKinlee die Hauptrolle im Musical ihrer High School. Ich hatte ihr gesagt, dass ich zur Aufführung kommen würde. Eigentlich sollte ich zu dieser Zeit auf einer Geschäftsreise sein. Doch ich nahm mir vor, rechtzeitig zurückzufliegen. In meinen Augen hatte ich McKinlee kein direktes Versprechen gegeben, sondern eher eine vage Zusage: »Ja, ich denke, das werde ich wohl schaffen.« Sie betrachtete es jedoch als festes Versprechen und die Sache war ihr sehr wichtig. Als ich vor meiner Geschäftsreise mit unserem Kunden telefonierte, sagte man mir: »Wir brauchen Sie unbedingt länger.« Ich sprach also mit meiner Tochter. Aber ich merkte schnell, dass es ihr sehr wichtig war, dass ich zu der Aufführung kam. Daher bemühte ich mich, die Erwartungen des Kunden zurückzuschrauben. Doch der drängte mich, länger zu bleiben. Ich steckte in einer echten Zwickmühle. In dieser Situation beschloss ich, das anzuwenden, was mein Kollege Blaine Lee die Zehn-Jahres-Regel *nennt. Ich fragte mich: »Über welches Verhalten werde ich in zehn Jahren glücklich sein?« Die Entscheidung fiel mir leicht: Ich wollte mich an das halten, was in den Augen meiner Tochter ein festes Versprechen war. Also sagte ich dem Kunden, dass ich leider nicht länger bleiben könnte. Dadurch entging mir ein Auftrag. Doch mir war es viel wichtiger, das Vertrauen meiner Tochter nicht zu enttäuschen.*

Vertrauen ist der Grundstein für ein glückliches Familienleben. Deshalb dürfen wir nicht vergessen, dass unsere Versprechen gegenüber unserer Familie oft die wichtigsten überhaupt sind. Aber was können Sie tun, um Ihre Versprechen zu erfüllen?

Beginnen Sie bei sich selbst! Geben Sie sich Versprechen und halten Sie diese unbedingt ein. Das ist der Punkt, an dem alles beginnt. Es ist der Schlüssel, um anderen Versprechen zu geben und sie wahr zu machen.

»Versprechen halten«

Praxistipps zum Aufbau von Vertrauen

Liegen Sie, wenn es um das Einhalten von Versprechen geht, am linken Rand der Verhaltenskurve auf Seite 160? Dann gehen Sie entweder sehr selten Verpflichtungen ein oder Sie schaffen es nicht, Ihre Versprechen zu halten. Was Sie dagegen tun können? Verbessern Sie Ihre Integrität und bemühen Sie sich mehr um den beiderseitigen Vorteil (Absichten). Arbeiten Sie zudem an Ihrer Fähigkeit, Versprechen zu halten. Achten Sie in Zukunft auch mehr darauf, welche Ergebnisse am meisten Vertrauen bei anderen aufbauen.

Falls Sie am rechten Ende liegen, gehen Sie zu viele Verpflichtungen ein. Vielleicht versuchen Sie auch, Ihre Zusagen um jeden Preis zu halten – selbst wenn die Situation sich geändert hat und das Festhalten an einem Versprechen unklug oder sinnlos ist. Wie können Sie hier gegensteuern? Bemühen Sie sich darum, die 4 Grundlagen der Glaubwürdigkeit und Ihr Urteilsvermögen zu stärken. Ganz wichtig ist auch, dass Sie sich auf Ihre Integrität konzentrieren. Behalten Sie zudem die Ergebnisse Ihres Verhaltens im Blick. Denken Sie darüber nach, welche Folgen es hat, wenn Sie Verpflichtungen eingehen, die Sie nicht einhalten können oder sollten.

So halten Sie Ihre Versprechen

Die folgenden Tipps werden es Ihnen erleichtern, Ihre Versprechen in Zukunft zu halten:

- Gehen Sie beim Aufbau einer neuen Beziehung, in der Sie schnell Vertrauen wecken wollen, wie folgt vor: Überlegen Sie, ob und wo es sich lohnt, ein Versprechen zu geben. Halten Sie dieses Versprechen dann zuverlässig ein. Machen Sie das immer und immer wieder. So wird Ihr Vertrauenskonto in kürzester Zeit achsen.

- Achten Sie darauf, dass die nächste Verpflichtung, die Sie im Beruf eingehen, tatsächlich machbar ist. Das ist besser, als zu viel zu versprechen und dann zu wenig zu halten. Setzen Sie alles daran, Ihre Versprechen zu erfüllen. Falls Sie einen Termin für die Einlösung eines Versprechens nicht einhalten können, dann sollten Sie umgehend aktiv werden. Legen Sie die Karten offen auf den Tisch. Verhandeln Sie so früh wie möglich erneut über die Erwartungen. Werden Sie aktiv! Sie dürfen den Termin keinesfalls einfach stillschweigend überziehen.

- Machen Sie sich klar, dass die Mitglieder Ihrer Familie es als Versprechen betrachten, wenn Sie sagen, dass Sie irgendetwas tun werden. Achten Sie darauf, was Sie sagen, und halten Sie sich auch daran! Denken Sie immer daran, dass das Vertrauen, das Sie zu Hause aufbauen, die wichtigste Art von Vertrauen überhaupt ist!

ZUSAMMENFASSUNG

12. Verhaltensweise: Versprechen halten

Sagen Sie, was Sie tun wollen. Und: Machen Sie es dann auch! Seien Sie vorsichtig, wenn Sie anderen ein Versprechen geben. Achten Sie darauf, dass Ihre Versprechen realistisch und sinnvoll sind! Betrachten Sie es als Ehrensache, Ihre Versprechen zu halten. Begehen Sie keine Vertrauensbrüche. Versuchen Sie nicht, sich herauszureden, wenn Sie eine Verpflichtung nicht eingehalten haben.

13. Verhaltensweise: Anderen Vertrauen schenken

»Wenn wir den Menschen vertrauen, werden sie uns treu sein. Wenn wir sie großartig behandeln, werden sie auch großartig sein.«
RALPH WALDO EMERSON

Dieses Kapitel möchte ich mit der Geschichte von Anna beginnen:

Vertrauen macht alle zu Gewinnern!

BEISPIEL *Als ich die Football-Mannschaft aus der Little League trainierte, hatte ich eine sehr mutige Spielerin namens Anna Humphries. Sie war das einzige Mädchen in unserer Mannschaft. Außer ihr gab es in der ganzen Liga nur noch ein oder zwei Mädchen. Anna war keine schlechte Spielerin. Sie hatte aber bei Weitem nicht so viel Erfahrung und Können wie die Jungs.*

Nach den Regeln der Little League mussten alle Teammitglieder etwa die Hälfte des Spiels auf dem Platz sein. Ich hätte Anna also in jedem Spiel eine Halbzeit lang einsetzen und dann herausnehmen können. Angesichts ihres Könnens und ihrer Erfahrung wäre das absolut in Ordnung gewesen. Doch in bewunderte ihren Mut, sich mit den Jungs zu messen. Ich wollte sie darin bestärken. Also beschloss ich, Anna genauso lange auf dem Platz zu lassen wie die anderen.

Alles lief wunderbar, bis unser wichtigstes Spiel anstand. Es war das letzte in der Saison und beide Teams waren noch ungeschlagen. Kurz vor Ende des Spiels brach das gegnerische Team auf Annas Seite durch und erzielte einen Touchdown. Das Team lag jetzt nur noch einen Punkt zurück. Es war klar, dass sie nun alles daransetzen würden, zwei Punkte zu erzielen, um zu gewinnen.

Ich musste mich entscheiden: Sollte ich Anna rausnehmen und einen der Jungs für sie einwechseln? Oder sollte ich sie weiterspielen lassen? Anna hatte sich das ganze Jahr über sehr angestrengt. Wenn ich ihr so viel Spielzeit wie den anderen geben wollte, konnte ich sie jetzt nicht vom Platz nehmen. Doch damit gefährdete ich das Ziel unserer Mannschaft, zu gewinnen und die Meisterschaft zu holen. Trotzdem ließ ich Anna weiterspielen. Ich sagte ihr, wenn der Gegner wieder über ihre Seite kommen würde, solle sie alles tun, um ihn zu stoppen.

Das andere Team versuchte tatsächlich wieder, auf Annas Seite durchzubrechen. Doch Anna stoppte ihn kurz vor unserer Endzone. Das war eine grandiose Leistung. Und Anna brachte sie ausgerechnet im entscheidenden Spiel! Anna hatte mein Vertrauen in sie gespürt und mich nicht enttäuscht.

So gewannen wir das Spiel und die Meisterschaft. Wenn ich Anna heute treffe, freue ich mich immer sehr, dass ich damals an sie geglaubt und ihr mein volles Vertrauen geschenkt habe. Ich sage ihr dann immer: »Du bist meine Heldin! Unseren Sieg verdanken wir dir!«

So werden Sie eine vertrauensvolle Führungskraft

»Anderen Vertrauen schenken« unterscheidet sich deutlich von allen anderen Verhaltensweisen. Hier geht es darum, das Substantiv »Vertrauen« in ein Verb zu verwandeln. Die anderen Verhaltensweisen helfen uns, dass uns andere mehr Vertrauen entgegenbringen. Die 13. Verhaltensweise dagegen ermöglicht es uns, anderen zu vertrauen. Sobald wir diese Verhaltensweise beherzigen, bauen wir nicht nur Vertrauen auf, sondern setzen es auch mit größtmöglicher Wirkung ein. Und: Wenn wir anderen vertrauen, vertrauen sie uns meistens auch. Oder anders ausgedrückt:

Der beste Weg, um Vertrauen aufzubauen, ist, anderen sein Vertrauen zu schenken.

Das bewies auch Warren Buffett, als er McLane Distribution kaufte. Das Ganze konnte nur so schnell und mit so niedrigen Kosten über die Bühne gehen, weil Warren Buffett bereit war, der anderen Seite sein volles Vertrauen zu schenken. Auch A. G. Lafley, CEO von Procter & Gamble, und Jim Kilts, CEO von Gillette, verhielten sich bei der Fusion ihrer Unternehmen ähnlich vertrauensvoll. A. G. Lafley beschreibt ihr bemerkenswertes Vorgehen so:

Ich beschloss, bei den Verhandlungen auf vertrauensvolle Zusammenarbeit zu setzen. Es handelte sich ja nicht um eine feindliche Übernahme. Also gab es keinen Grund, die Karten nicht offen auf den Tisch zu legen. Ich wandte mich an jemanden, dem Kilts und ich gleichermaßen vertrauten. Diese Person überzeugte Jim Kilts, mir Einblick in die Kostenstrukturen und die Innovationen von Gillette zu gewähren. Das lief so gut, dass wir dann ganz hervorragend zusammenarbeiteten – und zwar ohne die ganzen üblichen Berater. Einmal fragte Jim Kilts mich, ob ich irgendwelche Banker hinzuziehen wollte. Ich sagte: »Wir brauchen keine Banker.« Dann fragte er, ob ich Anwälte hinzuziehen wollte. Ich antwortete: »Wir brauchen keine Anwälte.« Das war ein sehr wichtiges Signal dafür, dass wir uns wirklich vertrauten.[49]

Diese Geschichte ist ein schönes Beispiel für die *Übertragung von Vertrauen*. Dabei agierte eine dritte Person als »Vertrauensbrücke«. Beide Seiten hatten Vertrauen zu dieser Person. Dieses Vertrauen weitete sich dann auf A. G. Lafley und Jim Kilts aus. Das soll natürlich nicht heißen, dass man alle Geschäfte so machen sollte wie Warren Buffett und A. G. Lafley. Denn das kann manchmal in einer herben Enttäuschung enden:

Warum blindes Vertrauen gefährlich ist

BEISPIEL *Bei einem meiner Workshops erzählte mir eine Teilnehmerin, dass sie eine sehr schlechte Erfahrung damit gemacht hatte, anderen ihr Vertrauen zu schenken. Sie sagte: »Ich habe vor einiger Zeit ein Unternehmen gekauft. Als ich im Laufe der Verhandlungen darauf zu sprechen kam, dass wir die Konditionen für den CEO vertraglich festhalten sollten, lehnte er das ab. Er sagte: ›Sie kaufen doch mein Unternehmen – da müssen Sie mir vertrauen. Warum sollten Sie mein Unternehmen kaufen, wenn Sie mir nicht vertrauen?‹ Das konnte ich gut nachvollziehen. Deshalb sagte ich: ›Gut, ich vertraue Ihnen.‹«*

Doch als der Verkauf abgeschlossen war, machte der CEO große Schwierigkeiten. Er forderte mehr Geld und drohte damit, das Unternehmen zu verlassen. Da es keinen Vertrag gab und die Frau dringend auf den CEO angewiesen war, musste sie auf seine Bedingungen eingehen. Nun ist die Frau fest entschlossen, anderen ihr Vertrauen nicht mehr so leichtfertig zu schenken!

Das zeigt: Wir sollten nicht leichtgläubig oder naiv sein, wenn wir anderen unser Vertrauen schenken. Trotzdem sollten Sie anderen Ihr Vertrauen nicht grundsätzlich vorenthalten. Denn wenn Sie anderen Ihr Vertrauen mit Umsicht und Bedacht schenken, kann Ihnen das große Vorteile bringen.

Was passiert, wenn man anderen sein Vertrauen schenkt?

Die 13. Verhaltensweise beruht auf den *Prinzipien* Befähigung und Gegenseitigkeit. Sie lebt von der festen Überzeugung, dass man den meisten Menschen vertrauen kann und dass sie einen nicht enttäuschen werden, wenn man ihnen sein Vertrauen schenkt.

Das *Gegenteil,* Vertrauen vorzuenthalten, erzeugt überall enorme Kosten – besonders in den Unternehmen. Warum vertrauen nur so wenige Mitarbeiter der Führungsspitze? Das hat sicher viele Gründe. Meiner Meinung nach ist eine der Hauptursachen, dass die Führungskräfte den Mitarbeitern nicht vertrauen. Dieses Misstrauen wird dann erwidert. So tragen die Unternehmenslenker erheblich dazu bei, Misstrauen zu wecken. Früher oder später endet das in einer gefährlichen, abwärts gerichteten Spirale. Denn:

> Wenn wir anderen nicht vertrauen, dann werden sie uns auch nicht vertrauen!

Hier habe ich ein kurzes, anschauliches Beispiel für das Misstrauen in den Unternehmen:

Kontrolle oder Vertrauen?

BEISPIEL *Viele Firmen lassen Mehrarbeit und Überstunden nur zu, wenn ein Vorgesetzter anwesend ist. Weshalb? Weil sie den Mitarbeitern misstrauen und denken, dass sie ihre Arbeit ohne Aufsicht nicht zuverlässig erledigen. Ein betroffener Mitarbeiter bringt das auf den Punkt: »Die Unternehmensführung glaubt, dass wir ohne Kontrolle einfach nur faul rumsitzen, Hamburger essen und Überstunden ansammeln.«*

Dass mangelndes Vertrauen kontraproduktiv ist, haben viele Unternehmen schon längst erkannt. Dennoch behandeln viele die 97 Prozent der Mitarbeiter, denen man vertrauen kann, wie die drei Prozent, denen man nicht vertrauen kann. Das ist nach wie vor eine der größten Hemmschwellen in Sachen Homeoffice und Remote Work. Dabei wäre es viel besser und effektiver, es genau umgekehrt zu machen!

Manche werden jetzt wahrscheinlich denken, dass drei Prozent hier zu niedrig gegriffen ist und man eher zehn Prozent der Mitarbeiter nicht vertrauen kann. Selbst wenn das stimmen sollte – was ist mit den 90 Prozent, denen man vertrauen kann? *Sollen wir wirklich zulassen, dass die Minderheit das Vertrauen in die Mehrheit zerstört?* Und welche Auswirkungen hat das auf Schnelligkeit und Kosten? Meiner Meinung nach sind die Auswirkungen verheerend! Misstrauen erstickt die Begeisterung, das Engagement, die Zusammenarbeit und das gegenseitige Vertrauen. Doch all das kann ein Unternehmen unglaublich voranbringen! Das beste Beispiel ist Investment-Legende Buffett:

Verdientes Vertrauen

BEISPIEL *Zur Holdinggesellschaft Berkshire Hathaway von Warren Buffett gehört ein Konglomerat von über 90 Unternehmen mit knapp 400 000 Mitarbeitern und einem Umsatz von fast 280 Milliarden US-Dollar. Im Gegensetz zu den meisten Hedgefonds und Private-Equity-Unternehmen greift Berkshire nicht in das operative Geschäft der Tochtergesellschaften ein. Mindestens ebenso bemerkenswert ist, dass sämtliche Tochtergesellschaften von nur 25 Mitarbeitern in der Zentrale von Berkshire Hathaway verwaltet werden. Die Grundlage dafür ist etwas, das Warren Buffett und sein Geschäftspartner Charlie Munger »verdientes Vertrauen« nennen. Sie gehen davon aus, dass ihre Leute grundsätzlich Vertrauen verdienen, es sei denn, sie beweisen das Gegenteil. Dabei handelt es sich nicht um* *blindes, sondern um kluges Vertrauen. Es umfasst ein gutes Urteilsvermögen bei der Auswahl von Mitarbeitern und Geschäftspartnern, die Kommunikation klarer Erwartungen und die Festlegung hoher Standards für die Rechenschaftspflicht.*

Grady Rosier ist ein langjähriger Geschäftspartner und Vertrauter von Warren Buffett. Als ich ihn nach dem Erfolgsgeheimnis von Warren Buffett und Berkshire Hathaway fragte, meinte er: »Sie müssen den Kern der Unternehmensphilosophie von Berkshire Hathaway verstehen – Vertrauen. *Warrens Fähigkeit, Qualitätsunternehmen zu übernehmen, basiert auf Vertrauen. Er überlässt ihnen die Verantwortung für ihre Geschäfte. Sie sind glücklich darüber – und niemand will Warren im Stich lassen.«*

Was für ein beeindruckendes Beispiel dafür, welche enorme Wirkung Vertrauen haben kann! Weil Warren Buffett anderen sein Vertrauen schenkt, weitet es sich auf andere aus. So entsteht aus dem Vertrauen eines Einzelnen sehr viel Vertrauen bei sehr vielen Menschen.

Das *Täuschungsverhalten* bei der 13. Verhaltensweise umfasst zwei verschiedene Arten. Die erste ist die Ausweitung von *falschem Vertrauen.* Dann überträgt man den Leuten zwar die Verantwortung, gibt ihnen aber nicht die nötigen Befugnisse und Ressourcen. Die andere Form ist die Ausweitung von *vorgetäuschtem Vertrauen.* Man tut so, als würde man jemandem vertrauen, obwohl das gar nicht stimmt. Dann vertraut man einem anderen zwar eine Aufgabe an, überwacht ihn dabei aber ständig und erledigt die Arbeit am Ende dann doch selbst. Hier ein einfaches Beispiel für jemanden, der vorgetäuschtes Vertrauen auf andere ausweitet. Dabei geht es ausgerechnet um den »Vertrauenslehrer« an einer Junior High School:

Der »Vertrauenslehrer«

BEISPIEL *Der Sohn eines Kollegen ist dort in der Schülermitverwaltung. Er bekam von diesem »Vertrauenslehrer« den Auftrag, bei der Universität der Stadt telefonisch nachzufragen, ob man für eine Veranstaltung ein bestimmtes Spiel ausleihen könne. Doch als er dort anrief, sagte man ihm, dass der Vertrauenslehrer das Ganze bereits organisiert hatte. Und so etwas erleben die Mitglieder der Schülermitverwaltung sehr oft. Wie wirkt sich das wohl auf die Initiative und das Vertrauen aus?*

Motivationsfaktor Nummer 1

Nichts motiviert andere mehr, als ihnen Vertrauen zu schenken. Wenn man das tut, muss man die Leute nicht mehr antreiben oder überwachen – das tun sie dann von selbst. Das habe ich gelernt, als mein Vater mir die Verantwortung dafür übertrug, unseren Garten »grün und sauber« zu halten. Wenn man andere fragt, wer sie am meisten beeinflusst hat, lautet die Antwort meist: »Sie hat an mich geglaubt!« Oder: »Er hat etwas in mir gesehen, was sonst niemand gesehen hat.« Im Grunde bedeutet das, dass der Betreffende einem anderen vertraut hat. Und dieses Vertrauen hat ihn dann positiv beeinflusst:

Wenn wir anderen vertrauen, helfen wir ihnen, ihre Fähigkeiten weiterzuentwickeln und voll auszuspielen. Wir schaffen ein von Vertrauen geprägtes Umfeld, das das Beste in den Leuten zu Tage bringt und enorm viel Synergie erzeugt. All das hilft Unternehmen, Institutionen und Familien, ihre Ziele zu erreichen.

»Anderen Vertrauen schenken«

Praxistipps zum Aufbau von Vertrauen

Um die 13. Verhaltensweise erfolgreich im Alltag umzusetzen, braucht man eine hohe Integrität, gute Absichten, fundierte Fähigkeiten und messbare Ergebnisse. Sehen wir uns das Ganze jetzt auf der Verhaltenskurve an. Wenn Sie sich sehr weit links befinden, dehnen Sie das Vertrauen nicht genug oder nicht effektiv aus. Dann sollten Sie darauf achten, mutiger vorzugehen (Integrität) und anderen mehr Vertrauen zu schenken (Absichten). Zudem ist es hilfreich, wenn Sie daran arbeiten, die Erwartungen besser zu klären, andere in die Pflicht zu nehmen oder Ihr Vertrauen so auszuweiten, dass es zur Handlungsgrundlage wird (Fähigkeiten).

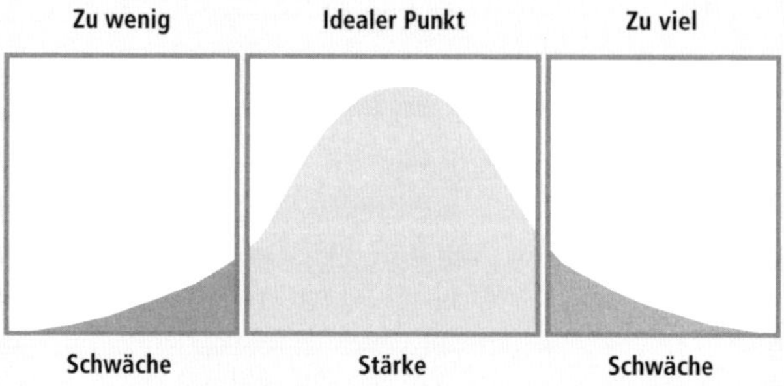

Falls Sie im rechten Teil der Kurve liegen, schenken Sie anderen Ihr Vertrauen zu leichtfertig. Dadurch laufen Sie Gefahr, enttäuscht zu werden. Das liegt daran, dass Ihnen das Urteilsvermögen fehlt, das sich aus den 4 Grundlagen der Glaubwürdigkeit ergibt. Setzen Sie an diesem Hebel an und stärken Sie alle 4 Grundlagen der Glaubwürdigkeit!

So schenken Sie anderen Vertrauen

Mit den folgenden Tipps können Sie anderen Ihr Vertrauen in Zukunft viel besser und mit mehr Bedacht schenken:

- Denken Sie über eine Beziehung nach, bei der Sie das Gefühl haben, dass der andere Ihnen nicht vertraut. Fragen Sie sich: »Könnte es sein, dass diese Person kein Vertrauen zu mir hat, weil ich ihr nicht vertraue?« Ist das so? Dann verhalten Sie sich ab sofort so, dass das gegenseitige Vertrauen wächst.
- Ob zu Hause oder im Job: Finden Sie heraus, wo Sie auf einer Skala von 1 bis 10 liegen, wenn es darum geht, anderen zu vertrauen. Wie würde das Ergebnis aussehen, wenn Sie auf der Verhaltenskurve etwas weiter links (anderen weniger Vertrauen schenken) oder etwas weiter rechts (anderen viel Vertrauen schenken) liegen würden? Wenn Sie sich mit höchstens 5 bewertet haben, sollten Sie sich einige konkrete Schritte überlegen, um anderen künftig mehr zu vertrauen.
- Haben Sie Kinder? Dann sollten Sie darauf achten, wie Sie mit ihnen umgehen. Neigen Sie dazu, misstrauisch zu sein und sie ständig zu kontrollieren? Oder behandeln Sie Ihre Kinder wie verantwortungsbewusste Menschen, die Ihr Vertrauen verdienen? Denken Sie darüber nach, wie sich Ihr Verhalten auf die Beziehung zu Ihren Kindern auswirkt.

ZUSAMMENFASSUNG

13. Verhaltensweise: Anderen Vertrauen schenken

Denken Sie daran, wie wichtig es ist, anderen zu vertrauen. Schenken Sie Ihr Vertrauen denjenigen, die es verdienen. Lernen Sie, wie man sein Vertrauen je nach Situation, Risiko und Glaubwürdigkeit der Beteiligten angemessen ausweitet. Seien Sie grundsätzlich immer bereit, anderen zu vertrauen.

PRAXISTOOL: Aktionsplan für Vertrauen

Am Anfang der Kapitel über die 13 Verhaltensweisen habe ich Sie gebeten, an eine berufliche und eine private Beziehung zu denken, bei der Ihre Vertrauenskonten einen ziemlich niedrigen Stand haben. Und ich habe Ihnen versprochen, Ihnen dabei zu helfen, einen Aktionsplan zu erstellen, um positive Veränderungen in Ihrem Leben herbeizuführen. Dieses Versprechen will ich nun einlösen! Dazu möchte ich Sie bitten, jetzt an eine der beiden Beziehungen zu denken und alle 13 Verhaltensweisen noch einmal durchzugehen. Bitte lesen Sie die Tabelle auf den folgenden Seiten aufmerksam durch. Kennzeichnen Sie mit einem Kreuz, wie Ihr derzeitiger Stand bei den jeweiligen Verhaltensweisen ist. Machen Sie Ihr Kreuz links, falls Sie auf der Verhaltenskurve von Seite 160 sehr weit links liegen. Wenn Sie sich auf der rechten Seite der Verhaltenskurve befinden, dann setzen Sie Ihr Kreuz rechts. Markieren Sie anschließend zwei oder drei Verhaltensweisen, mit denen Sie Ihre Beziehung am nachhaltigsten verbessern können.

In 13 Schritten Vertrauen aufbauen, vergrößern oder wiederherstellen

Überlegen Sie, wie Sie mithilfe der 13 Verhaltensweisen zum Aufbau von Vertrauen positive Veränderungen bewirken können. Dazu ist es hilfreich, wenn Sie sich die Tipps zum Aufbau von Vertrauen am Ende der Kapitel zu den 13 Verhaltensweisen noch einmal ansehen. Natürlich können Sie auch eigene Verbesserungsideen nutzen. Wichtig ist, dass Sie sich das Versprechen geben, die positiven Veränderungen tatsächlich herbeizuführen. Machen Sie anschließend bei der zweiten Beziehung, in der Sie das Vertrauen steigern möchten, genau das Gleiche.

Und noch ein Tipp: Wenn Sie herausfinden wollen, wie Sie am besten Vertrauen aufbauen können, sollten Sie die folgenden beiden Punkte im Blick behalten:

1. Besonders große Abhebungen machen Sie, wenn Sie gegen die mit dem *Charakter* verbundenen Verhaltensweisen zum Aufbau von Vertrauen *verstoßen.*

2. Die größten Einzahlungen gelingen Ihnen, wenn Sie die mit *Kompetenz* verbundenen Verhaltensweisen *einhalten.*

Die folgende Tabelle bietet Ihnen einen Überblick über alle 13 Verhaltensweisen – einschließlich des jeweiligen Gegenteils und des Täuschungsverhaltens. So sehen Sie sofort, was Sie tun können, um möglichst großes Vertrauen aufzubauen.

Charakter		
Verhaltensweise	**Derzeitiger Stand**	**Gegenteil / Täuschungsverhalten**
1. Ehrlich sein		Lügen; die Tatsachen verdrehen; Halbwahrheiten verbreiten; Doppelzüngigkeit; Schmeichelei.
2. Respekt zeigen		Andere nicht wichtig nehmen oder missachten; kein Mitgefühl haben; nur denen Respekt entgegenbringen, die etwas für einen tun können.
3. Transparenz schaffen		Informationen für sich behalten; Geheimnisse haben; anderen etwas vormachen; so tun, als ob.
4. Fehler wiedergutmachen		Fehler nicht zugeben oder nicht wiedergutmachen; Fehler vertuschen.
5. Loyal sein		Nicht zu anderen stehen; die ganze Anerkennung für sich beanspruchen; hinter ihrem Rücken über andere herziehen.

Kompetenz		
Verhaltensweise	**Derzeitiger Stand**	**Gegenteil / Täuschungsverhalten**
6. Ergebnisse liefern	|__|__|__|__|__|	Die vereinbarten Ergebnisse nicht liefern; sich in Aktivitäten verlieren, ohne Ergebnisse zu bringen.
7. Sich verbessern	|__|__|__|__|__|	Sich verschlechtern; sich nicht um Verbesserungen bemühen; jedes Problem in die eigene Lösungsstrategie zwängen.
8. Sich der Realität stellen	|__|__|__|__|__|	Den Kopf in den Sand stecken; sehr geschäftig wirken, während man sich vor den wahren Problemen drückt.
9. Erwartungen klären	|__|__|__|__|__|	Erwartungen einfach voraussetzen oder sie nicht genau abklären; nur verschwommene oder wechselnde Erwartungen haben.
10. Verantwortung übernehmen	|__|__|__|__|__|	Nicht zu seiner Verantwortung stehen oder anderen die Schuld in die Schuhe schieben; andere nicht in die Pflicht nehmen.

Charakter & Kompetenz		
Verhaltensweise	**Derzeitiger Stand**	**Gegenteil / Täuschungsverhalten**
11. Erst zuhören		Nicht richtig zuhören; erst sprechen, dann zuhören; nur so tun, als ob man zuhört; zuhören, ohne den anderen zu verstehen.
12. Versprechen halten		Versprechen brechen und Verpflichtungen nicht einhalten; vage Versprechungen machen oder überhaupt keine Verpflichtungen eingehen.
13. Anderen Vertrauen schenken		Vertrauen vorenthalten; Vertrauen nur vortäuschen und die anderen überwachen; Verantwortung übertragen, aber keine Handlungsfreiheit und keine Autorität.

Der Aktionsplan steht unter **www.stephen-covey.de** zum Download für Sie bereit.

3., 4. und 5. Welle: Vertrauen bei den Interessengruppen

Sie haben nun alles, was Sie brauchen, um Vertrauen aufzubauen – die **4 Grundlagen der Glaubwürdigkeit** und die **13 Verhaltensweisen**. Jetzt geht es darum, das alles in der Praxis umzusetzen, um Kosten zu verringern, Nutzen zu schaffen, Vertrauen aufzubauen und Ihren eigenen und den Einfluss Ihres Unternehmens zu steigern.

Bei der 3. Welle, dem **Organisationsvertrauen**, werde ich Ihnen zeigen, wie Sie bei **internen Interessengruppen** Vertrauen aufbauen können.

Die 4. Welle, das **Marktvertrauen**, beschäftigt sich damit, wie man Vertrauen bei **externen Interessengruppen** schafft. Hier erfahren Sie, wie Sie einen guten Ruf erwerben und eine Marke aufbauen, die Vertrauen im Markt weckt.

Im Zusammenhang mit der 5. Welle, dem **Gesellschaftsvertrauen**, werden wir darüber sprechen, wie man auf der Basis der Prinzipien »Beitrag« und »Global Citizenship« Vertrauen in der Gesellschaft herstellen kann.

Bevor Sie die nächsten drei Kapitel lesen, sollten Sie sich überlegen, wie Sie den Begriff **»Organisation«** für sich persönlich definieren wollen. Falls Sie an der Spitze eines Unternehmens stehen, sollten Sie »Organisation« möglichst umfassend sehen. »Organisation« umfasst hier Ihr gesamtes Unternehmen. Die internen Interessengruppen sind dann alle, die in Ihrer Firma arbeiten. Wohingegen Kunden, Zulieferer, Händler oder Investoren zu den externen Interessengruppen zählen.

Falls Sie Leiter einer Abteilung in einem Unternehmen sind, sollten Sie den Begriff »Organisation« etwas verengen. »Organisation« steht dann für Ihre Abteilung. Ihre internen Interessengruppen sind alle, die in Ihrer Abteilung arbeiten. Zu Ihren externen Interessengruppen gehören diejenigen, die außerhalb Ihrer Abteilung stehen. Dazu zählen beispielsweise die anderen Abteilungen im Unternehmen oder Ihre Kunden.

Falls Sie in einem Team arbeiten, dann wäre Ihre Organisation Ihr Team. Und wenn Sie eine Familie haben, wäre Ihre Organisation Ihre Familie.

Wie Ihre Rolle auch aussehen mag – die folgenden Kapitel werden besonders hilfreich für Sie sein, wenn Sie die Inhalte zunächst auf Ihr persönliches Umfeld übertragen. Ganz wichtig: Nachdem Sie am Ende dieses Abschnitts angelangt sind, sollten Sie alle Kapitel noch einmal lesen. Diesmal sollten Sie das Ganze allerdings auf Ihre gesamte Organisation, etwa auf Ihr Unternehmen, Ihr Team oder Ihre Familie, übertragen. Dann werden Sie viele überraschende Erkenntnisse gewinnen und sehr viele neue Perspektiven und Anwendungsmöglichkeiten entdecken.

3. Welle: Organisationsvertrauen

Das Prinzip der Ausrichtung

»Heute werden Unternehmen nicht mehr auf Zwang aufgebaut, sondern auf Vertrauen.«
PETER F. DRUCKER,
PIONIER DER MODERNEN MANAGEMENTLEHRE

Bei der Arbeit mit unseren Klienten stellen wir häufig die vier folgenden Fragen. Bitte nehmen Sie sich jetzt einige Minuten Zeit, um diese Fragen zu beantworten. Das wird Ihnen helfen, die Inhalte und Ideen aus diesem Kapitel wesentlich besser zu verstehen und umzusetzen.

- Wie würden Sie eine Organisation, in der wenig Vertrauen herrscht, beschreiben?
- Wie würden Sie eine Organisation, in der großes Vertrauen herrscht, beschreiben?
- Welche Beschreibung trifft auf Ihre Organisation am besten zu?
- Wie wirkt sich das auf die Ergebnisse Ihrer Organisation aus?

Organisationen mit wenig Vertrauen

Als Kennzeichen von Organisationen, in denen wenig Vertrauen herrscht, werden vor allem die folgenden Punkte genannt:

- Fakten werden manipuliert oder verdreht.
- Informationen werden nicht oder nicht vollständig weitergegeben.
- Es mangelt an Teamgeist: Einzelne beanspruchen die gesamte Anerkennung für sich.
- Manche Leute verzerren die Wahrheit so, dass ihnen das Vorteile bringt.
- Neue Ideen stoßen auf Widerstand und werden bereits im Keim erstickt.
- Fehler werden überspielt oder vertuscht.
- Die meisten versuchen, anderen die Schuld für Pannen und Probleme in die Schuhe zu schieben.
- Man lästert viel und oft über Abwesende.
- Es finden unzählige »Besprechungen nach den Besprechungen« statt.
- Es gibt viele Dinge, über die man nicht offen spricht.
- Die meisten neigen dazu, zu viel zu versprechen und zu wenig zu leisten.
- Die Erwartungen werden oft nicht erfüllt und die Leute versuchen dann, irgendwelche Ausreden zu erfinden.

- Man redet alles schön und streitet ab, wenn etwas schiefgeht.
- Es herrschen Spannungen, Verunsicherung und sogar Angst.
- Das Energielevel ist niedrig.

Organisationen mit großem Vertrauen

Als Kennzeichen von Organisationen, in denen großes Vertrauen herrscht, werden dagegen völlig andere Dinge angeführt:

+ Es gibt einen offenen Informationsaustausch.
+ Fehler werden als Lernchancen gesehen.
+ Die Kultur ist innovativ und kreativ.
+ Man verhält sich Abwesenden gegenüber loyal.
+ Die Leute sprechen schwierige Themen direkt an.
+ Kommunikation und Zusammenarbeit funktionieren sehr gut.
+ Lob und Anerkennung werden großzügig geteilt.
+ Es finden kaum »Besprechungen nach den Besprechungen« statt.
+ Transparenz wird großgeschrieben.
+ Die Leute sind offen, ehrlich und authentisch.
+ Es gibt ein hohes Maß an Verantwortlichkeit.
+ Das Energielevel ist hoch.

Welche Folgen hat wenig Vertrauen?

Können Sie sich vorstellen, was passiert, wenn die Teilnehmer die Listen durchgehen? Die meisten sehen sich die erste Liste an und sagen: »Das ist ja *unser* Unternehmen! Genau so ist es bei uns!!!« Anschließen fragen wir die Teilnehmer, welche Folgen es hat, wenn in ihrer Organisation wenig Vertrauen herrscht:

- Wie ist es, in Ihrem Unternehmen zu arbeiten?
- Wie viel Ihrer Arbeitszeit können Sie tatsächlich produktiv nutzen?
- Wie gut können Sie interne Partnerschaften eingehen? Wie sieht es mit externen Partnerschaften aus?
- Wie geht man mit schwierigen Themen um?
- Wie funktioniert die Zusammenarbeit?
- Wie hoch ist die Innovation?
- Wie motiviert und engagiert sind Ihre Kollegen?
- Wie gut können die Leute die Strategie umsetzen?
- Wie gut kennen alle die Ziele und Prioritäten der Organisation?
- Wie offen werden Informationen und Daten an Entscheidungsträger weitergegeben?
- Wie verlaufen Meetings und Gespräche?
- Wird viel kontrolliert oder gibt es gewisse Freiräume?
- Wie wirkt sich all das auf die Schnelligkeit aus?
- Wie wirkt sich all das auf die Kosten aus?

Interessanterweise gibt es bei dieser Übung nicht den größten Aha-Effekt, wenn die Leute die Auswirkungen des niedrigen Vertrauens in ihrer Organisation sehen. Das ist ihre Welt. Damit müssen sie sich Tag für Tag herumschlagen. Am stärksten ist der Aha-Effekt, wenn sie erkennen, welche Ursache die Missstände haben. Denn:

Mangelndes Vertrauen und die negativen Konsequenzen entstehen, weil gegen grundlegende Prinzipien verstoßen wird – nicht nur von Einzelnen, sondern von der gesamten Organisation.

Dabei handelt es sich um Verstöße gegen die 4 Grundlagen der Glaubwürdigkeit und die 13 Verhaltensweisen zum Aufbau von Vertrauen. Es geht aber auch um Verstöße gegen die Prinzipien, die für eine *Ausrichtung* der Organisation an den Grundlagen der Glaubwürdigkeit und den 13 Verhaltensweisen sorgen. Das passiert häufig, wenn Führungskräfte das Verhalten der Mitarbeiter darauf schieben, dass wenig Vertrauen herrscht. Doch in Wahrheit sind die Führungskräfte dafür verantwortlich, ein von großem Vertrauen geprägtes Umfeld zu schaffen.

Arthur W. Jones, ein Experte für Organisationsentwicklung, sagt: »Alle Organisationen sind perfekt darauf ausgerichtet, die Ergebnisse zu erzielen, die sie bekommen.« Ich würde gerne hinzufügen: »Alle Organisationen sind perfekt darauf ausgerichtet, den *Vertrauensgrad* zu erzielen, den sie bekommen.« Falls es in Ihrer Organisation nicht den Vertrauensgrad gibt, den Sie sich wünschen, sollten Sie sich mit dem Prinzip der Ausrichtung zu befassen.

Ich habe ja bereits erwähnt, dass Vertrauen die *versteckte Variable* ist, die alles beeinflusst. Dass Vertrauen in den Organisationen ein versteckter Faktor ist, liegt vor allem an den Führungskräften. Denn sie suchen nicht in den Systemen, Strukturen, Prozessen und Rahmenbedingungen, von denen das gesamte Verhalten in der Organisation abhängt, nach Vertrauen. Auch Führungskräfte, denen die Mitarbeiter persönlich vertrauen, können beim Organisationsvertrauen scheitern, weil sie keine Systeme entwickeln, die das Vertrauen fördern.

Symbole sagen mehr als Worte!

Das folgende Beispiel zeigt, wie negativ es sich auswirkt, wenn die Strukturen und Systeme einer Organisation nicht an den Prinzipien, die das Vertrauen fördern, ausgerichtet sind. Hier geht es um eine große Unternehmensberatung, die in finanziellen Schwierigkeiten steckte:

Man behandelt uns wie Kinder

BEISPIEL *Bei der Unternehmensberatung tat man alles, um Kosten zu senken. Eine der Sparmaßnahmen war die Einführung eines neuen Systems für die Erstattung der Spesen. Es umfasste sehr kleinliche Regelungen wie: »Falls Sie Ihren Leihwagen am Flughafen abgeben, ohne ihn vollgetankt zu haben, müssen Sie den Kostenaufschlag aus eigener Tasche bezahlen.« Hier wurden Berater, die sich abhetzten, um von einer Stadt zur nächsten zu kommen und ihr Flugzeug zu erwischen, behandelt, als wären sie faul und verantwortungslos. Eine andere Regel besagte, dass den Mitarbeitern die Handykosten nur für geschäftliche Anrufe erstattet würden. Doch das vermittelte den Eindruck, als ob die Berater ihr Handy vor allem für Privatgespräche nutzen würden. Zum Glück gab es in dem Unternehmen einige Berater, die sich gegen die neuen Regelungen wehrten. Sie sagten: »Das gefällt uns nicht! Man behandelt uns wie Kinder. Die Unternehmensleitung hat überhaupt kein Vertrauen zu uns!« Schließlich wurden die Regeln wieder geändert und an den größeren Werten des Unternehmens, an Respekt und Vertrauen, ausgerichtet.*

Das ist ein Paradebeispiel dafür, wie viel Kraft *Symbole* haben. Vielleicht fragen Sie sich gerade, was ich mit dem Begriff »Symbole« genau meine? Symbole sind die Zeichen, die für die grundlegenden Paradigmen in der Organisation stehen. Sie sind der Rhetorik deutlich überlegen und vermitteln die Paradigmen viel klarer als Worte.

Symbole können positiv oder negativ sein. Sie können viele Formen annehmen: Es kann sich um dicke Handbücher zur Unternehmenspolitik handeln oder um Manager, die ihre Luxuskarossen auf »VIP-Parkplätzen« abstellen. Symbole können neue CEOs sein, die eine Erhöhung ihrer Bezüge ablehnen, weil das den Mitarbeitern die falsche Botschaft vermitteln könnte. Es können aber auch teure Kunstobjekte sein, die zur Verschönerung der Chefetage gekauft werden, während gleichzeitig Jobs abgebaut werden.

Symbole, die großes Vertrauen vermitteln

Wie auch immer sie aussehen – Symbole haben als Spiegelbilder dessen, was in einer Organisation richtig oder falsch ist, eine enorm große Bedeutung. Hier zwei Beispiele für Symbole, die großes Vertrauen vermitteln und aufbauen:

BEISPIEL *Einige Jahre nach der Gründung von Hewlett-Packard wollte Bill Hewlett sich am Wochenende ein Mikroskop aus einem Lagerraum seines Unternehmens holen. Er musste jedoch feststellen, dass der Raum abgeschlossen war. Das stand im Widerspruch zu einem der wichtigsten Grundsätze des Unternehmens: Sämtliche Lagerräume sollten immer offen sein, sodass die Beschäftigten freien Zugang zu allen Werkzeugen und Arbeitsmaterialien hatten, die sie brauchten. Diese Regelung hatte man als Beweis für das Vertrauen zu den Beschäftigten bewusst eingeführt. Das Ganze war aus einer Erfahrung erwachsen, die Firmenmitbegründer David Packard viele Jahre zuvor gemacht hatte: Damals war er bei einem Unternehmen angestellt, das grundsätzlich alle Werkzeuge und Ersatzteile unter Verschluss hielt, damit die Mitarbeiter nichts stehlen konnten.*

Hewlett war über das Schloss am Lagerraum so erbost, dass er es aufbrach und einen Zettel an der Tür anbrachte: HP VERTRAUT SEINEN MITARBEITERN!!! Von diesem Tag an wurden die unverschlossenen Lagerräume ein echtes Vertrauenssymbol, das die Loyalität und das Engagement der Angestellten enorm steigerte. Es zeigte viel deutlicher, als das sonst möglich gewesen wäre, dass das Unternehmen großes Vertrauen in seine Leute hatte. Packard sagte später: »… die unverschlossenen Räume waren auch ein Symbol des Vertrauens, das im Mittelpunkt der Unternehmensphilosophie von HP steht.«[50]

BEISPIEL *Viele Handbücher für Mitarbeiter umfassen Hunderte von Seiten. Dagegen besteht das »Handbuch« der exklusiven US-Kaufhauskette Nordstrom aus einer kleinen Karte. Auf der Vorderseite steht:*

Handbuch für unsere Mitarbeiter

Willkommen bei Nordstrom!
WIR FREUEN UNS, DASS SIE BEI UNS ARBEITEN!
Unser oberstes Ziel ist, unseren Kunden einen hervorragenden Service zu bieten.
Unsere persönlichen und beruflichen Ziele sind also hoch gesteckt.
Doch wir sind sicher, dass Sie diese Ziele erreichen!
Deshalb ist unser Mitarbeiterhandbuch ganz einfach.
Bei uns gibt es nur eine einzige Regel …

Auf der Rückseite steht:

Eine Regel

Zeigen Sie immer gutes Urteilsvermögen.
Zögern Sie nicht, Ihrem Abteilungsleiter, Marktleiter oder dem Personalbüro Ihre Fragen zu stellen – jederzeit!

Das Mitarbeiterhandbuch von Nordstrom ist ein starkes Vertrauenssymbol. Es ist voll und ganz darauf ausgerichtet, einen hervorragenden Kundenservice zu bieten – und zwar durch Mitarbeiter, denen man voll und ganz vertraut!

Bitte überlegen Sie: Welche Symbole gibt es in Ihrer Organisation? Welche Botschaften vermitteln diese Symbole den internen Interessengruppen? Stehen diese Symbole für großes Vertrauen? Und wie sehen die Ergebnisse aus?

So führen Sie in Ihrer Organisation positive Veränderungen herbei

Signalisieren die Symbole in Ihrer Organisation Misstrauen oder nur sehr wenig Vertrauen? Dann sollten Sie noch einmal auf die 4 Grundlagen der Glaubwürdigkeit zurückkommen:

1. **Integrität:** Verfügt meine Organisation über Integrität? Kennen wir unsere Werte? Stehen unsere Strukturen und Systeme für Respekt und Vertrauen? Wie sieht es bei uns mit Ehrlichkeit und Bescheidenheit aus? Hören wir den anderen zu, wenn sie ihre Ideen vorbringen? Dürfen wir Fehler machen? Haben wir den Mut, auch schwierige Themen anzupacken? Wird ethisches Verhalten gefördert?

2. **Absichten:** Hat meine Organisation gute Absichten? Nehmen wir unsere Mitarbeiter, unsere Arbeit und unsere Kunden wichtig? Wollen wir, dass alle gewinnen? Was ist uns wichtiger: Konkurrenz oder Zusammenarbeit, Wettbewerb oder Teamgeist? Wird der offene Austausch von Ideen und Informationen gefördert?

3. **Fähigkeiten:** Welche Fähigkeiten zeichnen meine Organisation aus? Sind wir in der Lage, anderen einen hohen Nutzen zu bieten? Ob Talente, Fähigkeiten, Know-how, Arbeitsstil und Werte: Gewinnen und halten wir die passenden Mitarbeiter, um im heutigen Markt bestehen zu können? Sind bei uns die richtigen Leute an den richtigen Positionen? Gibt es kontinuierli-

che Verbesserungen? Sind wir innovativ? Erfinden wir uns neu, wenn es nötig ist?

4. **Ergebnisse:** Erreicht meine Organisation die angestrebten Ergebnisse? Liefern wir das, was wir versprochen haben? Bieten wir unseren Kunden den Nutzen, den sie sich wünschen? Wecken unsere bisherigen Leistungen Vertrauen? Empfehlen andere uns weiter? Erzielen wir unsere Ergebnisse so, dass wir damit Vertrauen aufbauen?

Weist Ihre Organisation in einem dieser vier Bereiche Defizite auf? Dann ist das der Punkt, an dem Sie beginnen sollten, Organisationsvertrauen aufzubauen. Auch wenn Sie keine Führungsrolle in Ihrer Organisation haben, gibt es viele Dinge, die Sie beeinflussen können.

4 Tipps für mehr Glaubwürdigkeit

1. Um die **Integrität** Ihrer Organisation zu erhöhen, können Sie das Leitbild verbessern oder ein neues erstellen. Beziehen Sie bei der Entwicklung des Leitbilds alle ein. So verhindern Sie, dass am Ende nur schöne Worte herauskommen, die man an die Wand hängt und dann schnell wieder vergisst. Zudem können Sie dazu beitragen, dass man in Ihrer Organisation Verpflichtungen eingeht und auch einhält. Das ist besonders für Führungskräfte und vor allem bei Kleinigkeiten wichtig. Wenn Führungskräfte scheinbar kleine Verpflichtungen nicht einhalten, greift das schnell um sich. Dann nimmt schon bald niemand mehr interne Verpflichtungen ernst.

2. Die **Absichten** Ihrer Organisation können Sie verbessern, indem Sie dafür sorgen, dass das Leitbild und die Werte Vertrauen wecken. Außerdem sollten Sie mit gutem Beispiel vorange-

hen, wenn es um Respekt und Mitgefühl geht. Zudem können Sie daran arbeiten, Strukturen zu schaffen, die helfen, auf den Vorteil aller Beteiligten ausgerichtete Ziele zu verwirklichen. Strukturen, die klare Absprachen über Erwartungen und Verantwortlichkeiten umfassen, gute Zusammenarbeit belohnen und Vertrauen fördern.

3 Zur Verbesserung der **Fähigkeiten** Ihrer Organisation ist es wichtig, dass fähige Mitarbeiter gewonnen und gehalten werden. Sie können regelmäßig Schulungen und Weiterbildungsprogramme anbieten und sicherstellen, dass alle Informations- und Entscheidungssysteme an den Bedürfnissen von Organisation und Kunden ausgerichtet sind.

4 Die **Ergebnisse** Ihrer Organisation können Sie steigern, indem Sie den Leuten helfen, eine gemeinsame Vision im Hinblick auf die angestrebten Ziele zu entwickeln. Außerdem können Sie dazu beitragen, dass die Ergebnisse nicht nur unter finanziellen Gesichtspunkten, sondern auch in Hinblick auf die Mitarbeiter- und Kundenzufriedenheit analysiert werden. Darüber hinaus sollten darauf achten, dass die Mitarbeiter in regelmäßigen Abständen über ihre Ergebnisse – nicht über ihre Aktivitäten – berichten können.

Setzen Sie Ihre *Vertrauensbrille* auf! Sie werden staunen, wie positiv sich die Verbesserung der 4 Grundlagen der Glaubwürdigkeit in Ihrer Organisation auswirken wird!

Kommen alle 13 Verhaltensweisen zum Aufbau von Vertrauen in Ihrer Organisation zum Tragen?

Werfen Sie jetzt bitte einen Blick auf die 13 Verhaltensweisen zum Aufbau von Vertrauen. Kommen alle Verhaltensweisen in Ihrer Organisation zum Tragen? Sehen Sie sich dazu die noch einmal die Tabellen zum Aktionsplan auf den Seiten 283 bis 285 an. Überlegen Sie zu jeder der 13 Verhaltensweisen: Welche Seite beschreibt Ihre Organisation besser? Liegen Sie bei einer oder mehreren Verhaltensweisen eher rechts? Warum ist das so? Inwiefern wird in Ihrer Organisation von geringem Vertrauen geprägtes Verhalten belohnt? Ob Informationsfluss, Entscheidungsfindung oder Vergütung: Wenn Sie Ihre Organisation unter die Lupe nehmen, werden Sie schnell erkennen, in welchen Bereichen es keine gute Ausrichtung gibt. Sie sehen, wo Sie Vertrauenssteuern zahlen müssen, wo Sie an Schnelligkeit verlieren, wo die Kosten unnötig hoch sind und wo Sie sich selbst um die Dividenden bringen, die großes Vertrauen Ihnen bescheren könnte.

Letztlich liegt es an Ihnen, dass Ihre Organisation sich an den Prinzipien orientiert, die Vertrauen wecken. Was passiert, wenn Führungskräfte nicht davon überzeugt sind, dass sie den Mitarbeitern vertrauen können? Dann bauen sie Systeme und Strukturen auf, die ihr Misstrauen zum Ausdruck bringen. Das wiederum führt zu Misstrauen bei den Mitarbeitenden – und so entsteht eine gefährliche, abwärts gerichtete Spirale.

Ganz anders ist das bei Führungskräften, die überzeugt sind, dass man den Mitarbeitern vertrauen kann. Unverschlossene Lagerräume, Mitarbeiterhandbücher, die nur aus einer Seite bestehen, oder die Möglichkeit zur Arbeit im Homeoffice: Diese Führungskräfte schaffen Systeme und Strukturen, die ihr Vertrauen in ihre Leute klar zum Ausdruck bringen. Das wiederum erzeugt und verstärkt Verhaltensweisen bei den Mitarbeitern, die den Führungskräften bestätigen, dass man ihnen vertrauen kann. Und so entsteht eine positive, nach oben gerichtete Spirale.

Die 4 Grundlagen der Glaubwürdigkeit und die 13 Verhaltensweisen sind der Schlüssel zum Aufbau von Vertrauen in Organisationen. Sie befähigen Sie dazu, grundlegende Veränderungen zum Guten herbeizuführen. Nur so können Sie Ihren internen Interessengruppen zeigen, dass sich Vertrauen auf alle Beziehungen und Ergebnisse in der Organisation positiv auswirkt. Dann sind Sie auch in der Lage, so über Vertrauen zu *sprechen*, dass das gegenseitige Verstehen, der Dialog und die Problemlösung gefördert werden. Und Sie können sich so *verhalten*, dass Vertrauen aufgebaut wird. Kurzum:

BEISPIEL *Die 4 Grundlagen der Glaubwürdigkeit und die 13 Verhaltensweisen ermöglichen es Ihnen, eine von großem Vertrauen geprägte Organisation aufzubauen – und das wird sich sowohl in den Symbolen als auch in den Ergebnissen Ihrer Organisation widerspiegeln.*

So machen Sie Vertrauenssteuern zu Dividenden

Wie bereits erwähnt, müssen Sie hohe Steuern zahlen, wenn in Ihrer Organisation kein Vertrauen herrscht. Doch diese *Vertrauenssteuern* sind völlig überflüssig und sinnlos. Natürlich tauchen die entsprechenden Beträge nicht in Ihrer Steuererklärung auf. Aber sie sind da! Deshalb möchte ich Sie jetzt bitten, Ihre Vertrauensbrille aufzusetzen. Dann können Sie sehen, was unter der Oberfläche vor sich geht. Dann erkennen Sie, welche versteckten Steuern Ihre Organisation zahlen muss – und was für riesige Dividenden großes Vertrauen bringen kann.

Die 7 Steuern bei geringem Vertrauen

1. Unnötige Redundanz

Hier handelt es sich um eine absolut unnötige Vervielfachung. In vielen Organisationen gibt es ein Übermaß an Hierarchie und Managementebenen. So soll sichergestellt werden, dass die Organisation die Kontrolle behält. Doch dadurch fällt eine *Redundanzsteuer* an. Sie beruht auf dem Paradigma, dass man den Mitarbeitenden nur vertrauen kann, wenn man sie streng überwacht. Und diese Steuer ist sehr hoch.

2. Übermäßige Bürokratie

Bürokratie umfasst komplexe Regeln, Vorschriften und Prozesse, die sich in übermäßig viel Papierkrieg, Vorschriften und Kontrollen widerspiegeln. All das führt zu *Ineffektivität* und verhindert Fortschritt und Innovation. Ob Unternehmen, Staat, Gesundheitswesen, Bildungsinstitutionen oder NGOs: Bürokratie verursacht bei allen Organisationen enorm hohe Kosten. Organisationen, in denen wenig Vertrauen herrscht, erkennt man daran, dass hier die Bürokratie besonders ausgeprägt ist. Oft führt das zu einem wahren Teufelskreis. Denn: Geringes Vertrauen erzeugt Bürokratie und Bürokratie wiederum erzeugt geringes Vertrauen.

3. Interne Politik

In Organisationen wird »interne Politik« als Einsatz von Taktiken und Strategien mit dem Ziel der *Machtgewinnung* definiert. Dann kommt es zu Rivalität, Revierkämpfen, versteckten Agenden und Verleumdungen. All das führt zur Spaltung der Organisation – zu Konflikten mit dem »Feind im Inneren«, wie der Autor Lawrence MacGregor Serven es nennt.[51]

Das Resultat ist eine ungeheure Verschwendung von Zeit, Energie und Geld. Interne Politik vergiftet die Unternehmenskultur, lässt Strategien scheitern und zerstört die Motivation der Mitarbeitenden. In Organisationen mit wenig Vertrauen herrscht sehr viel

Politik. In gewisser Hinsicht ist interne Politik also das Gegenteil von Vertrauen.

4. Fehlendes Engagement

An Engagement fehlt es, wenn die Mitarbeiter zwar bei ihrer Organisation bleiben, innerlich aber schon längst gekündigt haben. Dann tun sie nur noch das, was nötig ist, um nicht entlassen zu werden. Ihr Talent, ihre Kreativität und ihr Engagement bringen sie nicht ein. Sie sind körperlich anwesend, aber nicht mit dem Herzen bei der Sache. Dafür gibt es viele Gründe. Eine der Hauptursachen für fehlendes Engagement ist, dass die Mitarbeitenden nicht das Gefühl haben, dass man ihnen vertraut. Da stellt sich natürlich die Frage, was war zuerst da: das Misstrauen oder das fehlende Engagement? Sicher ist, dass es sich um einen Kreislauf handelt, der sich immer mehr verselbstständigt, die Organisation immer stärker beeinträchtigt und sie am Ende sogar zum Stillstand bringen kann. Aktuelle Umfragen belegen: Die »Great Resignation«, die große Unzufriedenheit der Menschen mit ihren Jobs, greift immer weiter um sich. In Deutschland machen 69 Prozent der Mitarbeiter Dienst nach Vorschrift. 14 Prozent haben innerlich bereits gekündigt![52]

5. Hohe Fluktuation

In Organisationen mit wenig Vertrauen liegt die Fluktuation der Mitarbeiter weit über dem Durchschnitt. Leider kündigen meistens ausgerechnet die Mitarbeiter, die man am wenigsten verlieren möchte. Gute Leute wollen, dass man ihnen vertraut. Tut man das nicht, ist das für sie eine echte Beleidigung. Deshalb wechseln viele zu einer Organisation, in der man ihnen vertraut. Wenn gute Mitarbeiter kündigen, kostet das die Organisationen ein Vermögen. Häufig kostet es bis zu 150 Prozent seines Jahresgehalts, um einen Mitarbeiter zu ersetzen.[53]

6. Abwanderung externer Interessengruppen

Wenn in einer Organisation wenig Vertrauen herrscht, breitet sich das immer weiter aus. Schließlich führt das auch zu einer stärkeren Fluktuation bei Kunden, Zulieferern, Händlern und Investoren. Wenn man den Mitarbeitern nicht vertraut, übertragen sie das mangelnde Vertrauen oft auch auf die Kunden, die dann irgendwann abspringen. Das liegt auch daran, dass die Mitarbeiter die Kunden meist so behandeln, wie sie selbst vom Management behandelt werden. Doch wenn eine Organisation ihre Kunden verliert, wird es gleich doppelt teuer: Einerseits fehlen die Umsätze. Andererseits muss man viel Geld in die Neukundenakquise stecken.

7. Unehrlichkeit und Betrug

Unehrlichkeit, Sabotage oder Täuschung: Die Kosten von Betrug sind unfassbar hoch. Studien haben ergeben, dass jedes Jahr 5 bis 10 Prozent der deutschen Unternehmen von den eigenen Mitarbeitern betrogen werden. Im Schnitt erbeuten kriminelle Mitarbeiter fast 115 000 Euro, bevor sie auffliegen.[54] Betrug ist vor allem eine Frage von *mangelnder Charakterstärke:* Zu fehlender Integrität kommen auf den eigenen Vorteil ausgerichtete Absichten. Wenn wir allein durch strafferes Anziehen der Zügel und die Einrichtung von Kontrollen auf diese Herausforderung reagieren, können wir die *Betrugssteuer* nur geringfügig verringern. Zudem fallen dann die sechs anderen Steuern an, die in ihrer Addition deutlich höher sind als die ursprüngliche Betrugssteuer. Wir sollten das Problem also völlig anders angehen und uns auf die 4 Grundlagen der Glaubwürdigkeit konzentrieren. Bei Neueinstellungen sollten wir neben der Kompetenz auch auf den Charakter achten. Schulungsmaßnahmen sollten so konzipiert sein, dass sie den Mitarbeitenden helfen, ihre Integrität zu steigern und ihre Absichten zu verbessern. Wir sollten eine Organisationskultur aufbauen, die dazu beiträgt, Werte zu stärken und durchzusetzen. Der große Soziologe Émile Durkheim sagt: »Wenn die Sitten ausreichen, braucht man keine

Gesetze. Wenn die Sitten aber nicht ausreichen, lassen Gesetze sich nicht durchsetzen.«

Wenn wir alle Steuern addieren, die Organisationen mit wenig Vertrauen zu zahlen haben, gibt es keine Zweifel mehr daran, dass zwischen wenig Vertrauen, geringer Schnelligkeit und hohen Kosten ein unbestreitbarer Zusammenhang besteht.

Die 7 Dividenden bei großem Vertrauen

Für alle Organisationen gilt: Wenn man die 7 Vertrauenssteuern reduzieren oder komplett vermeiden kann, wirkt sich das sehr positiv auf die Vertrauenskonten und die Ergebnisse aus. Noch besser ist es natürlich, nicht nur Vertrauenssteuern zu verhindern, sondern auch noch Vertrauensdividenden für sich zu verbuchen. Organisationen, in denen großes Vertrauen herrscht, können sich über 7 Dividenden freuen:

1. Doppelte Wertsteigerung

Großes Vertrauen erhöht den Wert einer Organisation in doppelter Hinsicht: Erstens steigert Vertrauen den Aktionärswert, den *Shareholder-Value.* Die entsprechenden Daten sind beeindruckend: Organisationen mit großem Vertrauen übertreffen diejenigen mit wenig Vertrauen hinsichtlich der Gesamterträge für die Aktionäre um 286 Prozent![55] Zweitens erhöht großes Vertrauen den *Customer-Value,* das Ertragspotenzial jedes einzelnen Kunden.

2. Beschleunigtes Wachstum

Organisationen mit großem Vertrauen übertreffen diejenigen mit geringem Vertrauen auch beim *Umsatz* und beim *Gewinn.* Studien belegen, dass die Kunden bei Organisationen, denen sie vertrauen, mehr und öfter kaufen. Zudem geben sie häufiger Weiterempfehlungen ab und bleiben den Organisationen länger treu. Gleichzeitig sind die Kosten in Organisationen mit großem Vertrauen niedriger. Das haben wir ja schon bei unserem Donut-Verkäufer Jim gesehen. Das Endergebnis ist also nicht nur ein beschleunigtes Wachstum, sondern ein beschleunigtes profitables Wachstum. Der ehemalige CEO von Vanguard Investments, John Brennan, sagt: »Das Vertrauen ist unser größter Aktivposten … Wenn die Kunden uns vertrauen, schaffen sie ein erstaunlich großes Wachstum.«[56]

3. Höhere Innovationskraft

Von großem Vertrauen geprägte Organisationen bieten ihren Kunden überdurchschnittlich innovative Produkte und Dienstleistungen. Innovation und Kreativität sind nur durch den offenen Austausch von Informationen, das großzügige Teilen von Anerkennung, eine partnerschaftliche Zusammenarbeit und eine überdurchschnittliche Risikobereitschaft möglich. All das entsteht nur durch hohes Vertrauen. Die Vorteile von Innovation liegen klar auf der Hand: Sie eröffnen *neue Umsatzchancen* und *höhere Marktanteile.*

4. Bessere Zusammenarbeit

»Ob Zeitalter der Zusammenarbeit«, »Kollaborative Wirtschaft«, »Sharing Economy« oder New Work, Remote Work und Homeoffice: Zusammenarbeit und Teamwork werden in unserer global vernetzten Wirtschaftswelt immer wichtiger. Diese Zusammenarbeit ist nicht auf das Innere der Organisationen beschränkt. Sie erstreckt sich auch auf Kunden und Zulieferer. Ohne Vertrauen ist Zusammenarbeit immer nur ein schwacher Abglanz von dem, was sie sein könnte, und eröffnet nicht die Chancen, die in der modernen Wissensgesellschaft möglich sind.

5. Stärkere Partnerschaften

Studien haben gezeigt, dass auf Vertrauen gegründete Partnerschaften und Kooperationen eine Vertrauensdividende von bis zu 40 Prozent des Auftragswerts bringen. Diejenigen, die sich nur auf den Vertragstext stützen, schneiden wesentlich schlechter ab. In einer Outsourcing-Studie stellen LogicaCMG und die Warwick Business School fest: »Kooperationen wiesen mit höherer Wahrscheinlichkeit einen Vertrauensbonus für beide Parteien auf als Vertragsverhältnisse, deren Leistung durch strenge Service-Level-Agreements oder Strafen geregelt wurden. Echtes Vertrauen ist nicht naiv. Es wird durch Leistung verdient.«[57]

6. Effektivere Umsetzung

Organisationen, bei denen großes Vertrauen herrscht, können ihre Strategie wesentlich besser umsetzen. Wie wichtig die Umsetzung ist, wurde mir schon an meinem ersten Tag an der Harvard Business School klargemacht. Am Ende einer vierstündigen Fallstudie sagte mein Professor etwas, das ich nie vergessen werde: »Falls Sie aus Ihren zwei Jahren an der Harvard Business School nur eine einzige Erkenntnis mitnehmen, sollte das Folgende sein: Es ist besser, eine zweitklassige Strategie und eine erstklassige Umsetzung zu haben, als umgekehrt.«

7. Größere Loyalität

Kollegen, Kunden, Zulieferer, Händler oder Investoren: Von Vertrauen geprägte Organisationen wecken bei ihren primären Interessengruppen weitaus mehr Loyalität als Organisationen mit wenig Vertrauen.[58] Dafür gibt es eindeutige Beweise. Bei Organisationen mit großem Vertrauen:

- sind die Mitarbeiter zufriedener, engagierter, kreativer und loyaler,
- sind die Kunden treuer und kaufen auch noch wesentlich mehr,
- sind die Partnerschaften mit Zulieferern und Händlern stabiler,
- sind die Beziehungen zu den Investoren besser und langfristiger.

Wenn man alle Dividenden zusammenzählt und auch noch die Tatsache berücksichtigt, dass großes Vertrauen sämtliche Steuern verringert oder eliminiert, dann gilt:

Zwischen großem Vertrauen, hoher Schnelligkeit, niedrigen Kosten und einem höheren Wert besteht ein deutlicher, direkter und messbarer Zusammenhang!

Die Fähigkeit, Vertrauen aufzubauen, auszuweiten oder wiederherzustellen, ist *die entscheidende Führungskompetenz* in unserer schnelllebigen, disruptiven, vernetzten Welt. Ob es sich bei Ihrer Organisation um ein Unternehmen, eine Non-Profit-Organisation, eine Abteilung, ein Team oder eine Familie handelt – wenn Sie Vertrauen aufbauen, werden Sie einen positiven Einfluss auf alles andere in der Organisation haben. Ich betone es noch einmal: Nichts ist *schneller* als Vertrauen. Nichts ist *profitabler* als die Ökonomie des Vertrauens. Nichts ist *nachhaltiger* als die Auswirkungen von Vertrauen.

4. Welle: Marktvertrauen

Das Prinzip des guten Rufs

> *»Vertrauen ist eines der wichtigsten Elemente beim Aufbau des guten Rufs eines Unternehmens.«*
> Robert Eckert,
> ehemaliger CEO, Kraft Foods und Mattel

Bei der 4. Welle geht es um die Marke oder den guten Ruf – um Ihr Gefühl, das dazu führt, dass Sie Produkte oder Dienstleistungen kaufen, Zeit oder Geld investieren und Weiterempfehlungen abgeben. Hier erkennen die meisten den Zusammenhang zwischen Vertrauen, Schnelligkeit und Kosten am deutlichsten. Viele verstehen intuitiv, dass eine »Marke« Vertrauen bei den Kunden, Vertrauen im Markt und sogar geldwertes Vertrauen ist. Doch man kann es auch messen. Deshalb investieren Unternehmen große Summen in den Aufbau einer Marke, die Vertrauen weckt. Der Werbe-Profi Al Golin spricht im Zusammenhang mit dem Markenaufbau von nichts Geringerem als vom »Aufbau von Vertrauen auf der ganzen Welt«.[59]

Dass zwischen der Marke, dem Vertrauen, der Schnelligkeit und den Kosten ein direkter Zusammenhang besteht, ist auf allen Ebenen ersichtlich. Nach einem Vortrag, den ich auf einer großen internationalen Sales- und Marketingkonferenz hielt, kam einer der Vorstände eines sehr bekannten Unternehmens zu mir. Er sagte: »Unsere Marke genießt sehr viel Vertrauen – und das bringt uns riesige Dividenden. Unsere Wiederkäuferrate ist erstaunlich hoch: Sie liegt bei 90 Prozent. Das ist der beste Indikator dafür, was unsere Marke wert ist. Wir arbeiten ständig daran, das Vertrauen unserer Kunden, das unser größtes Kapital ist, zu wahren. Viele Unternehmen wollen Partner unserer Marke werden. Doch unsere Auswahlkriterien sind streng. Nur so können wir die Vertrauensbeziehung zu unseren Kunden schützen.«

Die »Marke« ist auf allen Ebenen wichtig

Für Unternehmen, die Produkte oder Dienstleistungen verkaufen, ist die Marke erfolgsentscheidend. Doch die Bedeutung der Marke ist auch für alle anderen Organisationen enorm wichtig – vom Staat über die Bundesländer bis hin zu einzelnen Städten, Wohltätigkeitsorganisationen oder Krankenhäusern. Das betrifft natürlich auch kleinere Einheiten: Der Ruf der Teams und Abteilungen in den Organisationen hat erhebliche Auswirkungen auf die Zuweisung von Personal oder die Budgetierung. Es kommt häufig vor, dass ein Abteilungsleiter glaubt, seinem Team würde aufgrund der Leistung einiges an Mitteln zustehen. Doch dann muss er feststellen, dass andere Abteilungen mit einem besseren Ruf ihn einfach ausstechen. Oft hängt es auch vom Ruf einer Abteilung ab, wie gut die anderen Teams mit ihr zusammenarbeiten.

Natürlich hat auch jeder Mensch seine eigene Marke, seinen ganz persönlichen guten oder schlechten Ruf. Unsere Marke zeigt sich in unserem Lebenslauf und in den Referenzen, wenn wir uns um eine neue Stelle bewerben. Sie wirkt sich auf alle unsere Beziehungen aus und beeinflusst, wie andere im Job oder im privaten Bereich mit uns umgehen. Für alle Menschen und für alle Organisationen gilt:

> Der Unterschied zwischen einem guten und einem schlechten Ruf ist klar messbar und er steht in direktem Zusammenhang mit dem Vertrauen, der Schnelligkeit und den Kosten.

Marktvertrauen zahlt sich aus

Wir wollen uns jetzt einige Beweise dafür ansehen, dass sich das Marktvertrauen für Organisationen auszahlt. Setzen Sie dafür bitte wieder die Brille Ihrer eigenen »Organisation« auf – ob es sich dabei nun um ein Unternehmen, eine Regierungsbehörde, ein Team, eine Abteilung oder Ihre Familie handelt. Denken Sie daran, dass es beim Marktvertrauen um die *externen* Interessengruppen geht. Dazu könnten neben den Kunden auch die Zulieferer, Händler und Investoren gehören. Allerdings dürfte es einfacher für Sie sein, sie alle als Ihre »Kunden« zu betrachten. Achten Sie beim Weiterlesen bitte auch auf den direkten Zusammenhang zwischen dem Ruf und dem Vertrauen.

Fortune Magazine veröffentlicht jedes Jahr eine Liste der meistbewunderten Unternehmen der Welt. In der Liste werden globale Unternehmen aus 52 verschiedenen Branchen aufgeführt. Das Fortune Magazine bezeichnet diese Liste als »maßgebliches Zeugnis für die Reputation von Unternehmen« und stellt einen Zusammenhang zwischen dem Ruf und der Wertschätzung her.[60] Doch wie werden die *World's Most Admired Companies* ermittelt? Dazu werden Führungskräfte, Direktoren und Analysten gebeten, die Unternehmen anhand von neun Kriterien zu bewerten. Zu diesen Kriterien zählen beispielsweise der Investitionswert, die Qualität des Managements und der Produkte, die soziale Verantwortung oder die Fähigkeit, Talente anzuziehen.[61] Bei all diesen Kriterien spielt das Vertrauen im Markt eine große Rolle. Dieses Vertrauen hat maßgeblichen Einfluss auf das Verhalten der *externen* Interessengruppen. Das bestätigt auch eine Umfrage zur Rolle des Vertrauens in Geschäftsbeziehungen:

- 39 Prozent der Befragten gaben an, dass Vertrauen und Vertrauenswürdigkeit entscheidende Faktoren sind, um die Zusammenarbeit mit einem Unternehmen aufzunehmen oder auszuweiten.
- 53 Prozent sagten, dass sie die Zusammenarbeit beenden würden, wenn sie Zweifel am Vertrauen oder an der Vertrauenswürdigkeit eines Unternehmens hätten.[62]

Zu einem ähnlichen Schluss kommt die Kommunikationsagentur Edelman. Im Zusammenhang mit dem weltweit bekannten *Edelman Trust Barometer* wird klar betont:

> *»Vertrauen ist keine bloße Zugabe. Vertrauen ist ein Vermögenswert, den man schaffen, aufrechterhalten und auf dem man aufbauen muss. Vertrauen bringt den Unternehmen Vorteile – Misstrauen oder wenig Vertrauen verursacht Kosten. In allen Ländern, in denen wir unsere Umfragen durchgeführt haben, sagten mindestens 64 Prozent der Befragten, sie lehnen es ab, Produkte oder Dienstleistungen von einem Unternehmen zu kaufen, dem sie nicht vertrauen«.*[63]

Das Vertrauensbarometer von Edelman zeigt auch etwas an, das ich als *Branchensteuer* beziehungsweise *Branchendividende* bezeichne: Ob die Leute einem Unternehmen vertrauen oder nicht, hängt auch von der Branche ab. Beispielsweise werden die Energie- und die Medienbranche in den meisten Ländern grundsätzlich mit einer Steuer belegt. Dagegen bekommen Einzelhandels- und Technologieunternehmen häufig eine Dividende. Aber was können Sie tun, wenn Ihre Branche mit Steuern belegt wird? In dem Fall ist es besonders wichtig, dass Sie sich einen guten Ruf erarbeiten – einen Ruf, der weitaus besser ist als der Ihrer Branche.

Schnelligkeit durch Vertrauen beim Aufbau einer Marke

Wie schnell man Vertrauen aufbauen kann, zeigt die jährliche Studie zum *Reputation Quotient* (RQ), die von Axios Harris Poll durchgeführt wird. Die Studie listet die 100 bekanntesten Unternehmen in den USA auf. Die Basis für das Ranking bildet der gute Ruf der Unternehmen bei den amerikanischen Verbrauchern. Im Ranking von 2021 sind gleich drei Unternehmen unter den ersten sechs, die bislang keine Rolle spielten: Moderna (Platz 3), SpaceX (Platz 5) und der Online-Händler für Tierbedarf Chewy (Platz 6).[64] Das zeigt: In unserer schnelllebigen Wirtschaftswelt kann man sehr schnell Vertrauen aufbauen.

Dies bestätigt auch eBay-Gründer Pierre Omidyar. Auf die Frage, was das Wichtigste sei, was er im Zusammenhang mit eBay gelernt habe, antwortete er: »Die bemerkenswerte Tatsache, dass 135 Millionen Menschen jemandem vertrauen, den sie überhaupt nicht kennen.«[65]

Allerdings ist es nicht nur möglich, Vertrauen sehr schnell aufzubauen. Man kann es noch viel schneller zerstören.

Das zeigen zahlreiche Unternehmensskandale – beispielsweise Enron, Lehmann Brothers oder zuletzt Wirecard. Aber wie können

Sie nachhaltiges Vertrauen im Markt aufbauen? Das sehen wir uns jetzt einmal näher an.

So bauen Sie eine starke Marke auf

Ich bin davon überzeugt, dass der Wert Ihrer Marke sich *messbar* steigern lässt, wenn Sie die *4 Grundlagen der Glaubwürdigkeit* stärken und die *13 Verhaltensweisen* im Umgang mit Ihren Interessengruppen beherzigen. Setzen Sie jetzt bitte wieder Ihre Vertrauensbrille auf. Überlegen Sie: Wie groß ist das Vertrauen des Markts in Ihre Organisation? Versetzen Sie sich in die Perspektive Ihrer Kunden und stellen Sie sich folgende Fragen:

1. **Integrität:** Verfügt unsere Marke über Integrität? Besitzen wir den Ruf, ehrlich zu sein? Haben wir Werte, an die die Leute glauben und denen sie vertrauen können? Stehen wir dafür, schwierige Dinge mutig und schnell anzugehen? Geben wir unsere Fehler ehrlich zu und korrigieren wir sie rasch?

2. **Absichten:** Verkörpert unsere Marke gute Absichten? Vermitteln wir anderen das Gefühl, dass sie uns wirklich wichtig sind und dass wir uns Vorteile für alle Beteiligten wünschen? Oder glauben die Leute, dass wir nur auf unseren eigenen Gewinn aus sind?

3. **Fähigkeiten:** Überzeugt unsere Marke durch ihre Fähigkeiten? Verbinden die Leute unseren Namen mit Qualität, Spitzenleistungen, kontinuierlicher Verbesserung und hoher Innovationskraft? Und: Sind wir dafür bekannt, unsere Ziele so zu erreichen, dass dabei Vertrauen entsteht?

4. **Ergebnisse:** Steht unsere Marke für überdurchschnittlich gute Ergebnisse? Vermitteln wir das Gefühl, dass wir das liefern,

was wir versprechen? Sind die Leute bereit, unsere Organisation einem guten Freund zu empfehlen?

Haben Sie nicht den Ruf, den Sie sich wünschen? Dann sehen Sie sich Ihre Antworten noch einmal gut an. Bei welchen der 4 Grundlagen der Glaubwürdigkeit haben Sie noch Verbesserungspotenzial? Handelt es sich um *Charakterprobleme* (Integrität oder Absicht) oder um *Kompetenzprobleme* (Fähigkeiten oder Ergebnisse)? Überlegen Sie, wie Sie diese Probleme aus der Welt schaffen können. Beginnen Sie mit dem Bereich, in dem Ihnen Verbesserungen die stärksten positiven Veränderungen bringen werden.

Sie können Ihren guten Ruf noch weiter verbessern? Wie das geht? Finden Sie heraus, wie gut Ihre Organisation die 13 Verhaltensweisen umsetzt. Mit diesen Verhaltensweisen können Sie nicht nur auf der *Beziehungsebene*, sondern auch auf der *Marktebene* großes Vertrauen aufbauen. Das veranschaulicht auch das folgende Beispiel:

Das schmeckt wie ein Pappkarton!

BEISPIEL *Domino's Pizza hatte sich einen sehr guten Ruf für die schnelle Belieferung der Kunden erworben. Doch der Ruf der Pizza war ziemlich schlecht. Nachdem der Aktienkurs nur noch 2,61 US-Dollar betrug war, wusste das Unternehmen, dass es sich der Realität stellen musste. Deshalb brachte Domino's Pizza eine große Kundenumfrage auf den Weg. Das Resultat war niederschmetternd: Beispielsweise sagten die Kunden, dass die Pizza schlecht sei und der Boden wie Karton schmecken würde. Also startete man bei Domino's Pizza eine Qualitätsoffensive. Man erwarb die nötigen Fähigkeiten, um alle Produkte und Herstellungsprozesse grundlegend zu verbessern. Anschließend gestand der CEO Patrick Doyle in einer Fernsehsendung, dass sein Unternehmen ein minderwertiges Produkt angeboten hatte. Patrick Doyle war völlig offen und transparent. Er sagte ehrlich, was nicht gut gelaufen war und was Domino's getan hatte, um die Probleme zu beheben. Dann bat er die Öffentlichkeit, Domino's Pizza eine zweite Chance zu geben.*

Viele Marketingexperten sahen die offene, authentische Werbekampagne sehr skeptisch. Doch die Kunden reagierten sehr positiv! Sie erkannten, dass Domino's ehrliche Absichten hatte und es wirklich ernst meinte. Das brachte dem Unternehmen eine hohe, langfristige Vertrauensdividende ein. Inzwischen ist der Aktienkurs auf weit über 300 US-Dollar gestiegen.

Das Beispiel von Domino's Pizza zeigt: Wer sich an die 13 Verhaltensweisen hält, kann das Marktvertrauen von Kunden, Zulieferern, Händlern und Investoren systematisch steigern und sich hohe Dividenden sichern! Denn: Der gute Ruf steigert das Marktvertrauen – und das wirkt sich positiv auf die wirtschaftlichen Ergebnisse aus. Doch dieses Prinzip gilt auch im Hinblick auf das Selbstvertrauen und das Organisationsvertrauen. Deshalb sollten wir uns immer auch mit den folgenden Fragen befassen: Was für einen Ruf habe ich? Wofür steht meine Marke? Bin ich eine wandelnde Steuer oder eine wandelnde Dividende? Denken Sie daran:

Das Vertrauen, das wir in unseren Organisationen und im Markt aufbauen können, ist immer das Ergebnis der Glaubwürdigkeit, die *wir* uns als Person erwerben.

5. Welle: Gesellschaftsvertrauen

Das Prinzip des Beitrags

> *»Wer Vertrauen hat, erlebt jeden Tag Wunder.«*
> PETER ROSEGGER,
> ÖSTERREICHISCHER SCHRIFTSTELLER UND POET

Vielleicht kennen Sie das französische Sprichwort »Die Fische entdecken das Wasser als Letzte«? Aber haben Sie jemals darüber nachgedacht, was es genau bedeutet? Für die Fische *ist das Wasser einfach da*. Es ist eine Selbstverständlichkeit. Die Fische sind sich der Existenz des Wassers gar nicht bewusst. Doch das ändert sich schlagartig, wenn das Wasser verschmutzt wird oder verschwindet.

Dann wird den Fischen plötzlich klar, dass sauberes, klares Wasser unentbehrlich ist. Denn ohne Wasser werden die Fische sterben. Genauso ist es mit den Menschen und dem Vertrauen. Wir setzen es als selbstverständlich voraus – bis es vergiftet oder zerstört wird. Dann erkennen wir schlagartig, dass Vertrauen für unser Wohlergehen genauso wichtig ist wie Wasser für die Fische. Ohne Vertrauen kann unsere Gesellschaft, können wir Menschen nicht existieren. Deshalb ist Vertrauen der Faktor, der alles verändert!

Eine Welt ohne Vertrauen kann man sich nicht vorstellen. Thomas Friedman schreibt in *Die Welt ist flach*, dass eine Gesellschaft ohne Vertrauen im Zeitalter der Globalisierung nicht denkbar ist. Deshalb ist es das Hauptziel von Terroristen, das Vertrauen zu zerstören und den Menschen Angst vor den Dingen zu machen, die sie jeden Tag tun.[66] Eine geschlossene, terroristische Gesellschaft basiert auf Täuschungsverhalten und Gegenteilen – auf versteckten Agenden, der Rechtfertigung von Unrecht, der Nichteinhaltung von Verpflichtungen und Misstrauen. Denken Sie an die Steuern, die in einer geschlossenen, von wenig Vertrauen geprägten Gesellschaft zu zahlen sind! Und an all die Dividenden, wie gemeinsames Wissen, medizinischer und technologischer Fortschritt, ökonomische Partnerschaften und kultureller Austausch, die in einer geschlossenen Gesellschaft nicht existieren! Ganz anders ist es in einer flachen globalen Gesellschaft, die auf Vertrauen, Transparenz, Verantwortungsbewusstsein und die Einhaltung von gegenseitigen Verpflichtungen gegründet ist:

In einer Gesellschaft, in der großes Vertrauen herrscht, gibt es für alle wesentlich mehr. Alle haben viel mehr Chancen und Möglichkeiten.

Deshalb ist es so wichtig, dass wir eine von großem Vertrauen geprägte Gesellschaft aufbauen. Denn nichts anderes wird sich so ungeheuer positiv auf Schnelligkeit und Kosten, aber auch auf die Lebensqualität aller Menschen auf der Welt auswirken.

Das Prinzip des Beitrags

Das alles überragende Prinzip beim Gesellschaftsvertrauen ist der *Beitrag* – die Absicht, einen Nutzen oder Wert zu schaffen, etwas zurückzugeben, statt selbst zu nehmen. Heute setzt sich immer stärker die Erkenntnis durch, dass Beiträge für die Gesellschaft ungemein wichtig sind.

Ob Microsoft-Gründer Bill Gates, U2-Frontmann Bono, Investment-Legende Warren Buffett oder Tesla-Boss Elon Musk: Denken Sie doch nur an die vielen Menschen, die etwas für die Allgemeinheit bewirken wollen, an Unternehmen, die zu ihrer gesellschaftlichen Verantwortung stehen, oder an Organisationen, die sich wohltätigen Zielen verschrieben haben. Natürlich handelt es sich hier oftmals um Personen, die stark im Licht der Öffentlichkeit stehen. Der Großteil der Beiträge stammt allerdings von ganz gewöhnlichen Durchschnittsbürgern. Viele spenden Geld für die Opfer von Kriegen und Katastrophen. Tausende von Ärzten, Krankenschwestern und Pflegern widmen ihre Zeit und Energie den Menschen in Entwicklungsländern. Andere zeichnen sich durch ehrenamtliches soziales Engagement in ihren Heimatorten aus. Wie viel ärmer wäre unsere Gesellschaft ohne all diese Beiträge! Und welch große Auswirkungen haben diese Beiträge auf das Gesellschaftsvertrauen!

Ich möchte in diesem Kapitel keineswegs für eine abgehobene, utopische Weltsicht plädieren. Mir geht es um die praktischen Vorteile, die sich aus den Prinzipien des Beitrags und der Verantwortlichkeit für die Gesellschaft ergeben, und um das dadurch entstehende Vertrauen.

Beiträge auf der Unternehmensebene

Immer mehr Unternehmen erkennen, wie wichtig es ist, Beiträge zu leisten. Inzwischen ist dies für viele sogar eine echte Selbstverständlichkeit. Die Zeitschrift *Business Ethics* veröffentlicht jedes Jahr eine Liste der »100 besten Corporate Citizens« – als Anerkennung für Unternehmen, die sich durch außergewöhnliches gesellschaftliches Engagement auszeichnen. Ob Owens Corning, General Mills, HP, Cisco Systems oder Intel: Jahr für Jahr liest sich die Liste wie das Who is Who der amerikanischen Unternehmen.[67] Zudem werden weltweit immer mehr Preise für Unternehmen vergeben, die soziale Verantwortung übernehmen.

Viele Unternehmen spenden Geld, wenn sie gute Gewinne machen. Doch der Trend geht zu einem weitaus umfassenderen Konzept: *Global Citizenship* oder *Corporate Citizenship.* Hier steht das soziale Verantwortungsbewusstsein von Unternehmen – Corporate Social Responsibility (CSR) – im Mittelpunkt. Mit diesem Konzept werden soziale und ethische Aspekte fest in den Strukturen der Unternehmen verankert. Gutes zu tun wird jetzt nicht mehr als etwas betrachtet, das neben dem Geschäft herläuft. Es wird ein fester Bestandteil der unternehmerischen Aktivitäten:

Immer mehr Firmen sind bereit, Verantwortung für die Gesellschaft zu übernehmen und einen Beitrag zu leisten. Deshalb verbinden sie gesellschaftliches Engagement mit dem Tagesgeschäft.

Eine Studie der DePaul University hat gezeigt, dass die »100 besten Corporate Citizens« von *Business Ethics* die 500 größten, börsennotierten US-amerikanischen Unternehmen hinsichtlich der finanziellen Ergebnisse deutlich übertrafen. Laut der britischen Mercer Investment Consulting Group beteiligen Organisationen sich anfangs oft an der Global Citizenship, weil es negative Konsequenzen hätte, wenn sie als sozial verantwortungslos gebrandmarkt würden.[68] Orin Smith, ehemaliger Präsident und CEO von Starbucks, sagte: »Ein kleiner Teil der Kunden kauft die Produkte eines Unternehmens, weil es seiner sozialen Verantwortung nachkommt.

Wenn die Kunden aber auch nur einen Moment lang glauben, dass das Unternehmen nicht verantwortungsbewusst ist, wird ein wesentlich größerer Prozentsatz negativ reagieren.«[69]

Vielleicht mag hinter der Global Citizenship anfangs die Angst vor unangenehmen Konsequenzen stehen. Doch im Laufe der Zeit werden die Dividenden und der Überfluss, die dadurch entstehen, zum Hauptanreiz für Global Citizenship. Inzwischen stimmen immer mehr Kunden mit ihrem Portemonnaie ab und unterstützen Unternehmen, die neben Fähigkeiten und Ergebnissen auch Integrität und gute Absichten vorweisen können. Ich bin überzeugt: Letztlich wird Global Citizenship als gute Unternehmenspolitik vorausgesetzt.

Global Citizenship: Eine Entscheidung, die jeder für sich trifft

Im Grunde ist Global Citizenship eine Entscheidung, die jeder für sich persönlich trifft: Sie und ich beschließen, uns für das Wohlergehen der anderen zu engagieren. Und dann setzen wir diese Entscheidung in allen Bereichen unseres Lebens um.

Gandhi hat gesagt: »Ein Mensch kann nicht in einem Bereich des Lebens richtig handeln, während er gleichzeitig in einem anderen Schlechtes tut. Das Leben ist ein unteilbares Ganzes.« Wir sollten uns also darauf konzentrieren, in allen Bereichen unseres Lebens von innen nach außen wahre Global Citizenship zu entwickeln:

- Der erste Schritt ist, bei **uns selbst** zu beginnen. Wir sollten uns fragen: »Bin ich glaubwürdig? Habe ich die Absicht, Gutes zu tun, Beiträge zu leisten und etwas zurückzugeben? Bin ich ein Mensch, dem die anderen vertrauen können?«

- Anschließend sollten wir uns mit unserer **Familie** befassen und überlegen: »Übe ich in meiner Familie eine Vorbildfunktion aus, die alle motiviert, gute Global Citizens zu werden? Richte ich die Strukturen und Systeme in meiner Familie so aus, dass Citizenship dort und in der Welt gefördert wird? Glaube ich fest daran, dass wir Gesellschaftsvertrauen aufbauen können, wenn wir in unserer Familie ein Vorbild für Citizenship sind und unseren Kindern beibringen, Global Citizens zu werden?«

- Dann sollten wir uns unseren **Organisationen** zuwenden: »Ist meine Organisation glaubwürdig? Besitzen wir Integrität und sind wir durch unser Verhalten ein Vorbild dafür? Haben wir die Absicht, Gutes zu tun, Beiträge zu leisten und etwas zurückzugeben? Haben wir die Fähigkeiten, um etwas für andere zu bewirken? Bringen wir Ergebnisse – und zwar nicht nur für die Aktionäre, sondern für alle Interessengruppen? Sind wir eine Organisation, der die Gesellschaft vertrauen kann?« Wir sollten uns zudem fragen: »Motiviert meine Führung die Leute in meiner Organisation, gute Global Citizens zu werden? Habe ich die Strukturen und Systeme der Organisation oder des Teams so ausgerichtet, dass Citizenship dort und auch in der Welt gefördert wird?«

Um all diese Fragen zu beantworten, ist es hilfreich, sich die 13 Verhaltensweisen noch einmal anzusehen und zu überlegen: »Wie sieht es bei mir, in meiner Familie oder in meiner Organisation aus?«

- Sind wir ehrlich?
- Zeigen wir Respekt?
- Schaffen wir Transparenz?
- Machen wir unsere Fehler wieder gut?
- Sind wir loyal?
- Liefern wir Ergebnisse?

- Verbessern wir uns?
- Stellen wir uns der Realität?
- Klären wir die Erwartungen?
- Sind wir verantwortungsbewusst?
- Hören wir erst zu?
- Halten wir unsere Versprechen?
- Schenken wir anderen Vertrauen?

Wenn wir unsere Vertrauensbrille aufsetzen, sehen wir, wie richtig die Worte des Psychologen Carl Rogers sind: »Gerade das Persönlichste ist das Allgemeinste.« Dann wird uns klar:

Die 5. Welle des Vertrauens ist ein direktes Ergebnis der Vertrauenswürdigkeit, die bei der 1. Welle beginnt und dann nach außen strömt, um schließlich die gesamte Gesellschaft zu erfüllen.

Wenn wir uns für Global Citizenship entscheiden, beeinflussen wir dadurch die Menschen, mit denen wir zusammenleben und zusammenarbeiten. Diese Menschen werden auch eine positive Entscheidung treffen. Dann bauen wir gemeinsam Familien und Organisationen auf, die zum Wohl der Welt beitragen.

ZUSANMMENFASSUNG – und eine Herausforderung

Ich möchte hier die wesentlichen Punkte aus dem Kapitel über das Vertrauen bei den Interessengruppen noch einmal für Sie zusammenfassen:

1. Die **4 Grundlagen der Glaubwürdigkeit** und die **13 Verhaltensweisen** sind die Instrumente, mit denen wir in allen Organisationen, im Markt und in der Gesellschaft Vertrauen aufbauen oder wiederherstellen können.

2. Das Hauptprinzip beim Aufbau von **Organisationsvertrauen** ist die **Ausrichtung**: Es geht darum, dafür sorgen, dass alle Strukturen und Systeme in der Organisation mit den Grundlagen der Glaubwürdigkeit und den 13 Verhaltensweisen im Einklang sind. Nur so können wir das Vertrauen der **internen Interessengruppen** gewinnen.

3. Das Hauptprinzip beim Aufbau von **Marktvertrauen** ist der **gute Ruf** oder die **Marke**. Es gilt, die Grundlagen der Glaubwürdigkeit und die 13 Verhaltensweisen zu nutzen, um bei den **externen Interessengruppen** so viel Vertrauen aufzubauen, dass sie unsere Produkte und Dienstleistungen kaufen, in sie investieren oder sie weiterempfehlen.

4. Das Hauptprinzip beim Aufbau von **Gesellschaftsvertrauen** ist der **Beitrag**. Wir sollten den anderen zeigen, dass wir die Absicht haben, etwas zurückzugeben und verantwortungsbewusste Global Citizens zu sein. Denn das ist in unserer modernen globalen Gesellschaft eine soziale und eine ökonomische Notwendigkeit.

Sie werden staunen …

Ich hoffe, dieses Buch hat Ihnen eine Vorstellung von der enormen Kraft und Wirkung, die Vertrauen in allen Lebensbereichen hat, vermittelt. Doch das kann und darf nur der Anfang sein. Deshalb möchte ich Sie, liebe Leserinnen und Leser, jetzt dazu anregen, die Inhalte dieses Buches so schnell wie möglich praktisch umzusetzen. Nutzen Sie alle Gelegenheiten, um die Inhalte anzuwenden oder anderen beizubringen. Ich bin sicher, die Ergebnisse werden eine echte Überraschung für Sie sein. Ob in Ihrer Organisation, im Markt oder in der Gesellschaft: Sie werden verblüfft sein, wie stark sich die 4 Grundlagen der Glaubwürdigkeit und die 13 Verhaltensweisen auf das Vertrauen, die Schnelligkeit und die Kosten auswirken, wenn Sie damit arbeiten. Und: Sie werden auch staunen, wie rasch Sie bei allen Interessengruppen positive Veränderungen erzielen, wenn Sie von der Schnelligkeit profitieren, die aus dem Vertrauen entsteht!

Vertrauen schaffen

Ich hoffe, ich habe Sie davon überzeugt, dass wirklich nichts schneller ist als Vertrauen, nichts profitabler als die Ökonomie des Vertrauens und nichts wichtiger als die Auswirkungen von Vertrauen. ABER … Vielleicht zögern Sie noch, weil Sie **Angst** haben, anderen Ihr Vertrauen zu schenken? Deshalb möchte ich Ihnen zum Abschluss dieses Buchs zeigen, wie Sie anderen **kluges Vertrauen schenken**.

Nur wenn Sie anderen Ihr Vertrauen schenken, können Sie auch ein vertrauensvolles Umfeld aufbauen. Mehr noch: Die Fähigkeit, anderen zu vertrauen, ist unerlässlich für effektive Führung und für ein glückliches Leben.

Zudem werde ich Ihnen erklären, wie Sie bei anderen **Vertrauen schaffen** oder verlorenes **Vertrauen wiederherstellen**. Schritt für Schritt erfahren Sie, wie Sie Vertrauensfallen sicher umgehen und dafür sorgen, dass alle Beteiligten die größtmöglichen Dividenden bekommen. Denn: Die wichtigste Aufgabe aller Führungskräfte ist, ein von hohem Vertrauen, großer Kreativität und vielen Möglichkeiten geprägtes Umfeld zu schaffen! Damit legen Sie das Fundament, auf dem alle wirklich erfolgreichen Unternehmen und alle guten Beziehungen stehen.

»Kluges Vertrauen« schenken

»Allen zu vertrauen ist ein ebenso großer Fehler,
wie niemandem zu vertrauen.«
LATEINISCHES SPRICHWORT

Es ist gar nicht so leicht, anderen sein Vertrauen zu schenken! Woher weiß man, ob man jemandem vertrauen kann?

Im Zusammenhang mit dem Vertrauen gibt es zwei Extreme. Einerseits vertrauen die Leute den anderen gar nicht oder nicht genug. Sie sind argwöhnisch und behalten vieles für sich. Oft sind die einzigen Menschen, denen sie wirklich vertrauen, sie selbst. Andererseits sind viele zu vertrauensselig. Sie sind leichtgläubig und denken gar nicht daran, dass sie ihre Interessen wahren müssen.

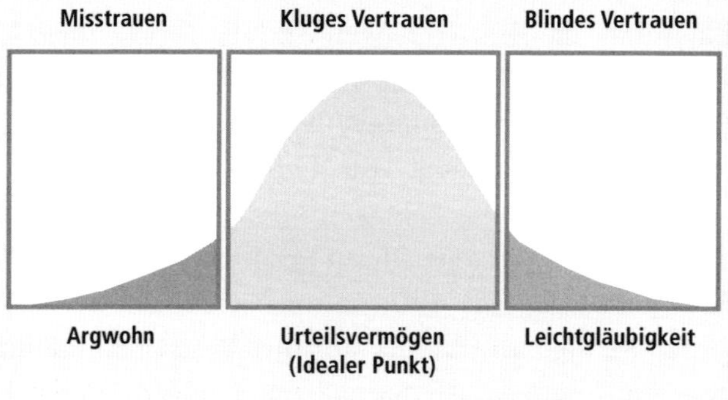

Wenn Sie anderen Ihr Vertrauen schenken, kann Ihnen das große *Dividenden* bringen. Aber es birgt natürlich auch gewisse *Risiken.* Wie ist es da möglich, den idealen Punkt auf der Verhaltenskurve zu treffen? Eins ist sicher: Das Leben ist voller Risiken. Das Ziel darf nicht sein, jedem Risiko aus dem Weg zu gehen. Das ist gar nicht möglich und auch nicht erstrebenswert. Risiken einzugehen ist ein wesentlicher Bestandteil des Lebens. Aber was kann man tun, um klug mit dem Risiko umzugehen? Wie schafft man es, anderen so viel Vertrauen zu schenken, dass man keine Steuern zahlen muss und die größtmöglichen Dividenden bekommt? Der Schlüssel dazu ist, anderen »kluges Vertrauen« zu schenken. Ob Ihnen das gelingt, hängt von zwei Faktoren ab: der Bereitschaft, anderen zu vertrauen, und einer treffsicheren, korrekten Analyse:

- Die **»Bereitschaft, anderen zu vertrauen«** ist vor allem eine Sache des *Herzens:* Es geht darum zu glauben, dass die Menschen vertrauenswürdig sind. Wie stark diese Bereitschaft bei Ihnen ausgeprägt ist, hängt von Ihrer Persönlichkeit ab. Zudem spielt es eine Rolle, wie sehr die wichtigsten Menschen in Ihrem Leben Ihnen vertrauen oder welche Erfahrungen Sie damit gemacht haben, anderen zu vertrauen.

- Die **»Analyse«** ist vor allem eine Sache des *Verstands:* Hier geht es um die Fähigkeit, zu analysieren, zu beurteilen, Theorien aufzustellen oder die Konsequenzen und die Möglichkeiten zu betrachten. Nur so können Sie zu logischen Entscheidungen und tragfähigen Lösungen kommen. Wie treffsicher Sie die Dinge analysieren können, hängt von mehreren Faktoren ab – etwa von Ihren Talenten und Fähigkeiten, Ihrer Erziehung und Ihrer Denkweise, Ihrem Stil oder Ihren Erfahrungen.

Wie würden Sie sich im Hinblick auf Ihre Bereitschaft, anderen zu vertrauen, und die Analyse einschätzen? Neigen Sie dazu, anderen schnell zu vertrauen? Oder sind Sie eher argwöhnisch? Analysieren Sie die Dinge gründlich oder nur flüchtig? Wie sehr wirkt sich all das auf Ihre Fähigkeit aus, anderen »kluges Vertrauen« zu schenken? Sehen Sie sich die folgende Matrix des klugen Vertrauens bitte genau an. Vielleicht werden Sie dabei ja eine große Überraschung erleben:

1. Quadrant: »Blindes Vertrauen« / Leichtgläubigkeit

Der 1. Quadrant steht für eine hohe Bereitschaft, anderen zu vertrauen, und eine geringe Analyse. Das ist die Zone des »blinden Vertrauens«, der *Leichtgläubigkeit* und der Naivität. Hier finden wir die »Dummen, die nie aussterben« – jene Menschen, die immer wieder auf verlockende Reklame, unseriöse Investitionsangebote oder Ähnliches hereinfallen.

2. Quadrant: »Kluges Vertrauen« / Urteilsvermögen

Der 2. Quadrant steht für eine hohe Bereitschaft, anderen zu vertrauen, und eine ausführliche Analyse. Das ist die Zone des »klugen Vertrauens«, des *Urteilsvermögens*. Hier werden die Bereitschaft, anderen zu vertrauen, und die Analyse miteinander kombiniert. Daraus resultiert ein gutes Urteilsvermögen – sowohl im Hinblick auf Geschäfte als auch auf Menschen. Im Zweifelsfall kann Ihr Urteil auch lauten, anderen Ihr Vertrauen nicht oder nur in begrenztem Umfang auszusprechen.

3. Quadrant: Kein Vertrauen/Unentschlossenheit
Der 3. Quadrant steht für eine niedrige Bereitschaft, anderen zu vertrauen, und eine geringe Analyse. Das ist die Zone der *Unentschlossenheit*. Hier herrscht kein Vertrauen. In diesem Quadranten vertrauen die Menschen nicht einmal sich selbst. Typisch für diesen Quadranten sind Unsicherheit, Abwehrverhalten, Besorgnis oder Übervorsichtigkeit.

4. Quadrant: Misstrauen/Argwohn
Der 4. Quadrant steht für eine niedrige Bereitschaft, anderen zu vertrauen, und für eine ausführliche Analyse. Das ist die Zone des *Argwohns* und des Misstrauens. Hier findet man die Menschen, die anderen ihr Vertrauen nur sehr zögerlich oder gar nicht schenken. Manche sind sogar so misstrauisch, dass sie *nur* sich selbst vertrauen. Die Leute in diesem Quadranten stützen sich bei allem, was sie tun, meist nur auf die Analyse.

Wo liegt das größte Risiko?

Was jetzt kommt, könnte eine echte Überraschung für Sie sein: Wo liegt Ihrer Meinung nach das größte Risiko, wenn Sie anderen Ihr Vertrauen schenken?

In Quadrant 1 (Leichtgläubigkeit) gibt es offensichtlich enorme Risiken. Wer allen immer blind vertraut, muss früher oder später mit Enttäuschungen rechnen. Quadrant 3 (Unentschlossenheit) ist ebenfalls sehr gefährlich. Bei schlechter Analyse und geringer Bereitschaft, anderen zu vertrauen, wird man von allem immer nur das Schlechteste bekommen. Und das bedeutet extrem niedrige Erträge bei extrem hohem Risiko.

Vorsicht vor Quadrant 4!

Für die meisten ist der 4. Quadrant (Argwohn) die größte Überraschung. Viele glauben, das sei die Zone mit dem geringsten Risiko. Denn hier analysiert man die Dinge genau und betrachtet sie sorgfältig von allen Seiten. Man schenkt anderen sein Vertrauen nicht leichtfertig. Stattdessen hortet man Informationen und bemüht sich, alles unter Kontrolle zu behalten. Auch wenn das im ersten Moment nach einem geringen Risiko klingt – dieser Quadrant birgt hohe Gefahren!

Wer übertrieben argwöhnisch ist, neigt dazu, alles zu Tode zu analysieren und immer nur das Schlechteste anzunehmen. Das führt dazu, dass die Schnelligkeit sinkt und die Kosten steigen. Zudem verpasst man so viele gute Gelegenheiten. Man ist nicht offen für die Zusammenarbeit mit anderen. Dadurch verhindert man wertvolle Synergieeffekte. Die einzige Analyse, der man vertraut, ist die eigene. Und die kann – auch wenn man das vielleicht nicht glauben will – ziemlich begrenzt und einseitig sein. Doch das erkennt man meist gar nicht, weil man sich den Zugang zu wichtigen Gedanken, Ideen und Erkenntnissen der anderen selbst verbaut.

Mikromanager, die nur sich selbst vertrauen, können ihre Unternehmen letztlich nicht weit bringen. Sie wollen alles kontrollieren, sind nicht offen für Neues und bewegen sich in festgefahrenen Bahnen. Die Arbeit mit solchen Leuten ist ziemlich frustrierend. Deshalb besteht die Gefahr, dass Mikromanager die besten und talentiertesten Mitarbeiter vergraulen.

Quadrant 4 ist besonders für Führungskräfte mit einem extrem hohen Risiko verbunden. Es besteht darin, dass man eine sehr beschränkte Sicht der Dinge hat, keine vertrauensvolle Zusammenarbeit entsteht, die talentiertesten Mitarbeiter verliert und Chancen verpasst. Zudem muss man in Quadrant 4 hohe Steuern zahlen, bekommt aber meist keine Dividenden. Deshalb ist es in unserer »flachen Welt« mit ihrer globalen Wirtschaft oft das allergrößte Risiko, den anderen *nicht* zu vertrauen.

Aber warum bewegen sich so viele Menschen in Quadrant 4? Manche neigen zu einer ausgeprägten Analyse der Details, zu Perfektionismus oder Mikromanagement. Bei anderen könnte es sich um ein tief verwurzeltes Paradigma handeln, das etwas mit ihrem fehlenden Glauben an die Menschen zu tun hat. Vielleicht denken sie wirklich, besser oder klüger als alle anderen zu sein. Vielleicht vertrauen sie nur sich selbst oder sind extrem argwöhnisch, weil sie in der Vergangenheit schlechte Erfahrungen gemacht haben. Oder es hat ihnen noch nie jemand sein Vertrauen geschenkt. Wie dem auch sei: Die Menschen in Quadrant 4 sind überzeugt, dass man anderen nicht vertrauen kann. Und wenn sie nicht daran arbeiten, ihre Meinung zu ändern, werden sie für immer in Quadrant 4 mit seinem hohen Risiko, seiner geringen Schnelligkeit und seinen hohen Kosten feststecken.

Quadrant 2: Geringes Risiko – hoher Ertrag

In Quadrant 2 ist das Risiko am niedrigsten und der Ertrag am höchsten! In der Zone des »klugen Vertrauens« und des Urteilsvermögens gibt es zwar auch Risiken, doch man kann sie sehr gut minimieren. Hier ergänzen sich die Analyse, mit der man Fragen und Probleme sorgfältig beurteilen kann, und die Bereitschaft, anderen zu vertrauen. In Verbindung mit der Kreativität und dem Urteilsvermögen der anderen entsteht so jede Menge Synergie. Darüber hinaus hat die Bereitschaft, anderen zu vertrauen, noch einen weiteren positiven Nebeneffekt: Die anderen bemühen sich, das in sie gesetzte Vertrauen nicht zu enttäuschen.

3 Schlüsselfaktoren zur Analyse

Die Matrix des klugen Vertrauens kann für die Analyse einer bestimmten Aufgabe, einer Situation, eines Problems oder auch für die Ermittlung geeigneter Lösungsstrategien sehr hilfreich sein. Im Zusammenhang mit der Analyse sollten Sie immer drei Schlüsselfaktoren betrachten – Chance, Risiko und Glaubwürdigkeit. Dabei helfen Ihnen die folgenden Fragen:

1. Worin liegt die *Chance*?
2. Welches *Risiko* ist damit verbunden?
   - Wie könnten die Ergebnisse aussehen?
   - Wie groß ist die Wahrscheinlichkeit, dass diese Ergebnisse auch erreicht werden?
   - Wie wichtig und sichtbar sind die Ergebnisse?
3. Wie groß ist die *Glaubwürdigkeit* (Charakter / Kompetenz) der Beteiligten?

Wie bereits erwähnt, ist die Analyse vor allem eine Frage des Verstandes. Deshalb genügt die Analyse allein nicht, um in Quadrant 2 und die Zone des »klugen Vertrauens« und des Urteilsvermögens zu gelangen. Dazu ist immer auch die Bereitschaft, anderen zu vertrauen, nötig. Dabei geht es um eine ganz andere Dimension als bei der intellektuellen Analyse. Es geht um Gefühle, die vom *Argwohn* über *Vorsicht* bis zum *Überfluss* reichen. Um Ihnen das zu veranschaulichen, möchte ich noch einmal auf Anna Humphries, das Mädchen aus unserer Football-Mannschaft, zurückkommen:

Der Augenblick der Entscheidung

BEISPIEL *Wenn ich mich nur auf die Analyse verlassen hätte, hätte ich Anna kein Vertrauen geschenkt und sie ausgewechselt. Doch da gab es ja auch noch meine Bereitschaft, anderen zu vertrauen:*

- *Ich brachte Annas Motiven und Absichten keinen* Argwohn *entgegen – das hätte mich in Verbindung mit meiner Analyse in Quadrant 4 versetzt. Aber ich vertraute ihrem Charakter voll und ganz.*
- *Bei meinem Vertrauen in ihre Kompetenz – insbesondere in ihre Fähigkeit, Ergebnisse zu liefern – war ich ziemlich* vorsichtig. *Das hätte mich entweder in den oberen Teil von Quadrant 4 oder in den unteren Teil von Quadrant 2 versetzt.*
- *Bei meiner generellen Bereitschaft, anderen zu vertrauen, herrschte jedoch* Überfluss. *Ich glaubte an das Prinzip, andere zu motivieren, wenn ich ihnen mein Vertrauen schenkte. Und ich glaubte an Anna. Also beschloss ich, aus dem diesem Augenblick der Entscheidung einen Augenblick des Vertrauens zu machen.*

Die Entscheidung, die ich traf, lag meiner Ansicht nach eindeutig in Quadrant 2 – in der Zone des »klugen Vertrauens«. Nicht zuletzt aufgrund dieser Entscheidung gewannen wir das Spiel. Alle im Team waren überglücklich und Anna machte eine ungemein positive Erfahrung.

Vielleicht fragen Sie sich jetzt, ob meine Entscheidung auch dann ein Beispiel für kluges Vertrauen gewesen wäre, wenn wir das Spiel verloren hätten? Ja, natürlich! Meiner Meinung nach zeigte diese Entscheidung nicht nur Anna, sondern allen anderen in der Mannschaft, dass ich an sie glaubte. Es ging nicht nur darum, das Match und die Meisterschaft zu gewinnen. Es ging auch darum, wie meine Entscheidung sich auf das Selbstvertrauen der Kinder und ihre

Fähigkeit, sich vertrauenswürdig zu fühlen und anderen Vertrauen zu schenken, auswirken würde.

Gutes Risikomanagement

Die Entscheidung, anderen sein Vertrauen zu schenken, ist immer eine Frage des richtigen Umgangs mit den Risiken. Damit Sie eine Vorstellung bekommen, wie das genau funktioniert, möchte ich zwei Beispiele aus diesem Buch wieder aufgreifen und gemeinsam mit Ihnen durch die Brille des »klugen Vertrauens« betrachten:

Wer würde Warren Buffett betrügen?

BEISPIEL *Als Warren Buffett McLane Distribution von Wal-Mart kaufte, nutzte er die Chance, ein aussichtsreiches Unternehmen zu übernehmen. Auf eine eingehende Prüfung von McLane Distribution zu verzichten wirkt extrem riskant. Doch unter den gegebenen Umständen war das* Risiko *gar nicht so groß: Wal-Mart war eine Aktiengesellschaft und unterlag strengen Regeln und Vorschriften. Zudem war die Glaubwürdigkeit (Charakter und Kompetenz) der Leute von Wal-Mart extrem hoch. Auch Warren Buffetts Reputation und sein Einfluss waren enorm groß: Man muss ganz klar sagen, dass es niemand wagen würde, Warren Buffett zu betrügen. Daher beschloss er, sein Vertrauen im Überfluss zu verschenken und das Geschäft per Handschlag zu besiegeln. Dadurch stieg die Schnelligkeit ungemein und die Kosten sanken. »Kluges Vertrauen«? Aber ja! Das ist Quadrant 2.*

Völlig anders sieht es beim nächsten Beispiel aus. Erinnern Sie sich noch an die Frau, die ein Unternehmen kaufen wollte, dessen CEO keinen Arbeitsvertrag abschließen wollte?

»Kluges Vertrauen«? Leider nein!

BEISPIEL *Der CEO sagte: »Sie kaufen mein Unternehmen – da müssen Sie mir doch vertrauen.« Das tat sie – und das Ganze entwickelte sich zu einer absoluten Katastrophe. »Kluges Vertrauen«? Nein, definitiv nicht! Die Frau hatte nicht den Einfluss von Warren Buffett und der CEO nicht die Glaubwürdigkeit und die Rechenschaftspflicht eines Unternehmens wie Wal-Mart. Als die Frau ihr Vertrauen im Überfluss verschenkte, zeigte sie also kein besonders gutes Urteilsvermögen. Sie befand sich in Quadrant 1 – große Bereitschaft, anderen zu vertrauen, wenig Analyse und von Leichtgläubigkeit gekennzeichnetes Handeln.*

Natürlich gibt es in Quadrant 2 auch Variationsmöglichkeiten. Man kann anderen sein Vertrauen *uneingeschränkt, eingeschränkt* oder *überhaupt nicht* aussprechen. Oder man schenkt es ihnen bei manchen der 4 Grundlagen der Glaubwürdigkeit, bei anderen aber nicht. Insgesamt gilt:

Bei »klugem Vertrauen« sollte man die Dividenden, die von großem Vertrauen geprägte Beziehungen ermöglichen, berücksichtigen. Zudem sollte man aber auch die aktuelle Situation, das Risiko sowie den Charakter und die Kompetenz der Beteiligten im Blick behalten.

Warum manche Manager nie echte Führungspersönlichkeiten werden

Manche Manager genießen großes Vertrauen. Dennoch werden sie nie echte Führungspersönlichkeiten. Warum? Weil sie nicht wissen, wie man anderen »kluges Vertrauen« schenkt. Sie bewegen sich hauptsächlich in Quadrant 4 – der Zone des Argwohns. Vielleicht *delegieren* sie und übertragen anderen Aufgaben, indem sie genaue Richtlinien für die Erledigung festlegen. Vielleicht schenken sie anderen auch *vorgetäuschtes Vertrauen* und legen Lippenbekenntnisse dafür ab, dass sie ihren Mitarbeitern vertrauen. Doch in Wirklichkeit kontrollieren sie alles haarklein. Sie *vertrauen* ihren Leuten nicht wirklich und übertragen ihnen nicht die *Verantwortung*, die nötig ist, um ein Umfeld zu schaffen, das Dividenden für großes Vertrauen bringt. Doch:

Wer nicht lernt, anderen sein Vertrauen zu schenken, der wird niemals eine echte Führungspersönlichkeit sein – weder im Job noch in der Familie.

Einige Führungskräfte haben einen detailorientierten Stil. Obwohl es sich nicht um Mikromanagement handelt, kann dieser Stil so aufgefasst werden kann, als würden die Führungskräfte ihren Mitarbeitern nicht vertrauen. Angesichts der Steuern bei wenig Vertrauen sollten alle Führungskräfte genau darüber nachdenken, wie ihr Stil wahrgenommen wird. Wer sehr auf Details achtet, sollte sich besonders bemühen, anderen mehr Vertrauen zu schenken.

Besonders in der Wirtschaft unserer »flachen Welt« ist die Fähigkeit, Vertrauen aufzubauen, auszuweiten oder wiederherzustellen, die Schlüsselkompetenz im beruflichen wie im persönlichen Bereich. Und die Fähigkeit, anderen »kluges Vertrauen« zu schenken, ist ein unverzichtbarer Bestandteil dieser Kompetenz. Diese Fähigkeit wird es Ihnen ermöglichen, die richtige Balance zwischen der Analyse und der Bereitschaft, anderen zu vertrauen, herzustellen. So gewinnen Sie das nötige Urteilsvermögen, um das Talent und die Kreativität anderer freizusetzen und sie zu echter Synergie und Leistungen zu motivieren.

Die Wiederherstellung von verlorenem Vertrauen

> *»Die Menschen bauen zu viele Mauern und zu wenige Brücken.«*
> SIR ISAAC NEWTON,
> ENGLISCHER PHYSIKER, ASTRONOM UND MATHEMATIKER

Haben Sie in einer beruflichen oder privaten Beziehung einen Vertrauensbruch begangen und sich vergeblich bemüht, das Vertrauen wiederherzustellen? Oder hat jemand Ihr Vertrauen missbraucht und Sie haben sich geschworen, dem Betreffenden nie wieder zu vertrauen? Vielleicht haben Sie sich sogar geschworen, *überhaupt nie wieder* jemandem zu vertrauen? Vertrauensbrüche bringen zweifellos Schmerz und Enttäuschung mit sich. Sie haben verheerende Auswirkungen auf unsere Beziehungen, Partnerschaften, Pläne und Träume.

Natürlich gibt es Situationen, in denen man das Vertrauen nicht wiederherstellen kann. Die Verletzungen und der Verrat gingen zu tief, der Schmerz war zu groß. Das Vertrauen wurde für immer zerstört und es besteht keine Möglichkeit, es jemals wieder aufzubauen. Deshalb ist es mit Abstand das Beste, jeden Vertrauensbruch von vornherein zu vermeiden:

Vertrauen darf man nicht einfach als selbstverständlich voraussetzen: Man muss es aufbauen, schätzen, schützen, pflegen und mit großer Sorgfalt erhalten.

Doch das Leben bringt es mit sich, dass wir uns alle irgendwann Vertrauensbrüchen gegenübersehen. Manchmal tun wir etwas Dummes: Wir machen in einer privaten oder beruflichen Beziehung einen Fehler, sodass das Vertrauenskonto ziemlich leer oder tief im Minus ist. Plötzlich tritt Argwohn an die Stelle von Synergie. Eine geschäftliche Verbindung wird gekappt, der Kunde geht zu einem anderen Unternehmen. Oder die Familie wird auseinandergerissen. Es kann auch vorkommen, dass uns trotz bester Absichten ein Fehler unterläuft oder die nötige Kompetenz für eine Aufgabe fehlt. Manchmal legen die anderen unser Verhalten dann als Charakterverstoß aus. Woran das liegt? Unser Verhalten kann andere auch dann, wenn es aus einer guten Motivation heraus erfolgt, zu der Annahme verlassen, dass die Absicht schlecht ist. Denn:

Das Vertrauen hängt nicht nur von unserem Verhalten ab, sondern auch davon, wie die anderen es interpretieren und welche Schlussfolgerungen sie daraus ziehen.

Die Kehrseite der Medaille sieht so aus, dass andere uns gegenüber Vertrauensbrüche begehen und wir uns entscheiden müssen, wie wir darauf reagieren wollen. Vielleicht gibt ein Geschäftspartner die Firmengelder für private Zwecke aus, ein Teammitglied hält seine Verpflichtungen nicht ein, unser Partner benutzt ohne uns zu fragen die Kreditkarte oder unser Kind kommt abends immer wieder zu spät nach Hause. Wie wir mit solchen Vertrauensbrüchen umgehen, hat erheblichen Einfluss auf unsere beruflichen Beziehungen, unsere Karrierechancen, unser persönliches Glück und das Wohlergehen unserer Familien. Was sollen wir also tun? Ist es möglich, Vertrauen wiederherzustellen? Ist es klug oder dumm, das überhaupt zu versuchen?

Die Herausforderung ist Ihre Chance

Ich habe es bereits gesagt: Dass man Vertrauen nicht wiederherstellen kann, ist ein Mythos! Sicher ist es nicht leicht, aber:

> Man *kann* verlorenes Vertrauen fast immer wiederherstellen. Oft kann man es sogar noch steigern!

Eines der größten Hindernisse für den Aufbau und die Wiederherstellung von Vertrauen ist die Annahme, dass es im Idealfall keine Herausforderungen im Leben gibt. Die Wirklichkeit sieht anders aus: Unser Vertrauen wird immer wieder auf eine harte Probe gestellt. Die Frage ist, was wir dann tun – ob wir uns für oder gegen das Vertrauen entscheiden. Ich bin überzeugt, dass es die größten Dividenden bringt, wenn wir das Vertrauen auch in schwierigen Situationen an die erste Stelle setzen. Für mich gehören Herausforderungen und Fehler zu unseren größten Chancen, zu lernen, uns weiterzuentwickeln und zu verbessern. Deshalb wollen wir uns jetzt ansehen, was wir tun können, um das Vertrauen wiederherzustellen – wenn wir selbst Vertrauensbrüche begangen oder wenn andere unser Vertrauen enttäuscht haben.

Was tun, wenn Sie das Vertrauen anderer verloren haben?

Ob Sie das Vertrauen anderer bewusst, durch schlechtes Urteilsvermögen, mangelnde Kompetenz, einen Fehler oder ein Missverständnis verloren haben, der Weg zur Wiederherstellung ist immer der gleiche: Sie müssen Ihre persönliche Glaubwürdigkeit vergrößern und sich so verhalten, dass Sie bei anderen Vertrauen wecken. Aber woher wissen Sie, wie Sie die 4 Grundlagen der Glaubwürdigkeit und die 13 Verhaltensweisen am besten anwenden, um das Vertrauen wiederherzustellen? Zunächst ist es wichtig, dass Sie herausfinden, *wie* und *warum* das Vertrauen verlorengegangen ist. Überlegen Sie:

- Beruht der Vertrauensverlust auf einem Verstoß im Hinblick auf den *Charakter* (Integrität oder Absicht)?
- Ging das Vertrauen wegen eines Mangels an *Kompetenz* verloren (Fähigkeiten oder Ergebnisse)?

Ein Kompetenz-Verstoß ist in der Regel relativ gut aus der Welt zu schaffen. Liegt ein Charakter-Verstoß vor, müssen Sie meist größere Anstrengungen unternehmen, um das verlorene Vertrauen zurückzugewinnen. Worum geht es bei der Wiederherstellung des Vertrauens? Es geht darum, das Vertrauen eines anderen Menschen in Sie zu verändern. Aber darüber haben Sie keine Kontrolle:

Sie können andere nicht zwingen, Ihnen zu vertrauen. Niemand kann einen anderen Menschen ändern. Der entscheidende Punkt ist, dass Sie nur das tun können, was in Ihrem Einflussbereich liegt. Es geht darum, sich so zu verhalten, dass Sie die anderen dazu motivieren, Ihnen zu vertrauen. Das ist der Weg, mit dem sich Vertrauen am besten wiederherstellen lässt.

So können Sie das Vertrauen auf allen Ebenen wiederherstellen

Wir wollen uns jetzt für alle 5 Wellen des Vertrauens einige Beispiele ansehen. Diese Beispiele zeigen, wie Sie mithilfe von Glaubwürdigkeit und den 13 Verhaltensweisen zerbrochenes Vertrauen wiederherstellen können:

Gesellschaftsvertrauen

Was bedeutet es, Gesellschaftsvertrauen wiederherzustellen? Es bedeutet, das Vertrauen in Staaten, Institutionen, Branchen, Berufe oder andere Menschen wieder aufzubauen. Dazu gehört, Argwohn und Zweifeln durch Beiträge für andere und ethisches Verhalten entgegenzuwirken. Es gibt viele Anzeichen dafür, dass man das Vertrauen in der Gesellschaft tatsächlich verbessern kann. Ein gutes Beispiel ist die Corona-Pandemie. In Deutschland hat sich der gesellschaftliche Zusammenhalt in der Krise nicht nur als robust erwiesen, er ist in den ersten Monaten nach Ausbruch der Pandemie sogar noch gewachsen.[70] Auch das Vertrauen der Menschen untereinander, in Politik und in die Wirtschaft ist deutlich gestiegen. Mehr noch: Das Vertrauen der Deutschen war so groß wie nie zuvor.[71] Allerdings zeigt die Corona-Pandemie auch: Wenn man Vertrauen wiedergewonnen hat, darf man sich nicht einfach zurücklehnen und nichts tun. Man muss am Ball bleiben und dem anderen zeigen, dass er einem auch weiterhin Vertrauen kann. Ansonsten ist das wiedergewonnene Vertrauen schnell dahin.

Marktvertrauen

Oft bekommt man tatsächlich keine zweite Chance, wenn man einem Kunden gegenüber einen Vertrauensbruch begeht. Letztlich liegt die Entscheidung beim Kunden, der vielleicht zu einem anderen Anbieter wechselt. Das gilt vor allem, wenn es sich um einen Verstoß beim Charakter – insbesondere gegen die Integrität – handelt. Doch die Erfahrung zeigt: Die 4 Grundlagen der Glaubwürdigkeit und die 13 Verhaltensweisen ermöglichen es häufig, das Marktvertrauen wiederherzustellen. Manchmal kann man es sogar noch vergrößern – beispielsweise, wenn es um die Behebung von Mängeln beim Kundenservice geht. Wenn Sie ein Problem so lösen, dass Sie das Vertrauen wiederherstellen, können Sie einen Kunden häufig noch stärker an sich binden.

Was alles möglich ist, wenn man sich ernsthaft bemüht, das Marktvertrauen wiederherzustellen, zeigt auch das Beispiel von Nike:

Vorreiter in der Branche

BEISPIEL *In den 1990er-Jahren musste Nike heftige Kritik einstecken. Man warf dem Unternehmen vor, dass es ihm an sozialem Verantwortungsbewusstsein fehle. Dabei verwies man auf Arbeitsrechtsverletzungen in einigen ausländischen Zuliefererbetrieben. Der damalige Vorstandsvorsitzende Phil Knight reagierte umgehend. Er gab zu, dass Nike in diesem Zusammenhang Fehler gemacht hatte. Zudem leitete er sofort umfassende Maßnahmen ein, um diese Fehler wiedergutzumachen.*[72]

In den folgenden Jahren bemühte man sich bei Nike, die Arbeitsbedingungen in der gesamten Branche zu verbessern und ein führender Corporate Citizen zu werden. Das wurde vom Markt honoriert. Inzwischen ist Nike sogar regelmäßig auf der Liste der »besten Corporate Citizens« zu finden.

Das verlorengegangene Vertrauen wurde wiederhergestellt, weil Nike sich den Problemen offen stellte und alles daransetzte, Lösungen zu finden. Dazu schrieben die damaligen Vorstände Mark Parker und Charlie Denson in ihrem Corporate Responsibility Report: »Wir wollen schnell Vertrauen aufbauen und es den Interessengruppen ermöglichen, uns nicht nur nach subjektiven Eindrücken zu beurteilen, sondern nach Fakten. Transparenz ist hier das A und O.«[73]

Organisationsvertrauen

Großes Vertrauen schafft nicht nur ein gutes Arbeitsumfeld, sondern auch beträchtliche Wettbewerbsvorteile. Organisationen mit großem Vertrauen übertreffen Organisationen mit wenig Vertrauen hinsichtlich der Ergebnisse um den Faktor drei. Das sollte ein starker Anreiz dafür sein, verlorenes Vertrauen wiederherzustellen. Allerdings ist das manchmal leichter gesagt als getan. Das habe ich selbst erlebt. In meinen ersten Wochen als CEO des Covey Leadership Center machte ich eine sehr persönliche Erfahrung mit dem Verlust und der anschließenden Wiederherstellung des Organisationsvertrauens:

Ich habe mich gründlich geirrt!

BEISPIEL *Als ich meinen Posten als CEO antrat, hatte ich den Eindruck, dass uns der Geschäftsbereich Bildungswesen keinen Gewinn einbrachte. Leider hatten wir damals keine aussagekräftigen Finanzdaten, sodass wir die tatsächliche Situation nicht klar abschätzen konnten. Obwohl ich immer eine gute Beziehung zu unseren Mitarbeitern im Bildungsbereich gehabt hatte, zog ich jetzt in Meetings die Existenzberechtigung dieses Geschäftsbereichs in Zweifel. Außerdem muss ich gestehen, dass ich mehrere Verhaltensweisen zum Aufbau von Vertrauen missachtet habe. Unter anderem sprach ich hinter dem Rücken des Bereichsleiters mit anderen über die Sache. Das alles wirkte sich sehr negativ auf den Stand meiner Vertrauenskonten bei allen Mitarbeitern aus dem Bildungsbereich aus.*

Mir war klar, dass ich etwas ändern musste. Deshalb sorgten wir in allen finanziellen Angelegenheiten für Transparenz und Klarheit. Nach und nach gewannen wir ein umfassendes Bild hinsichtlich der Rentabilität aller Geschäftsbereiche. Dabei stellte sich heraus, dass der Geschäftsbereich Bildungswesen profitabel war. Ja, er gehörte sogar zu den Bereichen, die uns die höchsten Erträge einbrachten!

An dem Tag, als die Zahlen auf den Tisch kamen, ging ich zum Bereichsleiter und sagte: »Es tut mir leid! Ich habe mich geirrt und entschuldige mich dafür bei Ihnen und Ihrer ganzen Mannschaft. Von jetzt an werde ich mich mit aller Kraft für Ihren Bereich einsetzen.« Das habe ich dann auch getan – ich wurde der eifrigste Fürsprecher in Sachen Bildungswesen. Und ich sorgte dafür, dass alle erfuhren, was für ein gutes Geschäft dieser Bereich für uns war! So füllten sich meine Vertrauenskonten beim Bereichsleiter und seinem Team schlagartig. Das Vertrauen wurde nicht nur wiederhergestellt, sondern bei allen deutlich vergrößert. Das führte dazu, dass die Mitarbeiter noch engagierter waren und der Bildungsbereich noch höhere Gewinne abwarf!

Aus meiner heutigen Sicht bestätigt diese Geschichte, dass es unerlässlich ist, loyal zu sein, Fehler wiedergutzumachen und das Vertrauen in der Organisation wiederherzustellen. Und es zeigt, dass all das große Auswirkungen auf die Schnelligkeit und die Kosten hat.

Beziehungsvertrauen

Wenn jemand aus der Familie einen Vertrauensbruch begeht, sollten wir das sehr, sehr wichtig nehmen. Schließlich ist die Familie der Mittelpunkt unseres Lebens! Mein Vater sagte immer: »Die Familie ist die wichtigste Aufgabe unseres Lebens!« Und er hatte recht. Deshalb sollten wir gerade in der Partnerschaft und der Familie alles tun, was in unserer Macht steht, um verlorenes Vertrauen wiederherzustellen.

Ein Bereich, in dem es in unseren persönlichen Beziehungen oft zu großen Vertrauensproblemen kommt, ist der Umgang mit dem Geld. Eine Frau hat mir die folgende Geschichte erzählt:

Alte Gewohnheiten ändern – neues Vertrauen schaffen

BEISPIEL *Mein Mann und ich hatten jahrelang Probleme im Zusammenhang mit dem Geld. Wir einigten uns darauf, sparsam mit unserem Geld umzugehen. Doch immer wieder kam er mit irgendwas Neuem nach Hause, das wir nicht abgesprochen hatten. Das war sehr frustrierend für mich, sodass ich mich mehr und mehr zurückzog.*

Im Laufe der Zeit wurde uns beiden klar, dass diese Situation sehr schlecht für das Vertrauen in unserer Beziehung war. Daher beschlossen wir, unser Verhalten zu ändern. Er arbeitete daran, sich an unsere Vereinbarungen zu halten. Und ich bemühte mich, mich stärker an den finanziellen Entscheidungen zu beteiligen. Und gemeinsam lernten wir mehr über einen guten Umgang mit Geld – vor allem im Hinblick auf die Planung unserer Ausgaben.

Es hat eine ganze Weile gedauert, die alten Gewohnheiten zu ändern. Dadurch sind wir uns aber erstaunlich nahe gekommen. Zudem herrscht bei uns jetzt viel mehr Einigkeit über unsere Werte, Ziele und Gewohnheiten im finanziellen Bereich. Ich würde sogar sagen, dass diese Einigkeit heute eine unserer Stärken ist. Dass wir diese große Herausforderung gemeinsam gemeistert haben, hat in unserer Beziehung noch viel festere Vertrauensbande entstehen lassen.

Menschen, die mit wenig Vertrauen zu kämpfen haben, beschleicht oft das Gefühl, dass sie nichts tun können, um positive Veränderungen herbeizuführen. Doch Beispiele wie dieses zeigen: In persönlichen Beziehungen lässt sich das Vertrauen selbst in schwierigen Situationen wiederherstellen. Der Schlüssel ist, dass alle Beteiligten dazu bereit sind. Dann kann das Vertrauen größer werden als je zuvor.[74]

Selbstvertrauen

Wenn wir ein Versprechen brechen, das wir uns selbst gegeben haben, ein wichtiges Ziel nicht erreichen oder gegen unsere Werte verstoßen, kann das unser Selbstvertrauen ziemlich erschüttern. Wenn so etwas öfter vorkommt, machen wir uns heftige Vorwürfe und bezweifeln, ob wir jemals wieder an uns glauben können. Deshalb ist es besonders schwer, unser Selbstvertrauen wiederherzustellen. Aber es ist möglich! Auch dabei sind die 4 Grundlagen der Glaubwürdigkeit und die 13 Verhaltensweisen der Schlüssel zum Erfolg. Allerdings gewinnen diese Dinge hier eine völlig neue Bedeutung. Sehen wir uns das anhand der 13 Verhaltensweisen zum Aufbau von Vertrauen einmal genauer an:

#1 Ehrlich sein

Im Zusammenhang mit dem Selbstvertrauen bedeutet »Ehrlich sein«, die Dinge beim Namen zu nennen – im Guten wie im Schlechten. Schleichen Sie nicht wie eine Katze um den heißen Brei herum. Sagen Sie sich stattdessen, was Sie hätten tun sollen und was nun zu tun ist, um sich zu verbessern. Reden Sie sich aber auch nicht irgendwelche Dinge ein: »Ich bin nichts wert. Ich habe es vermasselt und kann das nie wiedergutmachen. Es hat gar keinen Sinn, es zu versuchen.« Denken Sie immer daran: Sie *können* die Situation verbessern, wenn Sie es wollen und sich wirklich darum bemühen.

#2 Respekt zeigen

Zeigen Sie Respekt vor sich selbst. Machen Sie sich nicht ständig Vorwürfe wegen Ihrer scheinbaren Schwächen oder Fehler. Behandeln Sie sich genauso nachsichtig, wie Sie das auch bei anderen machen würden. Verlangen Sie nicht mehr von sich, als Sie von anderen Menschen in Ihrer Situation erwarten würden.

#3 Transparenz schaffen

Schaffen Sie in Ihrem Leben Transparenz. Seien Sie sich selbst gegenüber im Hinblick auf Ihre Motive und Entscheidungen ehrlich. Flüchten Sie sich nicht in Rechtfertigungen oder Ausreden. Versuchen Sie nicht, Schwächen oder Fehler zu vertuschen. Stellen Sie sich den Tatsachen und gehen Sie die Dinge direkt an. Seien Sie genau das, was Sie heute sind. Und arbeiten Sie daran, bis morgen ein bisschen besser zu werden.

#4 Fehler wiedergutmachen

Machen Sie die Fehler, die Sie sich selbst gegenüber begangen haben, wieder gut. Verzeihen Sie sich – das ist oft schwieriger, als anderen zu verzeihen. Machen Sie sich frei von Vorwürfen und Minderwertigkeitsgefühlen, sodass Sie daran arbeiten können, wieder Selbstvertrauen zu gewinnen.

#5 Loyal sein

Seien Sie loyal gegenüber sich selbst. Sprechen und denken Sie nicht schlecht über sich.

#6 Ergebnisse liefern

Welche Dinge sind Ihnen besonders wichtig? Setzen Sie alles daran, hier Ergebnisse zu liefern. Achten Sie dabei nicht auf das, was die anderen sagen. Folgen Sie Ihrer inneren Stimme. Setzen Sie sich Ziele und arbeiten Sie daran, sie zu erreichen.

#7 Sich verbessern

Investieren Sie Zeit und Energie, um Ihre Fähigkeiten weiterzuentwickeln. Gehen Sie Herausforderungen, für die Sie neue Fähigkeiten oder neues Wissen benötigen, nicht aus dem Weg. Erfreuen Sie sich an dem gesteigerten Selbstvertrauen, das Sie durch die Entwicklung Ihrer Talente und Fähigkeiten gewinnen.

#8 Sich der Realität stellen

Belügen Sie sich nicht selbst und stecken Sie den Kopf nicht in den Sand. Lassen Sie sich nicht von Pessimismus und Verzweiflung unterkriegen. Stellen Sie sich den Dingen, denen Sie sich stellen müssen. Sehen Sie voller Mut und Hoffnung in die Zukunft.

#9 Erwartungen klären

Machen Sie sich bewusst, was Sie wirklich wollen. Lassen Sie sich nicht von anderen ausreden, Ihre eigenen Erwartungen zu erfüllen. Nehmen Sie auch nicht einfach hin, dass andere über Ihr Leben bestimmen.

#10 Verantwortung übernehmen

Wenn Sie das Gefühl haben, dass Sie etwas Bestimmtes unbedingt tun sollten, sollten Sie sich das aufschreiben. Sehen Sie es als Verpflichtung, es tatsächlich umzusetzen. Richten Sie sich nicht blindlings nach den Erwartungen der anderen. Drücken Sie sich nicht vor der Verantwortung, Ihren eigenen Weg zu gehen. Hören Sie auf Ihr Gewissen. Tun Sie nichts, was Ihrer inneren Stimme widerspricht.

#11 Erst zuhören

Bevor Sie in blinden Aktionismus verfallen, sollten Sie sich erst selbst zuhören. Finden Sie heraus, was Sie wirklich wollen. Erstellen Sie ein persönliches Leitbild, das Ihnen den Weg zu Ihren Zielen und Träumen weist.

 # 12 **Versprechen halten**
Halten Sie die Versprechen, die Sie selbst geben. Nehmen Sie sich nicht zu viel vor. Behandeln Sie die Verpflichtungen gegenüber sich selbst mit dem gleichen Respekt wie Versprechen, die Sie anderen geben.

 # 13 **Anderen Vertrauen schenken**
Vertrauen Sie nicht nur anderen, sondern auch sich selbst. Verlassen Sie sich auf Ihre Intuition und Ihr Urteilsvermögen. Glauben Sie fest daran, dass alles ein gutes Ende nimmt, wenn Sie das Herz auf dem rechten Fleck haben!

Wenn Sie die 13 Verhaltensweisen nach und nach umsetzen, stärken Sie gleichzeitig Ihre 4 Grundlagen der Glaubwürdigkeit. Sie verbessern Ihre Integrität, Ihre Absichten, Ihre Fähigkeiten und Ihre Ergebnisse. Dann werden Sie ein Mensch, dem nicht nur andere vertrauen können, sondern auch *Sie selbst!*

Zusammenfassung

- Ob in der Gesellschaft, im Markt, in den Organisationen oder in unseren persönlichen Beziehungen: Meine Arbeit und mein Privatleben haben mich zu der Überzeugung gebracht, dass wir verlorengegangenes Vertrauen auf allen Ebenen wiederherstellen können.

- Mit den 4 Grundlagen der Glaubwürdigkeit und den 13 Verhaltensweisen haben Sie wirkungsvolle Instrumente für die Wiederherstellung des Vertrauens in der Hand.

- Die Voraussetzung, um Vertrauen wiederherzustellen, ist, dass wir uns ernsthaft bemühen, das verlorene Vertrauen zurückzugewinnen. Wer das Ganze auf die leichte Schulter nimmt oder das Vertrauen nach seiner Wiederherstellung immer wieder missbraucht, wird keinen nachhaltigen Erfolg haben.

- Oft kann man das Vertrauen wiederherstellen und sogar noch vergrößern. Das gilt besonders für unsere wichtigsten Beziehungen. Die Schwierigkeiten, die wir gemeinsam meistern, können ein fruchtbarer Boden für das Wachstum von dauerhaftem Vertrauen werden. Dieses Vertrauen ist stärker denn je, weil es durch Herausforderungen auf die Probe gestellt wurde und diese Prüfung bestanden hat.

Was tun, wenn Sie anderen nicht mehr vertrauen

Was können Sie tun, wenn Sie das Vertrauen zu anderen verloren haben? Wie schaffen Sie es, den anderen jemals wieder zu vertrauen? Bitte machen Sie sich zunächst einmal klar: Es ist allein Ihre Entscheidung, ob Sie anderen wieder vertrauen oder nicht. Niemand kann Sie dazu zwingen. Wenn Sie über Ihre Möglichkeiten nachdenken, sollten Sie immer zwei Dinge beherzigen:

1. Fällen Sie keine vorschnellen Urteile

Sicher wissen Sie selbst, wie es sich anfühlt, wenn Ihnen jemand nicht vertraut. Wahrscheinlich wissen Sie auch, wie es ist, wenn man ohne eigenes Zutun falsch verstanden, falsch interpretiert oder falsch beurteilt wird. Viele Fehler passieren ohne böse Absicht. Deshalb sollten Sie anderen nicht vorschnell etwas unterstellen. Gehen Sie nicht gleich davon aus, dass ein Kompetenzmangel ein Charaktermangel ist.

2. Verzeihen Sie anderen

Eins möchte ich unbedingt vorwegnehmen: Verzeihen und Vertrauen sind nicht dasselbe. Es kommt beispielsweise vor, dass Opfer von Gewalt in Beziehungen ihrem Partner immer wieder »verzeihen« und zu ihm zurückkehren. Doch das ist *nicht* das, wovon ich hier spreche. Das ist *kein* »kluges Vertrauen«.

Ob Wut, Rache oder Vorwürfe und Schuldzuweisungen: Hier geht es darum, uns von negativen Gefühlen gegenüber jemandem, der uns verletzt hat, zu befreien. Wir sollten uns nicht zum Richter über andere erheben. Stattdessen sollten wir die Dinge loslassen, über die wir ohnehin keine Kontrolle haben. Das gilt besonders für das Verhalten anderer und die Dinge, die in der Vergangenheit geschehen sind. Wir sollten nicht länger auf die Fehler, Schwächen oder schlechten Entscheidungen anderer reagieren. Unabhängig davon, ob wir uns für Vertrauen entscheiden oder nicht, sollten wir anderen verzeihen. Denn so befreien wir uns von jeder Menge emotionalem Ballast.

Bitte denken Sie daran: Die Kraft, um anderen zu verzeihen, gewinnen wir nicht durch das, was *sie* machen. Wir gewinnen sie durch das, was *wir* tun. Und wir verzeihen nicht demjenigen zuliebe, der uns verletzt hat. Wir verzeihen, um Klarheit und unseren eigenen Seelenfrieden zu finden. Nur wenn wir bereit sind, anderen zu verzeihen, können wir uns weiterentwickeln und uns für das Vertrauen entscheiden.

Zerstörtes Vertrauen: Ein Neuanfang

Das Vertrauen in engen Beziehungen wiederherzustellen kann schwierig und schmerzhaft sein. Manchmal kann es auch viele Jahre dauern. Doch wenn man das an die erste Stelle setzt und sich mit aller Kraft dafür einsetzt, bringt es die größten Dividenden überhaupt. Dennoch ist zerstörtes Vertrauen für viele eine Sackgasse: das Ende einer Beziehung, einer Chance – manchmal sogar das Ende des Selbstvertrauens und der Fähigkeit, überhaupt jemandem zu vertrauen. Das muss nicht so sein. Meiner Ansicht nach kann zerstörtes Vertrauen sogar ein wunderbarer Neuanfang werden:

- Wenn wir einen Vertrauensbruch begangen haben, ist das eine hervorragende Gelegenheit, uns zu verändern. Wir haben die Chance, unseren Charakter und unsere Kompetenz zu verbessern und zu zeigen, dass man uns vertrauen kann. Wenn das den anderen dazu veranlasst, uns sein Vertrauen wieder zu schenken, ist das wunderbar. Aber auch wenn das nicht funktioniert, werden sich unsere Bemühungen positiv auf unsere Beziehungen zu anderen auswirken und uns helfen, in Zukunft mehr Vertrauen aufzubauen.

- Falls ein anderer Ihr Vertrauen enttäuscht hat, ist das eine Möglichkeit für Sie, sich im Verzeihen zu üben und zu lernen, wie man anderen »kluges Vertrauen« schenkt.

So oder so kann Ihnen zerstörtes Vertrauen beim Aufbau Ihres Selbstvertrauens und Ihrer persönlichen Glaubwürdigkeit gute Dienste leisten. Wenn Sie sich bemühen, das Vertrauen wiederherzustellen, werden Sie an Charakterstärke und Kompetenz gewinnen. Zudem werden Sie mehr Zutrauen zu Ihrer Fähigkeit, Vertrauen auf allen Ebenen Ihres Lebens aufzubauen, auszuweiten oder wiederherzustellen, gewinnen.

Die Bereitschaft, anderen zu vertrauen

> *»Ich habe festgestellt, dass man viel mehr erreichen kann, wenn man den Leuten so lange vertraut, bis sie sich dieses Vertrauens als unwürdig erweisen.«*
> Jim Burke, ehemaliger Vorstandsvorsitzender und CEO, Johnson & Johnson

Sind Sie schon mal in einer Situation gewesen, in der jemand an Sie geglaubt und Ihnen vertraut hat, als das sonst niemand getan hat? Wie haben Sie sich dabei gefühlt? Was hat das in Ihrem Leben bewirkt? Ich nehme an, dass es Ihnen sehr viel Positives gebracht hat. Die gute Nachricht? *Sie können das auch für andere tun!*

Wir können an andere glauben. Wir können ihnen unser volles Vertrauen schenken. Wir können ihnen helfen, Herausforderungen zu meistern, ihr volles Potenzial zu entdecken und erstaunliche Dinge zu leisten, die uns allen Vorteile bringen. Denken Sie nur einmal an Ihre eigenen Erfahrungen. Wie fühlen Sie sich, wenn jemand zu Ihnen sagt: »Das schaffen Sie. Ich glaube an Sie. Ich vertraue Ihnen!«? Manchmal reicht es bereits, wenn wir diese Worte hören. Das Vertrauen, das andere uns schenken, ist der Motivationsschub, der uns erfolgreich macht:

- Führungskräfte, die uns ihr uneingeschränktes Vertrauen aussprechen, werden unsere Mentoren und Vorbilder. Bei dem Gedanken an alles, was sie in unserem Leben bewirkt haben, erfüllt uns große Dankbarkeit.
- Unternehmen, die sich dafür entscheiden, ihren Mitarbeitern zu vertrauen, sind beliebte Arbeitgeber. Die Mitarbeiterfluktuation ist niedrig. Zudem haben diese Unternehmen im Kampf um die größten Talente die Nase vorn.

Wenn wir anderen unser Vertrauen schenken, können wir auch in der Familie viel Gutes bewirken. Es ist unglaublich bestärkend und motivierend, wenn Eltern zu ihren Kindern sagen: »Ich liebe dich. Ich glaube an dich. Ich vertraue dir!« Oft fragen wir die Teilnehmer unserer Workshops, wer den größten positiven Einfluss auf ihr Leben hatte. Meist ist das ein Elternteil. Manchmal handelt es sich auch um einen Lehrer, Coach, Trainer oder Vorgesetzten. Und so gut wie immer ist es jemand, der an sie glaubte und ihnen vertraute, als das kein anderer tat. Deshalb möchte ich hier noch einmal sehr deutlich betonen:

Im Job wie zu Hause gilt: Die vorrangige Aufgabe von Führungskräften ist: Vertrauen zu schaffen, den Leuten Verantwortung zu übertragen und ein von hohem Vertrauen, großer Kreativität und vielen Möglichkeiten geprägtes Umfeld zu schaffen!

Vertrauen wirkt

Vertrauen bringt das Beste in den Menschen an die Oberfläche. Es verändert unsere Beziehungen von Grund auf. Natürlich kann man nicht abstreiten, dass einige Vertrauen missbrauchen. Aber die ganz große Mehrheit missbraucht es nicht. Im Gegenteil: Die meisten reagieren sehr positiv darauf, wenn man ihnen vertraut.

Sie brauchen keine Kontrolle oder »Zuckerbrot und Peitsche«, um motiviert zu sein. Sie sind von sich aus motiviert und engagiert. Sie wollen die Erwartungen erfüllen und etwas zurückgeben. Mein Vater sagte:

»Vertrauen ist die höchste Form der menschlichen Motivation.«

Ob Vorstandsvorsitzender, Unternehmerin, Führungskraft, Mitarbeiter, Mutter oder Vater: Egal, wer wir sind und was wir tun, wir alle haben vielfältige Möglichkeiten, anderen unser Vertrauen zu schenken. Dadurch können wir sehr viel Gutes bewirken – nicht nur für die anderen, sondern auch für uns selbst. Zudem kommt das Vertrauen, das wir anderen geben, in vielfacher Weise zu uns zurück. Denn:

Vertrauen beruht auf Gegenseitigkeit. Je mehr wir anderen vertrauen, desto mehr vertrauen sie uns. Oder um es mit Laotse zu sagen: »Wer kein Vertrauen gibt, bekommt auch kein Vertrauen.«

Die Entscheidung, zu vertrauen

Wir werden alle mit der Bereitschaft, anderen zu vertrauen, geboren. Als Kinder sind die meisten von uns voller Vertrauen. Durch die Erfahrungen, die das Leben uns beschert, schwindet das Vertrauen bei vielen von uns. Manchmal aus gutem Grund. Doch: Wie unsere persönliche Lage auch aussehen mag – *wir können uns immer dafür entscheiden, anderen zu vertrauen.*

In der »flachen« globalen Wirtschaft von heute kann es ohne Vertrauen keinen Wohlstand und keinen Erfolg geben. Und in unseren persönlichen und familiären Beziehungen kann es ohne Vertrauen keine Zufriedenheit, keine Geborgenheit und kein Glück geben. Vor dieser Tatsache dürfen wir die Augen nicht verschließen. Deshalb sollten wir uns immer wieder bewusst machen, dass wir Vertrauen aufbauen, ausweiten oder wiederherstellen können:

- Wir können anderen unser Vertrauen schenken.
- Wir können dafür sorgen, dass wir selbst und unsere Organisation glaubwürdig sind und Vertrauen bei anderen wecken.
- Wir können in allen Bereichen unseres Lebens von der großen Kraft des Vertrauens profitieren.
- Wir können mithilfe des Vertrauens die Schnelligkeit steigern und die Kosten verringern.

Viele entscheidende Ereignisse hängen von intensiven Augenblicken des Vertrauens ab – von Menschen, die bereit sind, anderen voll und ganz zu vertrauen. Denken Sie nur an ein Kind, das seinen Eltern vertraut, an einen Trainer, der an das Potenzial eines Sportlers glaubt, oder an einen Freund, der jemandem in einer schweren Zeit beisteht. Ich denke, Albert Schweitzer hat das wunderbar auf den Punkt gebracht:

> *In jedem Leben kommt es irgendwann vor, dass das innere Feuer erlischt. Durch die Begegnung mit einem anderen Menschen flammt es dann wieder auf. Wir sollten alle dankbar sein für jene Menschen, die den inneren Geist wieder entfachen.*

Wenn wir anderen unser Vertrauen schenken, dann entfachen wir diesen inneren Geist wieder – bei ihnen und bei uns selbst. Denn: Vertrauen ist die Kraft, die alles verändert! Es ist der Schlüssel für Glück in unseren Beziehungen, Erfolg im Beruf und Zuversicht im Leben. Vor allem aber bringt es in allen Bereichen unseres Lebens eine riesige Dividende: die Schnelligkeit, die aus Vertrauen erwächst!

Anmerkungen

1 *Jeder zweite Deutsche hat laut Umfrage kein Vertrauen zu anderen Menschen,* aus: Welt (5. August 2019). Weitere Infos zu dieser Umfrage finden Sie im Internet unter: https://www.welt.de/newsticker/news2/article197983743/Gesellschaft-Jeder-zweite-Deutsche-hat-laut-Umfrage-kein-Vertrauen-zu-anderen-Menschen.html

2 *Nur 30 Prozent der Mitarbeiter haben noch vollstes Vertrauen in ihre Firma – verwunderlich ist das nicht,* aus: WirtschaftsWoche, Management-Blog (25. November 2018). Den vollständigen Blogbeitrag finden Sie unter: https://blog.wiwo.de/management/2018/11/25/nur-30-prozent-der-mitarbeiter-haben-noch-vollstes-vertrauen-in-ihre-firma-verwunderlich-ist-das-nicht/

3 Francis Fukuyama, *Trust: The Social Virtues and the Creation of Prosperity* (New York 1995), S. 27 f. Deutschsprachige Ausgabe: *Der Konflikt der Kulturen: Wer gewinnt den Kampf um die wirtschaftliche Zukunft?* (München 1997).

4 Robert Bruce Shaw, *Trust in the Balance: Building Successful Organizations on Results, Integrity and Concern* (San Francisco 1997), S. XI.

5 Die ganze Geschichte können Sie nachlesen in: Stephen R. Covey, *Die 7 Wege zur Effektivität: Prinzipien für persönlichen und beruflichen Erfolg* (Offenbach 2018), S. 201–205.

6 Robert G. Hagstrom, *Warren Buffett: Sein Weg, seine Methode, seine Strategie* (Kulmbach 2016).

7 Ram Charan, *Was Tante Emma und Rockefeller gemeinsam haben: Die universellen Gesetze des Geschäftserfolgs* (München 2002).

8 Saj-nicole Joni, *The Geography of Trust,* Harvard Business Review (März 2004).

9 Gino Wickman, *Traction: Get a Grip on Your Business* (Dallas 2012).

10 Wollen Sie mehr darüber erfahren, wie man anderen empathisch zuhört? Dann habe ich einen Buchtipp für Sie: Stephen R. Covey, *Die 7 Wege zur Effektivität: Prinzipien für persönlichen und beruflichen Erfolg* (Offenbach 2018).

11 Margot Morrell, *Shackleton's Way: Leadership Lessons from the Greatest Antarctic Explorer* (New York 2001), S. 209. Deutschsprachige Ausgabe: *Shackletons Führungskunst: Was Manager von dem großen Polarforscher lernen können* (Reinbek bei Hamburg 2003).

12 Eknath Easwaran, *Der Mensch Gandhi: Sein Leben ist eine Botschaft* (Freiburg im Breisgau 1997).

13 Jim Collins, *Good to Great: Why some Companies make the leap … and others don't* (New York 2004). Neuste deutschsprachige Ausgabe: *Der Weg zu den Besten: Die sieben Management-Prinzipien für dauerhaften Unternehmenserfolg* (Frankfurt am Main 2020).

14 John M. Huntsman, *Winners Never Cheat: Everyday Values We Learned as Children* (Upper Saddle River 2005), S. 160.

15 Eine ausführliche Anleitung und viele praktische Beispiele zur Erstellung eines Leitbilds finden Sie in: Stephen R. Covey, *Die 7 Wege zur Effektivität: Prinzipien für persönlichen und beruflichen Erfolg* (Offenbach 2018), S. 151 ff.

16 Umfrage: *Jede zweite Frau denkt, dass ihr Arbeitgeber sie nicht fördern will und jede dritte sieht sich nach einer neuen Company um. Gutes Arbeitsklima ist Frauen wichtiger als Männern*, aus: WirtschaftsWoche, Management-Blog (18.03.2021). Den vollständigen Blogbeitrag finden Sie unter: https://blog.wiwo.de/management/2021/03/08/randstad-umfrage-jede-zweite-frau-denkt-dass-ihr-arbeitgeber-sie-nicht-foerdern-will-und-jede-dritte-sieht-sich-nach-einer-neuen-company-um/

17 Online-Umfrage: *Wertschätzung am Arbeitsplatz.* Veröffentlicht am 18. März 2018. Mehr unter: https://www.monster.de/karriereberatung/artikel/wertschaetzung-arbeitsplatz-umfrage-tipps

18 Laurence J. Peter und Raymond Hull, *Das Peter-Prinzip oder Die Hierarchie der Unfähigen* (Hamburg 2001).

19 Zitiert nach: Jim Collins, *Der Weg zu den Besten: Sieben Management-Prinzipien für dauerhaften Unternehmenserfolg* (München 2003), S. 24 f.

20 Jill Rosenfeld, »Here's an Idea!«, *Fast Company* (April 2000), S. 97. Online unter: https://www.fastcompany.com/39461/heres-idea.

21 Tom Peters, *Kreatives Chaos: Die neue Management-Praxis* (Hamburg 1994), S. 282.

22 Alles Wissenswerte zu den »emotionalen Beziehungskonten« finden Sie in: Stephen R. Covey, *Die 7 Wege zur Effektivität: Prinzipien für persönlichen und beruflichen Erfolg* (Offenbach 2018), S. 217 ff.

23 Warren Buffett, Jahresberichte 2004 und 2005 von Berkshire Hathaway.

24 Mercer Human Resource Consulting, *What's Working Survey.*

25 Wollen Sie wissen, wie Sie starke, glückliche Beziehungen aufbauen? Dann habe ich einen Tipp für Sie: Stephen R. Covey, *Die 7 Wege zu glücklichen Beziehungen* (Offenbach 2021).

26 Del Jones, *CEOs Vouch for Waiter Rule: Watch How People Treat Staff,* USA Today (14.04.2006), S. 1B.
27 www.greatplacetowork.com
28 www.workforcemanagement.com
29 *Transparenz in Unternehmen: Der Wert der Wahrheit,* faz.net (15.02.2011). Online unter: https://www.faz.net/aktuell/karriere-hochschule/buero-co/transparenz-im-unternehmen-der-wert-der-wahrheit-1593468.html
30 Phillip Evans und Bob Wolf, *How Toyota and Linux Keep Collaboration Simple,* Harvard Business School Working Knowledge (01.08.2005). Online unter: https://hbswk.hbs.edu/archive/how-toyota-and-linux-keep-collaboration-simple
31 Jack Stack, *The Great Game of Business, Expanded and Updated: The Only Sensible Way to Run a Company* (New York 2013).
32 Carol Memmott, Winfrey grills ›Pieces‹ author, apologizes for backing book, USA Today (27.01.2006), S. 1E.
33 John Marchica, The Accountable Organization: Reclaiming Integrity, Restoring Trust (Palo Alto 2004), S. 167.
34 Mukul Pandya und Robbie Shell, Lasting Leadership: What You Can Learn from the Top 25 Business People of Our Times (Upper Saddle River 2004).
35 David Robertson, *Wie Lego scheiterte und sich wieder entdeckte,* Interview von Niklas Dummer, WirtschaftsWoche (24.02.2015). Online unter: https://www.wiwo.de/unternehmen/industrie/david-robertson-wie-lego-scheiterte-und-sich-wieder-entdeckte/11416806.html
36 Diese Geschichte stammt aus: Warren Bennis und Burt Nanus, *Leaders: Strategies for Taking Charge* (New York 1985), S. 70. Deutsche Ausgabe: *Führungskräfte: Die vier Schlüsselstrategien erfolgreichen Führens* (Frankfurt am Main, 5. Auflage 1992).
37 Kathleen D. Ryan und Daniel K. Oestreich, *Driving Fear out of the Workplace: How to Overcome the Invisible Barriers to Quality, Productivity and Innovation* (San Francisco, 2. Auflage 1998).
38 John Case, *Open-Book Management: The Coming Business Revolution* (New York 1995), S. 175–180.
39 Zitiert nach: Jim Collins, *Der Weg zu den Besten: Die sieben Management-Prinzipien für dauerhaften Unternehmenserfolg* (München 2003), S. 111.
40 Golin / Harris-Survey, *Trust in American Business,* 2002.
41 Samuel A. DiPiazza und Robert G. Eccles, *Building Public Trust: The Future of Corporate Reporting* (New York 2002) S. 4. Deutschsprachige

Ausgabe: *Vertrauen durch Transparenz: Die Zukunft der Unternehmensberichterstattung* (Weinheim 2003).

42 Zitiert nach: Jim Collins, *Der Weg zu den Besten: Die sieben Management-Prinzipien für dauerhaften Unternehmenserfolg* (München 2003), S. 111.

43 Andrea Stone, *Ex-FEMA chief blames locals,* USA Today (28.09.2005), S. A1.

44 Wenn Sie Kinder im Teenageralter haben, dann möchte ich Ihnen das Buch meines Bruders Sean ans Herz legen: Sean Covey, *Die 7 Wege zur Effektivität für Jugendliche* (Offenbach, 9. Auflage 2019).

45 Betsy Morris, *The Accidental CEO,* Fortune (23.06.2003).

46 Peter Drucker, *What Makes an Effective Executive,* Harvard Business Review (Juni 2004). Online unter: https://hbr.org/2004/06/what-makes-an-effective-executive

47 AMA/HRI Business Ethics Survey 2005.

48 World Economic Forum, Voice of the People Survey 2002.

49 Patricia Sellers, *Procter & Gamble,* Fortune (21.02.2005), S. 98.

50 David Packard, *Die Hewlett-Packard-Story: Wie Bill Hewlett und ich unser Unternehmen aufbauten* (Frankfurt am Main 1996), S. 136.

51 Lawrence B. MacGregor Serven, *The End of Office Politics as Usual: A Complete Strategy for Creating a More Productive and Profitable Organization* (New York 2001), S. 1–10, 36–44.

52 *Hohe Wechselbereitschaft: Viele Deutsche stellen ihre Arbeit infrage*, faz.net (05.04.2022). Online unter: https://www.faz.net/aktuell/karriere-hochschule/viele-deutsche-stellen-wegen-corona-pandemie-ihre-arbeit-infrage-17935802.html

53 Capital Redaktion, *Warum eine Kündigung sehr teuer sein kann,* Capital (04.02.2022). Online unter: https://www.capital.de/karriere/kuendigung-zeit-fuer-ein-klaerendes-gespraech

54 Nina Jerzy, *Mitarbeiter betrügen Firmen um 170 Millionen Euro pro Jahr,* Capital (12.11.2019). Online unter: https://www.capital.de/karriere/mitarbeiter-betruegen-firmen-um-170-mio-euro-pro-jahr

55 Watson Wyatt, *WorkUSA-Studie*, 2002.

56 Fred Reichheld, *Loyalty Rules: How Today's Leaders Build Lasting Relationships* (Boston 2001), S. 29.

57 Studie von LogicaCMG / Warwick Business School.

58 Frederick F. Reichheld, *Der Loyalitätseffekt: Die verborgene Kraft hinter Wachstum, Gewinnen und Unternehmenswert* (Frankfurt am Main 1997).

59 Al Golin, *Trust or Consequences: Build Trust Today or Lose Your Market Tomorrow* (New York 2004), S. VII.

60 Anne Fisher, *Most Admired Companies*, Fortune (06.03.2006), S. 65–124.

61 Mehr zur Ermittlung der *World's Most Admired Companies* finden Sie unter: https://fortune.com/franchise-list-page/methodology-worlds-most-admired-companies-2021/

62 Golin / Harris-Studie, *Trust in American Business*, 2003.

63 *Annual Edelman Trust Barometer* (2006). Weitere Infos bekommen Sie unter: www.edelman.com

64 Mehr zum Axios Harris Poll 100 und den 2021 Corporate Reputation Rankings erfahren Sie unter: https://theharrispoll.com/partners/media/axios-harrispoll-100/

65 Kevin Maney, *10 years ago, eBay changed the world, sort of by accident*, USA Today (22.03.2005).

66 Thomas L. Friedman, *The World Is Flat: A Brief History of the Globalized World in the Twenty-First Century* (2007 New York), S. 394. Deutschsprachige Ausgabe: *Die Welt ist flach: Eine kurze Geschichte des 21. Jahrhunderts* (Frankfurt am Main 2007).

67 Aktuelle Informationen zur Liste der »100 Best Corprate Citizens« finden Sie unter: https://100best.3blmedia.com/

68 Mercer Investment Consulting Survey, *Survey: Majority of Investment Managers Link Corporate Responsibility to Asset Performance*, 2006.

69 Carol Hymowitz, *Asked to be Charitable, More CEOs Seek to Aid Their Business as Well*, Wall Street Journal (22.02.2005), S. B1.

70 Bertelsmann Stiftung, *Gesellschaftlicher Zusammenhalt verbessert sich in der Corona-Krise*. Online unter: https://www.bertelsmann-stiftung.de/de/themen/aktuelle-meldungen/2020/august/gesellschaftlicher-zusammenhalt-verbessert-sich-in-der-corona-krise

71 RedaktionsNetzwerk Deutschland, *Bis Corona kam: So groß war das Vertrauen in Gesellschaft, Politik und Wirtschaft*. Online unter: https://www.rnd.de/politik/corona-stellt-vertrauen-in-gesellschaft-politik-und-wirtschaft-auf-die-probe-A5SZJXY4ZRAGLEX3DBQNBNDSX4.html

72 Nike Report Review Committee, *Corporate Responsibility Report* (2004), S. 2.

73 Ebenda, S. 9.

74 Wenn Sie das Vertrauen in Ihrer Beziehung stärken wollen, habe ich einen Buchtipp für Sie: Stephen R. Covey, *Die 7 Wege zu glücklichen Beziehungen* (Offenbach 2021).

Über die Autoren

Stephen M.R. Covey ist Mitbegründer von CoveyLink und des »Speed of Trust«-Programms« von FranklinCovey. Der mitreißende Keynote-Speaker gilt als einer der weltweit renommiertesten Experten im Bereich Vertrauen, Führung und High-Performance. Sein New York Times-Bestseller *Schnelligkeit durch Vertrauen* ist das meistverkaufte Buch, das je zu diesem Thema geschrieben wurde. Bei seinen Vorträgen beweist Stephen M.R. Covey: »Nichts ist schneller als Vertrauen! Der Aufbau von Vertrauen ist die entscheidende Führungskompetenz in der neuen globalen Wirtschaft.« Sein großes Ziel ist es, Menschen und Organisationen auf der ganzen Welt dabei zu unterstützen, in den Genuss der vielfältigen »Dividenden« für hohes Vertrauen zu kommen.

Stephen M.R. Covey ist kein Theoretiker, sondern ein Mann der Praxis. Nachdem er seinen MBA in Harvard gemacht hatte, arbeitete er zunächst als Kundenbetreuer beim Covey Leadership Center. Später wurde er Leiter des nationalen Vertriebs, dann President und CEO. Als CEO des Covey Leadership Center legte er den Grundstein für eine einzigartige Erfolgsgeschichte. Unter seiner Leitung wuchs das Covey Leadership Center schnell und profitabel: Innerhalb von nur 3 Jahren verdoppelte sich der Umsatz auf über 110 Millionen US-Dollar. Der Gewinn stieg um den Faktor 12. Der Shareholder-Value kletterte von 2,4 Millionen auf 160 Millionen. Das Unternehmen fusionierte mit Franklin Quest. Heute ist FranklinCovey in knapp 150 Ländern vertreten und gilt als das erfolgreichste Beratungs- und Trainingsunternehmen der Welt. Wie das alles möglich ist? Durch Vertrauen!

Rebecca R. Merrill ist eine gefragte Fachbuchautorin. Im Laufe der letzten Jahre hat sie an einigen der weltweit erfolgreichsten Bücher zum Thema Management und Leadership mitgewirkt. Gemeinsam mit Dr. Stephen R. Covey und Roger Merrill hat sie den New York Times-Bestseller *Der Weg zum Wesentlichen* verfasst. In Zusammenarbeit mit Roger Merrill entstanden *Life Matters* und *Connections*. Zudem hat sie Stephen R. Covey bei seinen Büchern *Die 7 Wege zur Effektivität* und *Die 7 Wege zur Effektivität für Familien* redaktionell unterstützt.

CoveyLink

CoveyLink wurde von Stephen M. R. Covey und Greg Link gegründet. Bereits vor der Gründung von CoveyLink haben die beiden überaus erfolgreich zusammengearbeitet. Gemeinsam haben sie dafür gesorgt, dass *Die 7 Wege zur Effektivität* von Stephen R. Covey zum Weltbestseller und zu einem der einflussreichsten Wirtschaftsbücher der letzten 100 Jahre wurde. Die beiden sind überzeugt, dass Vertrauen die Wurzel aller Führungsaktivitäten ist und dass die daraus resultierende Schnelligkeit der entscheidende Wettbewerbsvorteil in unserer heutigen global vernetzten, kooperativen Wirtschaftswelt ist.

»Schnelligkeit durch Vertrauen« bei FranklinCovey

Der Unternehmensbereich »Schnelligkeit durch Vertrauen« von FranklinCovey konzentriert sich darauf, die Leistung, den Erfolg und den Einfluss von Menschen und Organisationen messbar zu steigern. Der Schlüssel dazu ist eine Führungspraxis, die Vertrauen schafft und gleichzeitig die Geschwindigkeit erhöht und die Kosten senkt. Bei FranklinCovey lernen Führungskräfte, wie sie den langsamen, lähmenden Bürokratismus vermeiden, der bei mangelndem Vertrauen entsteht. Sie erfahren, wie sie vertrauensvolle, leistungsstarke Teams formen und so ihre Geschäftsaktivitäten und ihre Betriebsergebnisse systematisch voranbringen.